新世纪电子信息与电气类系列规划教材

模拟电路实验与 EDA 技术

（第 2 版）

主　编　郭永贞

副主编　刘　勤　袁　梦

参　编　许其清　王小征　刘　祎

东南大学出版社
SOUTHEAST UNIVERSITY PRESS
·南京·

内 容 简 介

本书是《模拟电子技术》、《电子技术》等课程的实践教学指导教材。书中除了介绍一般常用电子仪器和模拟电子技术常规实验,还介绍了 Multisim 10、Proteus 等 EDA 软件及其仿真实验、ispPAC 可编程模拟电路实验,以及模拟电路课程设计的一般教学过程、举例和多个课程设计题选。在实验项目中,安排了验证型实验、设计型实验和综合应用型实验。在附录中选录了 2010 至 2020 年全国大学生电子设计竞赛试题 29 个。

本书可作为工科专业电子技术基础课程的实践教学指导用书,也可作为工程技术人员的参考书。

图书在版编目(CIP)数据

模拟电路实验与 EDA 技术 / 郭永贞主编. —2 版. —
南京:东南大学出版社,2020.12(2022.7 重印)
新世纪电子信息与电气类系列规划教材
ISBN 978 - 7 - 5641 - 9388 - 1

Ⅰ.①模…　Ⅱ.①郭…　Ⅲ.①模拟电路—实验—高等
学校—教材②电子电路—电路设计—计算机辅助设计—高
等学校—教材　Ⅳ.①TN710 - 33②TN702

中国版本图书馆 CIP 数据核字(2020)第 264060 号

模拟电路实验与 EDA 技术(第 2 版)　Moni Dianlu Shiyan Yu EDA Jishu(Di-er Ban)

主　　编	郭永贞	
出版发行	东南大学出版社	
出 版 人	江建中	
社　　址	南京市四牌楼 2 号	
邮　　编	210096	
经　　销	全国新华书店	
印　　刷	广东虎彩云印刷有限公司	
开　　本	787 mm×1092 mm　1/16	
印　　张	18. 25	
字　　数	467 千字	
版　　次	2011 年 9 月第 1 版　2020 年 12 月第 2 版	
印　　次	2022 年 7 月第 2 次印刷	
书　　号	ISBN 978 - 7 - 5641 - 9388 - 1	
印　　数	1001 — 2000	
定　　价	59. 00 元	

(本社图书若有印装质量问题,请直接与营销部联系。电话:025 - 83791830)

第 2 版前言

应读者需求,我们在第一版的基础上,对教材内容进行了完善和补充,主要是更新了附录中全国大学生电子设计竞赛题选。

全国大学生电子设计竞赛是全国性的大学生科技竞赛活动,是教育部倡导的大学生学科竞赛之一,目的在于按照紧密结合教学实际,着重基础、注重前沿的原则,促进电子信息类专业和课程的建设,引导高等学校在教学中注重培养大学生的创新能力、协作精神;加强学生动手能力的培养和工程实践的训练,提高学生针对实际问题进行电子设计、制作的综合能力;吸引、鼓励广大学生踊跃参加课外科技活动,为优秀人才脱颖而出服务社会发展创造条件。全国大学生电子设计竞赛题目包括"理论设计"和"实际制作"两部分,以电子电路(含模拟和数字电路)设计应用为基础,可以涉及模—数混合电路、单片机、嵌入式系统、DSP、可编程器件、EDA 软件、互联网+、大数据、人工智能、超高频及光学红外器件等的应用。竞赛题目着重考核参赛学生综合运用基础知识进行理论设计的能力、实践创新和独立工作的基本能力、实验综合技能(制作与调试),所以我们在附录 A 中选录了 2011年至 2019 年全国大学生电子设计竞赛试题选 12 个,全国大学生电子设计竞赛模拟电子系统专题邀请赛是全国大学生电子设计竞赛在非全国竞赛年举办的一项专题邀请赛,希望通过竞赛促进电子信息类学科专业基础课教学内容的更新、整合与改革,培育大学生创新意识、综合设计和工程实践能力。我们在附录 B 中选录了 2010 年至 2020 年全国大学生电子设计竞赛模拟电子系统设计专题邀请赛试题选 17 个。

该书第 1、2 章由许其清编写;第 3 章的第 3.1~第 3.5 由袁梦编写,第 3 章的第 3.6 由刘祎编写;第 4 章和附录 A、B 由刘勤编写;第 5 章由王小征编写;郭永贞编写了第 6 章并负责全书的统稿。

由于编者水平有限,错误和疏漏在所难免,衷心欢迎读者多提宝贵意见。

编 者

2020 年 9 月

第 1 版前言

《模拟电子技术》、《电子技术》是很多专业的技术基础课,又是实践性很强的课程。因此,优化《模拟电子技术》、《电子技术》等课程的实践教学,是提高课程教学质量的重要环节。为此,我们在进行电子技术实践教学改革过程中编写了该教材,旨在优化模拟电子技术的实验和课程设计的教学内容、方法,达到提高学生综合素质的目的。在编写中特别注意了以下几方面:

(1) 突出新技术、新器件的应用。引入了 Multisim 10、Proteus 仿真实验及可编程模拟电路(ispPAC)实验等电子设计自动化(EDA)技术,为学生以后深入学习 EDA 技术打下基础。

(2) 注意了基础训练与创新提高相结合。在实验项目安排中,分为验证型、设计型和综合应用型等类型,以求尽可能兼顾不同层次和不同要求的《电子技术基础》课程进行实践教学的安排,也利于使用该书的读者在多方面有所收益。

(3) 提供了 25 个课程设计题选,可以兼顾不同层次和不同教学计划的需求。

该书第 1、第 2 章由许其清编写,第 3.1、第 3.2、第 3.4、第 3.5 由袁梦编写,第 3.3、第 3.6 由刘祎编写,第 4 章由刘勤编写,第 5 章由王小征编写,郭永贞编写了第 6 章并负责全书的统稿。

由于编者水平有限,错误和疏漏在所难免,衷心欢迎读者提出宝贵意见。

编 者
2011 年 2 月

目　　录

1 常用电子仪器

1.1　DF4321C 型双踪示波器

　　双踪示波器是目前实验室中广泛使用的一种示波器。DF4321C 型示波器是便携式双通道示波器,垂直系统最小垂直偏转因数为 1 mV/div,水平系统具有 0.5 s/div～0.1 μs/ div的扫描速度,并设有扩展×10,可将扫速提高到 10 ns/div。本系列示波器具有以下特点:便携式,稳定可靠;Y 轴量程和扫描时基由脉冲式电子开关控制和数字显示;具有自动、触发、电视信号同步功能,可同步锁定;交替触发功能可以观察两个频率不相关的信号波形。

　　1) 技术指标
　　(1) 垂直系统
　　灵敏度:1 mV/div～5 V/div,按 1、2、5 顺序分 12 挡。
　　精度:DC～20 MHz。
　　微调范围:＞2.5:1。
　　带宽(−3 dB):DC～20 MHz。
　　输入阻抗:直接输入为 1 MΩ±0.02 MΩ ,25 pF±2 pF;使用 10:1 探头为 10 MΩ±0.5 MΩ, 16 pF±2 pF。
　　最大输入电压:300V(DC＋AC(峰-峰))。
　　幅度线性误差:≤5%。
　　工作方式:CH1、CH2、ALT、CHOP、ADD。
　　(2) 触发系统
　　触发系统:内触发:DC～20 MHz, 1.5 div;外触发:DC～20 MHz, 0.5 V。
　　自动方式下限频率:25 Hz。
　　外触发最大输入电压:300V(DC＋AC(峰-峰))。
　　触发源:CH1、CH2、VERT、LINE、EXT。
　　触发方式:常态、自动、电视场(TV‐V、TV‐H)。
　　(3) 水平系统
　　扫描速度:0.5 s/div～0.1 μs/div,按 1、2、5 顺序分 21 挡,扩展×10。
　　精度:±3%;扩展×10 时为±10%。
　　扫描线性:×1 时为±5%;×10 时为±10%。
　　(4) X‐Y 方式
　　灵敏度:1 mV/div～5 V/div,按 1、2、5 顺序分 12 挡。
　　精度:DC～20 MHz。
　　X 带宽(−3dB):DC 为 0～1 MHz;AC 为 10 Hz～1 MHz。
　　相位差:＜3°(DC～50 kHz)。

（5）Z 轴系统

灵敏度：5 V 低电平加亮。

输入阻抗：33 kΩ。

带宽：DC～2 MHz。

最大输入电压：30 V（DC＋AC（峰-峰））。

（6）校正信号

波形：对称方波。

幅度：0.5 V±0.01 V。

频率：1 kHz±0.02 kHz。

（7）CH1 垂直信号输出

带宽：50 Hz～5 MHz。

输出电压：≥20 mV/div（输出端配 50 Ω 负载）。

（8）示波管

有效工作面：8 cm×10 cm。

发光颜色：绿色。

（9）电源

电压范围：电源电压 110 V 时为 99～121 V；电源电压 220 V 时为 198～242 V。

频率：48 Hz～62 Hz。

功耗：30 W。

（10）物理特性

重量：6.5 kg。

外形尺寸：37 cm×31 cm×13 cm。

（11）环境条件

工作温度：0 ℃～40 ℃。

工作湿度：相对湿度为 35%～85%。

2）面板控制件

DF4321C 型示波器前、后面板的布局如图 1.1.1 和图 1.1.2 所示。

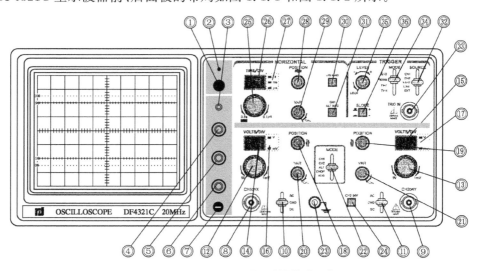

图 1.1.1　DF4321C 型示波器的前面板

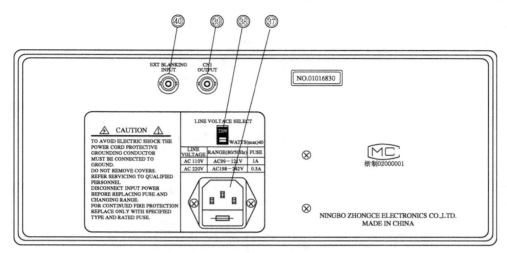

图 1.1.2　DF4321C 型示波器的后面板

表 1.1.1 为 DF4321C 型示波器各控制件的功能。

表 1.1.1　DF4321C 型示波器各控制件的功能

序　号	面板标志	名　称	功　能
①	POWER	电源开关	按下时电源接通,弹出时关闭
②	LAMP	电源指示灯	当电源在"ON"状态时,指示灯亮
③	TRACE ROTATION	轨迹旋转控制	用来调节扫描线与水平刻度线的平行
④	INTENSITY	亮度控制	轨迹亮度调节
⑤	FOCUS	聚焦控制	调节光点的清晰度,使其又圆又小
⑥	ILLUM	刻度照明控制	在黑暗的环境或照明刻度线时调此旋钮
⑦	CAL 0.5 V	校正信号	提供幅度为 0.5 V,频率为 1 kHz 的方波信号,用来调整探头的补偿和检测垂直和水平电路的基本功能
⑧	CH1 INPUT	通道 1 输入	被测信号的输入通道,当仪器工作在 X-Y 方式时,此端输入的信号变为 X 轴方向
⑨	CH2 INPUT	通道 2 输入	与 CH1 相同,当仪器工作在 X-Y 方式时,此端输入的信号变为 Y 轴方向
⑩⑪	AC-GND-DC	输入耦合开关	开关用于选择输入信号馈至 Y 轴放大器之间的耦合方式。AC:输入信号通过电容器与垂直轴放大器连接,输入信号的 DC 成分被截止,仅有 AC 成分显示。GND:垂直轴放大器的输入接地。DC:输入信号直接连接到垂直轴放大器,包括 DC 和 AC 成分
⑫⑬	VOLTS/div	电压挡位和校正/非校正选择开关	CH1 和 CH2 通道灵敏度调节,1 mV/div～5 V/div 共 12 挡,由 ⑭⑮ 数字显示。向下按此开关,校正/非校正转换。处于非校正状态时,微调电位器⑳、㉑有作用
⑭⑮		电压量程数字显示	当⑫⑬电压选择开关调节时,数字显示相应的量程挡位。当与 10:1 的探头一起组合使用时,读数×10
⑯⑰	V,mV	电压单位指示灯	灯亮表示显示单位为 V/div 或 mV/div,灯闪烁表示处于非校正位置
⑱⑲	POSITION	移位电位器	此旋钮用于调节垂直方向位移

续表 1.1.1

序　号	面板标志	名　　称	功　　能
⑳㉑	VAR	微调电位器	通过⑫⑬电压选择非校正状态时,可小范围改变垂直偏转灵敏度,逆时针旋转到底,变换范围大于 2.5 倍
㉒	V. MODE	垂直工作方式选择开关	此开关用于选择垂直偏转系统的工作方式。CH1:CH1 通道的信号出现在屏幕上。CH2:CH2 通道的信号出现在屏幕上。ALT:CH1、CH2 通道的信号能交替显示在屏幕上,这种工作方式通常用于观察信号频率较高的情况。CHOP:在此工作方式下,CH1、CH2 通道的信号受 250 kHz 自激振荡电子开关的控制,同时显示在屏幕上。ADD:CH1、CH2 通道的信号的代数和出现在屏幕上
㉓	GND	接地端	示波器的接地端
㉔	CH2 INV	CH2 极性按钮	用来倒置 CH2 上的输入信号极性。可方便地比较不同极性的两个波形,利用 ADD 能获得 CH1 与 CH2 的代数和
㉕	TIME/div	扫描时间因数和校正/非校正选择开关	扫描时间因数 0.5 s/div～0.1 μs/div 共 21 挡,逆时针到底为 X - Y 状态,X 轴信号连接到 CH1 输入,Y 信号连接到 CH2 输入,偏转范围为 1 mV/div～5 V/div。向下按此开关,校正/非校正状态转换。处于非校正状态时,微调电位器㉙有作用
㉖		扫描时间因数数字显示	当㉕扫描时间因数选择开关调节时,数字显示相应的量程。当㉚×10 MEG 开关按下时,显示数字除 10
㉗	s, ms, μs	扫描时间因数单位指示灯	灯亮指示当前单位,灯闪烁表示处于非校正位置
㉘	POSITION	水平移位电位器	此旋钮用于水平移动扫描线,顺时针旋转扫描线向右移动,逆时针向左移动
㉙	VAR	扫描微调电位器	通过㉕选择非校正状态时,可小范围改变扫描时间因数,逆时针旋转到底,变换范围大于 2.5 倍
㉚	×10 MAG	扩展 10 倍按钮	此按钮按下,扫速乘 10
㉛	ALT MAG	通道 1 交替扩展开关	垂直模式开关处于"CH1"时,此开关按下,CH1 通道能以×1 和×10 两种状态交替显示
㉜	TRIGGER SOURCE	同步触发源选择开关	CH1:取通道 1 的信号为触发源。CH2:取通道 2 的信号为触发源。VRET:触发源交替取自 CH1、CH2,用于同时观察两个不同频率的波形。LINE:取电源信号为触发源。EXT:取㉝ TRIG INPUT 的外接信号为触发源,用于垂直方向上特殊的信号触发
㉝	TRIG INPUT	外触发输入	输入端用于外接触发信号
㉞	TRIG MODE	触发方式选择开关	自动(AUTO):仪器始终自动触发,并能显示扫描线,当有触发信号存在时,同正常的扫描触发,波形能稳定显示。常态(NORM):只有当触发信号存在时,才能触发扫描,在没有信号和非同步状态情况下,没有扫描线,该工作方式适用于低频信号(25 Hz 以下)。电视场(TV - V):本方式能观察电视信号的场信号波形。电视(TV - H):本方式能观察电视信号的行信号波形
㉟	TRIG LEVEL LOCK	触发电平控制旋钮带锁定开关	通过调节本旋钮控制触发电平的起始点。逆时针转到底,同步锁定,始终零电平触发
㊱	SLOPE	触发极性选择开关	弹出是"+"极性触发,按进去是"-"极性触发
㊲	AC INLET	电源插座	交流电源输入插座
㊳	LINE VOLTAGE SELECT	电源选择开关	110 V 或 220 V 电源设置

序 号	面板标志	名 称	功 能
㊴	CH1 OUTPUT	CH1 输出插口	输出 CH1 通道信号的取样信号
㊵	EXT BLANGKING	外增辉输入插座	用于辉度调节。它是直流耦合,加入正信号辉度降低,加入负信号辉度增加

3）操作方法

（1）测量前的检查

为了使本仪器能经常保持良好的使用状态,应进行测量前的检查。这种检查方法也适用以后的操作方法及应用测量。使用前先将面板相关的控制件预设如表 1.1.2 所示。

表 1.1.2　面板相关的控制件预设

控制件	预 设 状 态
电源（POWER）	关
辉度（INTEN）	逆时针转到底
聚焦（FOCUS）	居中
AC - GND - DC	GND
位移（POSITION）	居中
垂直工作方式（V. MODE）	CH1
触发（TRIGER MODE）	AUTO
触发源（TRIG SOURCE）	CH1
水平位移（POSITION）	居中
各开关按钮	弹出状态

在完成了所有上面的准备工作后,打开电源。15 s 后,顺时针旋转辉度旋钮,扫描线将出现。调节聚焦旋钮置扫描线最细,接着调整 TRACE ROTATION 以使扫描线与水平刻度保持平行。此时垂直灵敏度为 5.0 V/div ,扫描因数为 1.0 ms/div,都处于校正状态。如果打开电源而仪器不使用,应逆时针旋转辉度旋钮,降低亮度。

注意:在测量参数的过程中,应置"校正"位置,为了使所测得数值正确,预热时间至少应在 30 min 以上。若仅为显示波形,则不必进行预热。

（2）观察一个波形

若不观察两个波形的相位差或除 X - Y 工作方式以外的其他工作状态,可用 CH1 或 CH2。

若选用 CH1 时,控制件位置如下:

垂直工作方式（V. MODE）:通道 1（CH1）;

触发方式（TRIG MODE）:自动（AUTO）;

触发信号源（TRIG SOURCE）:通道 1（CH1）。

在此情况下,可同步所有加到 CH1 通道上、频率在 25 Hz 以上的重复信号。调节触发电平旋钮可获得稳定的波形。因为水平轴的触发方式处在自动位置,当没有信号输入或当输入耦合开关处在地（GND）位置时,亮线仍然显示。这就意味着可以测量直流电压。当观察低频信号（小于 25 Hz）时,触发方式（TRIG MODE）必须选择常态（NORM）。

若选用 CH2 通道时,控制件位置如下:

垂直工作方式（V. NORM）:通道 2（CH2）;

触发方式（TRIG MODE）:自动（AUTO）;

触发信号源(TRIG SOURCE):通道 2 (CH2)。

（3）观察两个波形

当垂直工作方式开关置交替(ALT)或断续(CHOP)时就可以很方便地观察两个波形。当两个波形的频率较高时,工作方式用交替(ALT),当两个波形的频率较低时,工作方式用断续(CHOP)。

（4）信号馈接和探头的使用

当高精度测量高频波形时,使用附件中的探头。应注意,当输入信号接到示波器输入端被探头衰减到原来的 1/10 时,对小信号观察不利,但却扩大了信号的测量范围。

需要注意:

① 不要直接加大于 300 V(DC 加 AC(峰-峰))的信号。

② 当测量高速脉冲信号或高频信号时,探头接地点要靠近被测点,较长接地线能引起振铃和波形的畸变。良好的测量必须使用经过选择的接地附件。

③ V/div 读数的幅值乘 10。例如:如果 V/div 的读数在 50 mV/div ,读出的波形是 50 mV/div×10＝500 mV/div 。

为了避免测量误差,在测量前应按下列方法进行校正和检查以消除误差。将探头探针接到校正方波 0.5 V(1 kHz)输出端,正确的电容值将产生如图 1.1.3(a)所示的平顶波形。如果波形出现如图 1.1.3(b)和图 1.1.3(c)所示的波形,可调整探头上校正孔的电容补偿,直至获得平顶波形。

(a) 正常　　　　　　(b) 电容太小　　　　　　(c) 电容太大

图 1.1.3　平顶波形

当不使用探头×10 而直接将信号接到示波器时,应注意下列几点,以最大限度减少测量误差。

① 使用无屏蔽层连接导线时,对于低阻抗、高电平电路不会产生干扰。应注意,其他电路和电源线的静态寄生耦合可能引起测量误差,即使在低频范围,这种测量误差也是不能忽略的。通常为使用可靠而不采用无屏蔽导线。使用屏蔽线时将屏蔽层的一端与示波器接地端连接,另一端接至被测电路的地线。最好是使用具有卡口连接器(BNC)的同轴电缆线。

② 进行宽频带测量时,当测量快速上升波形和高频信号波形时,需使用终端阻抗匹配的电缆。特别在使用长电缆时,当终端不匹配时,将会因振铃现象导致测量误差。有些测量电路还要求端电阻等于测量的电缆特性阻抗,而具有 BNC 的电缆终端电阻(50 Ω)可以满足此目的。

③ 为了对具有一定工作特性的被测电路进行测量,需要用终端与被测电路阻抗相当的电缆。使用较长的屏蔽线进行测量时,屏蔽线本身的分布电容要考虑在内。因为通常的屏蔽线具有 100 pF 的分布电容,它对被测电路的影响是不能忽略的。使用探头能减少对被测电路的影响。

④ 当所用的屏蔽线或无终端电缆的长度达到被测信号的 1/4 波长或它的倍数时,即使

使用同轴电缆,在 5 mV/div(最灵敏挡)范围附近也能引起振荡。这是由于外接高 Q 值电感和仪器输入电容产生谐振所引起的。避免的方法是降低连接线的 Q 值。可将 100 Ω~ 1 kΩ 的电阻串联到无屏蔽线或电缆中加到仪器的输入端,或在其他 V/div 挡进行测量。

⑤ 观察 X-Y 工作方式下的波形

置时基开关 TIME /div 到 X-Y 状态,此时示波器工作在 X-Y 方式。

加到示波器各输入端的情况如下:

X 轴信号:由 CH1 输入;

Y 轴信号:由 CH2 输入。

同时,水平扩展(×10 MAG)开关弹出。

4)测量方法

(1)测量前的准备工作

调节亮度并聚焦于适当的位置,最大可能地减小显示波形的读出误差。使用探头时应检查电容补偿。

(2)直流电压的测量

置 AC-GND-DC 输入开关在 GND 位置,以确定零电平的位置。置 V/div 开关于适当位置(避免信号过大或过小而观察不出),置 AC-GND-DC 开关于 DC 位置。这时扫描亮线随 DC 电压的大小上下移动(相对于零电平时),信号的直流电压是位移幅值与 V/div 开关显示值的乘积。例如,当 V/div 开关显示在 50 mV/div 挡时,位移的幅值是 4.2 div,则直流电压为 50 mV/div×4.2 div=210 mV,如果使用 10:1 探头,则直流电压为上述值的 10 倍,即 50 mV/div×4.2 div×10=2.1 V。

(3)交流电压的测量

与前述"直流电压的测量"相似,但在这里不必在刻度上确定零电平。可以按方便观察的目的调节零电平。当 V/div 开关为 1 V/div ,若图形显示 5 div ,则 1 V/div×5 div = 5 V(峰-峰)(当使用 10:1 的探头测量时是 50 V(峰-峰)),当观察叠加在较高直流电平上的小幅度交流信号时,置 AC-GND-DC 开关于 AC ,这样就截断了直流电压,能大大提高 AC 电压测量的灵敏度。

(4)频率和周期的测量

若一个周期的 A 点和 B 点在屏幕上的间隔为 2 div(水平方向),当扫描时间定为 1 ms/div 时,周期是 1 ms/div×2.0 div=2 ms,频率是 1/2 ms=500 Hz 。当扩展×10 旋钮被拉出时,TIME/div 显示的读数必须乘 1/10,因为扫描扩展了 10 倍。

(5)两个波形的同步观察

当 CH1 和 CH2 通道的两个信号具有相同的频率或频率之间成整数倍或频率之间具有时间差时,内触发(INT TRIG)选择开关可以任意选 CH1 或 CH2 的信号作为基准信号。CH1 位移旋钮可选择 CH1 信号作基准信号,CH2 位移旋钮可选择 CH2 信号作基准信号。

为了同时观察不同频率的信号,置内触发选择开关于组合方式(VERT MODE),这样同步信号交替选择,每个通道都能稳定触发。

① 组合触发方式触发源的选择

在下列状况下可获得触发信号:置触发源开关(SOURCE)至组合(VERT);选择垂直

工作方式开关(MODE)。触发信号源与垂直工作方式开关之间的关系见表 1.1.3。

表 1.1.3　触发信号源与垂直工作方式开关之间的关系

触发源 (SOURCE MODE)		内			电 源	外
		CH1	CH2	VERT		
垂直工作方式	CH1	CH1	CH2	CH1	电源	外
	CH2	CH1	CH2	CH2		
	交替(ALT)	CH1	CH2	CH1 和 CH2 交替		
	断续(CHOP)	CH1	CH2	CH1 和 CH2 断续		
	相加(ADD)	CH1	CH2	CH1 和 CH2 相加		

当触发源(TRIG SOURCE)开关置组合(VERT),垂直工作方式开关置交替(ALT),加到 CH1 和 CH2 两通道的输入信号各自触发扫描,也就是当不同频率的两个波形同时观察时,每个通道的波形都能稳定触发。在这种情况下,信号必须同时加到 CH1 和 CH2 通道,并且两信号各自的幅值必须超过一个相同的电平,也就是有一个共同的电平包含在 CH1 和 CH2 信号的幅值中。

当正弦波加到 CH1 通道,方波加到 CH2 通道时,为了扩大同步范围,当 CH2 采用交流耦合,同步电平范围就从“A”增加到“B”,当 CH1 或 CH2 中的任一个输入信号太小,调节 V/div 开关⑫或⑬以达到足够的幅度。

组合触发方式(VERT MODE)观察 CH1 或 CH2 通道时至少需要 1.5 div 的幅度才可触发。当只有一个通道加有信号时,使用组合触发方式(VERT MODE)是不合适的。

注意:当垂直系统灵敏度开关处于 1 mV/div 或 2 mV/div 时,TRIGGER SOURCE 不要用组合方式(VERT)。

② 交替触发器

在 TRIGGER SOURCE 开关选在组合方式(VERT MODE)、垂直工作方式(MODE)选择开关置交替(ALT)的情况下,当显示一个倾斜极性信号时,还可同时显示 10 个周期以下的三角波。但为了精确和清楚地观察每个信号,应分别置垂直工作方式(MODE)开关于 CH1 和 CH2。

1.2　SG1005 型信号发生器/计数器

SG1005 型信号发生器/计数器采用大规模 CMOS 集成电路、超高速 ECL、TTL 电路和高速微处理器,内部电路采用表面贴片技术,大大提高了抗干扰性。操作界面采用全中文化交互式菜单。SG1005 型信号发生器/计数器的主要特点是:采用直接数字合成(DDS)技术,超低功耗;正弦波、方波输出频率为 0.01 Hz～20 MHz;脉冲波、三角波输出频率为 0.01 Hz～1 MHz;内部含有精密衰减电路,使小信号输出更加准确;波形频率分辨力可达 0.01 Hz;具有频率、幅度、相位调制功能和外调幅功能;具有频率、幅度、相位键控功能;具有任意起点、终点的频率调制、扫描功能;具有频率测量、周期测量、正负脉宽测量和计数功能;所有参量均可由内部程序完成校准;主波 200 kHz 以下可输出任意个数的波形,调制波、键控波全频段可输出任意个数的波形,扫描波可以输出任意轮次的波形;可以实现深度为 0～120%的内调幅。

1) 技术指标

(1) 信号发生器技术指标

① 波形特性

主波形:正弦波、方波、三角波、脉冲波、TTL 波。

采样速率:50 Msa/s(百万次采样每秒)。

正弦波谐波失真:−50 dB(频率<1 MHz);−40 dB (频率<6 MHz)。

正弦波失真度:0.1%(20 Hz ~100 kHz)。

方波升降时间:< 15 ns。

② 频率特性

频率范围:0.01Hz~20 MHz。

频率分辨力:0.01Hz。

频率误差:±5×10^{-6}。

频率稳定度:±1×10^{-6}。

③ 幅度特性

阻抗:50 Ω±5 Ω。

幅度范围:1 mV(峰-峰)~20 V(峰-峰)。

幅度分辨力:1 mV。

幅度稳定度:±0.5%(每 5 h)。

④ 功率特性

频率范围:0.01Hz~20 kHz。

输出幅度:≥20 V(峰-峰)。

输出功率:≥4 W。

保护功能:输出端过流时有保护功能。

⑤ 偏置特性

偏置范围:−10 V~+10 V。

偏置分辨力:100 mV。

⑥ 调频特性

调制方式:内调制。

调制信号:正弦(调频(FM))、方波(移频键控(FSK))。

调制速度:10 ms~50 s。

调制深度:载波频率的 100%。

⑦ 调幅特性

调制方式:内调制、外调制。

调制信号:正弦、方波(内调制);外部输入信号(外调制)。

调制频率:1 kHz (内部调制);外部输入信号频率(外调制)。

调制深度:1%~120%(内调制);外部输入信号 0~+10 V 峰值。

⑧ 调相特性

调相范围:0.1°~360°。

分辨力:0.1°。

调制速度:10 ms~50 s。

⑨ 扫描特性

扫描范围:0.01 Hz~20 MHz。

扫描时间 : 10 ms~50 s。

扫描方式:线性、对数。

(2) 频率/计数器技术指标

① 频率/周期/正脉宽/负脉宽测量

频率测量范围:1 Hz~10 MHz,可扩展到 100 MHz。

最小输入电压:"内部衰减"开:1 V;"内部衰减"闭:1 mV。

最大允许输入电压:20 V。

测量闸门时间:0.1 s(快速)、1 s(慢速)。

"内部低通"特性:截止频率为 100 kHz;带内衰减:<-3 dB;带外衰减:>-30 dB。

② 计数

计数容量:17 位十进制。

控制方式:手动。

(3) 其他技术指标

个数控制:在 0~20 kHz 内正弦波、方波、脉冲波、三角波个数可控,最大个数输出 65 535;调制波、键控波、扫描波任意频段个数可控,最大个数输出为 65 535。

2) 基本操作

SG1005 型信号发生器/计数器采用全中文交互式菜单和灵活舒适的按键,在操作时特别方便。在显示方面,仪器主要采用分级式菜单;在按键方面,仪器主要采用分组规划、统一功能模式。图 1.2.1 为 SG1005 型信号发生器/计数器的面板示意图。

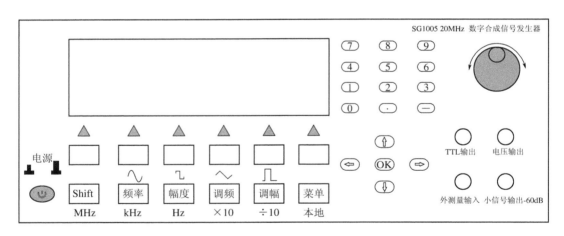

图 1.2.1　SG1005 型信号发生器/计数器的面板示意图

(1) 按键

仪器按键包括以下几个部分:

① 快捷键区

快捷键区包含有"Shift"、"频率"、"幅度"、"调频"、"调幅"、"菜单"6 个键,如图 1.2.2 所示。其主要功能是方便快速进入某项功能设定或常用的波形快速输出。

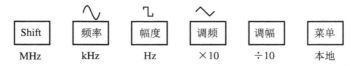

图 1.2.2　快捷键区示意图

快速键区分为以下 2 类：

a. 当显示菜单为主菜单时，可以通过单次按下"频率"、"幅度"、"调频"、"调幅"键进入相应的频率设置功能、幅度设置功能、调频波和调幅波输出。任何情况下还可以通过按菜单键从各种设置状态进入主菜单。也可以通过按下"Shift"键配合"频率"、"幅度"、"调频"、"调幅"、"菜单"键进入相应的正弦、方波、三角波、脉冲波的输出。

b. 当显示菜单为频率相关的设置时，快捷键所对应的功能为所设置的单位，即为按键下面字符串所示。如在频率设置时，可以先按下数字键"8"，再按下"幅度"键输入 8 MHz 的频率值。

注意：快捷键上所标字符的作用并不是任何菜单下都是有效的，除了以上两种情况，快捷键均为无效的（不包括"菜单"键）。

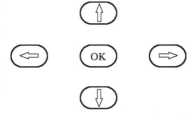

图 1.2.3　方向键区示意图

② 方向键区。方向键区如图 1.2.3 所示。方向键分为"Up"、"Down"、"Left"、"Right"、"OK"5 个键，其主要功能是移动设置状态的光标和选择功能。例如设置"波形"时可以通过移动方向键选择相应的波形，被选择的波形以反白的方式呈现。

使用计数功能时，"OK"键为暂停/继续计数键，按下奇数次为暂停，偶数次为继续，"Left"为清零键。

注意：方向键是不可以移动菜单项的，菜单项通过屏幕键选择。

③ 屏幕键区。屏幕键区如图 1.2.4 所示。屏幕键是对应特定的屏幕显示而产生特定功能的按键，从左向右排列，分别为"F1"、"F2"、"F3"、"F4"、"F5"、"F6"，它们一一对应于屏幕的"虚拟"按键。例如通道 1 的设置中，它们的功能分别对应屏幕的波形、频率、幅度、偏置、返回功能。

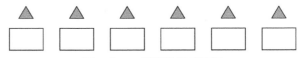

图 1.2.4　屏幕键区示意图

④ 数字键盘区。数字键盘区如图 1.2.5 所示。数字键盘区是为快速输入一些数字量而设计的。由 0~9 数字键、"."、"-"共 12 个键组成。在数字量的设置状态下，按下任意一个数字键时，屏幕会弹出一个对话框，保存所按下的键，然后可以通过按下"OK"键输入默认的单位或者相应的单位键来输入相应单位的数字量。

⑤ 旋转脉冲开关。旋转脉冲开关如图 1.2.6 所示。利用旋转脉冲开关可以快速地加、减光标所对应的量。利用它输入数字量，使用时会感觉到更加得心应手。

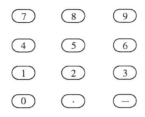

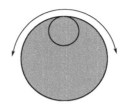

图 1.2.5　数字键盘区示意图　　　　　　**图 1.2.6　旋转脉冲开关示意图**

（2）显示菜单

仪器显示器采用高分辨率、宽视角的液晶显示器（LCD）模块,软件界面采用全中文交互式菜单。菜单显示大致可以分以下几个状态：

① 主菜单

主菜单如图 1.2.7 所示。主菜单包括子菜单选项和当前输出提示项,其含义分别如下："正弦"表示当前通道 1 输出波形为正弦波;5.00 V、500.000 000 kHz 表示当前输出波形参数;"主波"为主波形(正弦波、方波、三角波、脉冲波)输出的二级子菜单;"调制"为仪器调制功能的二级子菜单;"扫描"为仪器扫描功能的二级子菜单;"键控"为仪器键控功能的二级子菜单;"测量"为系统测量功能的二级子菜单;"系统"为系统功能的二级子菜单。例如,当按下"主波"对应的"F1"键时,菜单便会激活,这时就进入了信号发生器主波形参数设置子菜单。

② "主波"二级子菜单

图 1.2.8 为"主波"二级子菜单的示意图。这时可以通过方向键来选择波形,通过屏幕键"F1"～"F6"设定输出波形的参数。

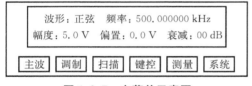

图 1.2.7　主菜单示意图

图 1.2.8　"主波"二级子菜单的示意图

注意：选择波形时,只需要按方向键即可,反白显示的波形表示已经选定,不需要按"OK"键确认。

③ "调制"二级子菜单

当按下"调制"所对应的屏幕键后,就进入了"调制"二级子菜单。"调制"二级子菜单如图 1.2.9 所示。可以通过方向键选择所需的输出调制波。屏幕菜单分别对应的功能设定如下："波形"为调制波形选择;"频率"为载波频率;"幅度"为载波幅度;"速度"为调制的速度,即调制波频率,用时间量表示,折合频率为 0～100 kHz;"深度"为调制深度,调频时为调频深度,是频率量,调幅时为调幅的深度,为幅度量,调相时为调相深度,为相位量;"个数"为调制波的个数输出,范围为 0～65 535。

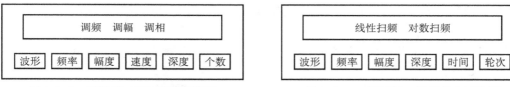

图 1.2.9 "调制"二级子菜单示意图　　　　图 1.2.10 "扫描"二级子菜单示意图

④ "扫描"二级子菜单

按下"菜单"键返回主菜单后,可以再次按下"F3",这时便进入了"扫描"二级子菜单。图 1.2.10 为"扫描"二级子菜单的示意图。可以通过方向键选择所需的输出扫描波形。屏幕菜单对应功能分别设定如下:"波形"为扫描波形选择,分线性、对数两种频率扫描方式;"频率"为扫描的起点;"幅度"为扫描波的速度;"深度"为频率扫描波的宽度;"时间"为扫描一次(从起点到终点)所用时间设定功能;"轮次"为多少个从起点到终点的循环,即扫描波个数。

⑤ "键控"二级子菜单

"键控"二级子菜单如图 1.2.11 所示。此时可以通过方向键选择所需的输出键控波。屏幕菜单的功能设定如下:"波形"为键控波形选择;"频率"为载波频率;"幅度"为载波幅度;"速度"为键控速度用时间量表示,折合频率为 0~10 kHz;"深度"为键控深度,键频时为调频深度,是频率量,键幅时为键幅的深度,为幅度量,键相时为键相深度,为相位量;"个数"为键控波的个数输出,范围为 0~65 535。

图 1.2.11 "键控"二级子菜单示意图　　　　图 1.2.12 "测量"二级子菜单示意图

⑥ "测量"二级子菜单

"测量"二级子菜单如图 1.2.12 所示。屏幕键所对应的功能设定如下:"计数"为计数器功能;"频率"为频率测量功能;"周期"为周期测量功能;"正脉"为测量正脉宽功能;"负脉"为测量负脉宽功能;"组态"为测量时是否选择衰减或者是低通滤波及测量闸门时间:"□"表示未选中,"☑"表示选中。

⑦ "系统"菜单

"系统"菜单如图 1.2.13 所示。"系统"菜单项功能定义如下:"存储"为当前仪器设置参数存储功能,可存储 3 组用户设置信息;"加载"与存储功能对应,加载用户以前存储的信息;"复位"提供软复位功能;"程控"设定 GPIB 地址等仪器可程控项;"校准"为仪器校准功能,有密码保护,暂

图 1.2.13 "系统"菜单示意图

时不对用户开放;"关于"为有关本仪器的一些信息,包括本仪器序列号、系统软件版本号等。注意:如果感觉到当前仪器设置特别紊乱,可以通过"系统"→"复位"进行软复位。

3) 信号发生器功能和操作

仪器采用直接数字合成(DDS)技术,内部含有 DDS 高精度电路,能输出 0~20 MHz 的

正弦波、方波、三角波、脉冲波以及调制波、扫描波、键控波,并且都有标准 TTL 信号输出。

（1）通道 1 标准波形

例如要产生一个频率为 20 MHz、幅度为峰值 5 V、直流偏置为 −1 V 的正弦波。

步骤如下：

① 确保仪器正确连接后,加电,出现欢迎界面并且仪器自检通过后会直接跳到主菜单,如图 1.2.14 所示。按下“主波”菜单对应的屏幕键“F1”,进入“主波输出”二级子菜单,此时“波形”菜单被激活,默认波形已经指向正弦波,此时不需要移动（如果要产生方波,只需要按下右方向键即可）。

图 1.2.14　“主波”菜单界面

图 1.2.15　通道 1 产生标准波形

② 按下“频率”菜单对应屏幕键“F2”,“频率”菜单被激活,如图 1.2.15 所示。系统默认频率为 10 MHz,这时可以通过按下“调幅”、“调频”、“幅度”快捷键选择显示的单位为 Hz、kHz、MHz。可以用 3 种方法来输入频率（此输入方法数字量通用）2.0 MHz 的正弦波：

a. 通过按方向键“Left”、“Right”移动选择光标,再通过“Up”、“Down”增加、减少频率值。

b. 通过按方向键“Left”、“Right”移动光标,再通过“旋转脉冲开关”的逆时针、顺时针旋转增加、减小频率值。

c. 通过数字键盘输入,进入频率设置状态后,当按下数字键盘任意一个按键后,屏幕会弹出一个小窗口来等待输入,如图 1.2.16 所示。键入需要输入的数字后,可以按“OK”键来按照当前的单位输入频率值,也可以按快捷键的单位功能来输入以 Hz、kHz、MHz 为单位的频率值。

③ 用同样的方法选择“幅度”、“偏置”菜单,并输入幅度为 5 V,偏置为 −1 V,这样,就可输出所要求的波形。

图 1.2.16　频率设置示意图

图 1.2.17　“调制”二级子菜单

注意：仪器采用实时输出,所以当改变任意一个波形参量时,相应的输出便立即发生了变化。

（2）调制波

调制波分为调频、调幅、调相 3 种波形。

例如要产生载波为 1 MHz 正弦波、幅度为 5 V 峰值、调制波频率为 100 Hz 的调频波,其中频偏为 300 kHz。

步骤如下：任意状态下按“菜单”键进入主菜单,选择指向“调制”二级子菜单的屏幕键“F3”,进入如图 1.2.17 所示的“调制”二级子菜单；让“波形”菜单指向调频后,按下指向“速度”的屏幕键“F4”来设置调制的速度,即调制波的频率；按下指向“深度”的屏幕键“F5”来设置调制的深度，即调频的频偏，并设定为 300 kHz；设置载波：按下屏幕键"F2"，按照上例中设置的方法，设置为 1 MHz、幅度为 5 V(峰值)的正弦波作为载波；按下返回键，退出调制状态。这样，就可输出所要求的调频波。同样的方法还可以选择调幅、调相、键频、键幅、键相波的输出。

注意：调幅和键幅时会有"方式"菜单，表示当前调制的工作方式。仪器通过内部逻辑，实现内部调幅和外部调幅功能。

（3）扫描波

扫描波的设定方法类似于调制波的设定方法，下面用一个例子来说明。

目的是产生一个起始频率为 100 kHz、终止频率为 500 kHz、扫描时间为 1 s、幅度为5 V的方波对数扫描波。

步骤如下：进入通道 1 菜单设置为方波，幅度设置为 5 V；按下指向"扫描"菜单的屏幕键"F6"，进入扫描方式，用方向键选择"对数扫描"菜单，如图 1.2.18 所示；按下指向"频率"的屏幕键"F2"，设定起点频率为 100 kHz；按下指向"深度"的屏幕键"F4"，设定终点频率为 500 kHz；按下指向"时间"菜单的屏幕键"F5"，设定扫描时间为 1 s。这样，一个扫描波设置完毕。当然也可以通过设置"轮次"菜单来设置输出扫描波的个数。

注意：扫描波的步进值是由仪器内部的微处理器自动算出的，只需要设定扫描一轮的时间即可。

4）频率计功能和操作

作为信号发生器的一个功能，频率计能实现频率测量、周期测量、计数器功能，并且能够对被测信号进行调整。

（1）频率测量

频率测量的步骤如下：外部信号输入正确连接后开机，进入主菜单或者通过按"菜单"键进入主菜单后，按"测量"菜单对应的屏幕键"F6"即可进入"测量"二级子菜单，如图 1.2.19所示。然后通过按"频率"所对应的屏幕键"F2"达到测频。

图 1.2.18　主菜单示意图

图 1.2.19　"测量"二级子菜单

注意：频率测量的表示是仪器自动刷新显示的，并且显示单位也是自动完成的，只需要设置好测量闸门时间和组态状态即可。

（2）周期、脉宽测量

周期测量步骤如下：外部信号输入正确连接后开机，进入主菜单或者通过按"菜单"键进入主菜单后，按"测量"菜单对应的屏幕键"F5"进入"测量"二级子菜单；然后分别通过按"周期"、"正脉"、"负脉"所对应的屏幕键"F3"、"F4"、"F5"测量周期、正脉宽、负脉宽。

5）计数器功能

按上例同样的方法，通过按"计数"菜单对应的屏幕键"F1"进行计数，这时当外部有满足要求的信号输入时，可以看到计数一直在进行，如果需要暂停计数，只需要按下"OK"键即可实现，再次按下"OK"键可以继续本次计数。

6) 测量的组态设置

组态功能可以对被测信号进行预处理,以达到最佳测量目的,如图1.2.20所示。组态功能包括"衰减"、"低通滤波"、"快速",可以通过方向键"Left"、"Right"选择使其反白,然后通过"OK"键使其改变状态。

图1.2.20　测量的组态设置示意图

注意:快速指闸门时间,当快速选定时,闸门时间约为0.1 s,当未选定时,闸门时间约为1 s。

7) 其他功能

(1) 程控功能

本仪器包含有标准GPIB、RS-232接口可选配件,可以选配接口来扩充仪器功能,实现由计算机控制组成的自动测试系统。

(2) 校准功能

校准功能存在于"系统"一级菜单下,当按下校准功能后会提示输入密码。本功能主要是出厂时设定一些校准参数,暂时不对用户开放。

(3) 存储/加载功能

本仪器内部含有长寿命的flash ROM,可以对当前设定频率值、幅度值、波形种类、偏置、调制速度、深度、扫描起始位置、终止位置、扫描时间等所有设置参数进行存储。

(4) 软件复位功能

当感觉对本仪器的设置有些零乱时,可以选择软件复位功能来初始化仪器所有参数。软件复位功能存在于"系统"菜单下,当选择了"复位"选项后再按确认键"OK",会出现开机欢迎界面,完成软复位功能。软复位是在不重新加电的情况下对所有参数进行初始化。这样可以减轻频繁加电对仪器造成的伤害。

(5) 波形个数控制功能

每种波形设置下都有"个数"项,可以通过改变"个数"参数来达到输出任意一个波形的功能。当进入"个数"菜单时,仪器切断波形的输出,等设置完个数后,按一次"OK"键来触发输出,仪器会输出所设置的具体的波形个数,个数输出完成后,仪器切断波形输出。当离开"个数"菜单时,个数参数由系统自动清零。

8) 维护及保修

本仪器属于高精密电子装置,使用时应注意下列事项:

(1) 确保200 V～240 V、47 Hz～53 Hz的电源供电电压及频率。

(2) 仪器液晶显示器模块属于易碎、易腐蚀物品,不要猛烈撞击和靠近化学物品以免腐蚀。当感觉到液晶显示器表面有污尘时,可用柔软的布料小心擦拭。

(3) 液晶显示器的视角为"18点视角",使用时请注意。

(4) 工作温度为-10 ℃～50 ℃,存储温度为-20 ℃～70 ℃,并使仪器保持干燥。

(5) 不要试图拆开本仪器,破坏封装会导致保修失效。本仪器内部并无用户可以维修部件,维修只能到指定维修网点。

(6) 避免点燃的蜡烛、盛水的杯子、有腐蚀性的化学物品等不安全物品放置到仪器表面,以免引起仪器的损坏。

(7) 显示屏幕属于易污染、易碎设备,不要用手触摸,并避免碰撞。

（8）不要剧烈移动仪器，以免对内部电路造成不可修复的损坏。

1.3　EM2181 型智能交流毫伏表

　　EM2181 型智能交流毫伏表是立体声测量的必备仪器，显示直观、清晰，内置程控量程自动切换，操作方便。本仪器只有一个通道，2 只 LCD 模块分别同时显示有效值和分贝值。

　　1）技术指标

　　（1）测量电压范围：100 μV～300 V。

　　（2）测量电压的频率范围：10 Hz～2 MHz。

　　（3）基准条件下的电压误差：±3 %。

　　（4）基准条件下的频响误差：10 Hz～100 kHz 时±3％；100 kHz～2 MHz 时±8％。

　　（5）在环境温度 0 ℃～ 40 ℃、湿度≤80％、电源电压为 220 V±22 V、电源频率为 50 Hz±2 Hz 时的工作误差：10 Hz～100 kHz 时±7％；100 kHz～2 MHz 时±15％。

　　（6）输入阻抗：输入电阻≥1 MΩ；输入电容≤50 pF。

　　（7）通道隔离度：≥100 dB(10 Hz～100 kHz)。

　　（8）触发信号输出：0.5 V～6 V。

　　（9）最大输入电压：AC(峰-峰)＋DC≤660 V。

　　（10）外形尺寸：210 mm×82 mm×230 mm。

　　（11）重量：约 2 kg。

　　（12）电源电压：220 V±22 V。

　　（13）视在功率：约 15 V·A。

　　2）使用和维护

　　（1）仪器应在正常工作条件下使用，不允许在日光曝晒、强烈振动及空气中含有腐蚀性气体的场合下使用。

　　（2）通电前确认电网电压在 220 V±22 V 范围内。

　　（3）本仪器的使用极为简单，只需打开电源，将信号接入输入端口即可。

　　（4）使用本仪器测量信号的分贝值时，应按下显示转换开关。

　　（5）TRIG OUTPUT 输出可作触发信号或测频信号使用。不可将大信号从此端口输入，否则将造成仪器损坏。

　　（6）本仪器的调节和维修需由专业人员完成，用户勿自行打开仪器。

1.4　MF－47 型万用表

　　MF－47 型万用表是设计新颖的磁电系整流式便携式万用表，可用来测量直流电流、交流电压、直流电压、直流电阻等，具有 26 个基本量程和电阻、电容、电感、半导体器件直流参数以及 7 个附加参考量程，是量限多、分挡细、灵敏度高、体积轻巧、性能稳定、过载保护可靠、读数清晰、使用方便的一种仪表，因而得到广泛应用。

1）面板结构

MF-47型万用表面板结构如图1.4.1所示。

2）使用方法

使用前应检查指针是否指在机械零位上,如果不指在零位时,可旋转表盖上的调零器使指针指示在零位上。

将红、黑色测试棒分别插入"＋"、"－"插座中,如测量交、直流电压2 500 V或直流电流5 A时,红色测试棒应分别插到标有"2 500 V"或"5 A"的插座中。

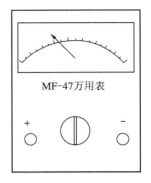

MF-47万用表

图1.4.1　MF-47型万用表
面板结构示意图

（1）直流电流测量

测量0.05 mA～500 mA时,转动测量范围开关（以下简称开关）至所需电流挡;测量5 A时,转动开关放在500 mA直流电流挡,然后将万用表经测试棒串接于被测电路中。

（2）交直流电压测量

测量交流10 V～1 000 V或直流0.25 V～1 000 V时,转动开关至所需电压挡。测量交直流2 500 V时,开关应分别旋至交流1 000 V或直流1 000 V挡,然后将万用表经测试棒跨接于被测电路两端。

配以高压探头可测量电视机小于25 kV的高压,测量时,开关应放在50 μA挡,高压探头的红、黑色测试棒分别插入"＋"、"－"插座中,接地夹与电视机金属底板连接,然后握住探头进行测量。

（3）直流电阻测量

转动开关至所测量的电阻挡,先将两测试棒短接,调整调零器旋钮,使指针对准欧姆"0"位,然后分开测试棒并分别接被测电阻一端进行测量。

测量电路中的电阻时,应先切断电源,如电路中有电容则应先放电。

当检查电解电容器漏电电阻时,可转动开关至R×1k挡,红色测试棒接电容器负极,黑色测试棒接电容器正极。

（4）音频电平测量

在一定的负荷阻抗上,用以测量放大器的增益和线路输送的损耗,测量单位用分贝（dB）表示。

音频电平与功率、电压的关系是：

$$N = 20\lg \frac{V_2}{V_1}(\text{dB}) \qquad (1.4.1)$$

音频电平是以交流10 V为基准线刻度,如指示值大于＋22 dB时,可在50 V以上各量限测量,其示值可按表1.4.1所示值进行修正。

表1.4.1　音频电平修正值

量　限 （V）	按电压刻度增加值 （dB）	电平的测量范围 （dB）
10		−10～22
50	14	＋4～36
250	28	＋18～＋50
500	34	＋24～＋55

测量方法与测量交流电压基本相似,转动开关至相应的交流电压挡,并使指针有较大的偏转。如被测电路中带有直流电压成分时,可在"＋"插座中串接一个 0.1 μF 隔直电容器。

（5）电容、电感测量

转动开关至交流 10 V 位置,被测电容器串接于任一测试棒而后跨接于 10 V 交流电压电路中进行测量。

电感测量方法与电容相同。

（6）晶体管直流参数测量

① 直流放大倍数 h_{FF} 测量

先转动开关至晶体管调节 ADJ 位置上,将红、黑测试棒短接,调节调零器旋钮,使指针对准 $300h_{FF}$ 刻度线上;然后转动开关到 h_{FF} 位置,将被测晶体管引脚分别插入晶体管测试座的 c、b、e 管座内,指针偏转所示数值约为晶体管的直流放大倍数 β 值,NPN 型晶体管应插入 N 型管孔内,PNP 型晶体管应插入 P 型管孔内。

② 晶体管引脚极性的辨别

可用 R×1 k 挡进行辨别。

首先判别基极 b。由于 b 到 c,b 到 e 分别是一个 PN 结,它的反向电阻很大,而正向电阻很小,测试时可任意取晶体管一个引脚假定为基极,将红色测试棒接"基极",黑色测试棒分别去接触另外 2 个引脚,如此时测得的都是低阻值,则红色测试棒所接触的引脚即为基极 b,并且是 PNP 型管（如用上法测得均为高阻值,则为 NPN 型管）。若测量时 2 个引脚的阻值差异很大,可另选一个引脚为假定基极,直至满足上述条件为止。

然后判定集电极 c,对于 PNP 型管,当集电极接负电压、发射极接正电压时,电流放大倍数才比较大,NPN 管则相反。测试时假定红色测试棒接集电极 c,黑色测试棒接发射极 e,用手指将 c、b 极捏住（不使 c、b 相碰,此时相当于基极加上正偏置电压）,记下此时的电阻值,然后红、黑色测试棒交换测试,将测得的阻值与第一次阻值相比,阻值小时的红色测试棒接的是集电极 c,黑测试棒接的是发射极 e,而且可判定是 PNP 型管（NPN 型管则相反）。

注意,以上介绍的测试方法,是基于万用表内的欧姆电路中红色测试棒接电池负极,黑色测试棒接电池正极,此外一般都只能用 R×100,R×1 k 挡。如果用 R×10 k 挡,因表内有15 V 的较高电压,可能将晶体管的 PN 结击穿,若用 R×1 挡测量,因电流过大（约为 60 mA）,也可能损坏晶体管。

3）使用注意事项

（1）测量高压或大电流时,为避免烧坏开关,应在切断电源情况下变换量限。

（2）测未知量的电压或电流时,应先选择最高量程,待第一次读取数值后,方可逐渐转至适当量程以取得较准读数并避免烧坏有关电路元件。

（3）应根据测量对象及时转换测量范围开关,以免损坏仪表。

（4）测量时,手应放置于干燥绝缘板上。

（5）仪表长期不用,应取出表内电池。

1.5　BT-3 型频率特性测试仪

1) 工作原理

BT-3 型频率特性测试仪是一种利用示波管直接显示被测设备频率响应曲线的仪器，利用它可以测定无线电设备的频率特性，如无线电接收设备的中频放大器、高频放大器以及滤波器等四端网络的频率特性。同时，也可作为调整指示及测量鉴频器的鉴频特性。

BT-3 型频率特性测试仪的工作原理框图如图 1.5.1 所示。仪器内部有一个调频振荡器，它被示波器的扫描电压所调制，对应于每一个瞬时的扫描位置显示出一个一个频率的扫描信号，将该扫描信号引入到被测放大器的输入端，其输出包络振幅经检波器检波后加到垂直放大器，此时就可在荧光屏上显示出被测放大器的频率特性图形。频率特性测试仪除了可定性观察图形外，还可看出图形上任一点的频率绝对数值。在图形上装有频率标志（简称频标），这种频标就是在图形上显示一个菱形标记，并根据这个菱形标记的位置来确定图形上相对应位置的频率。

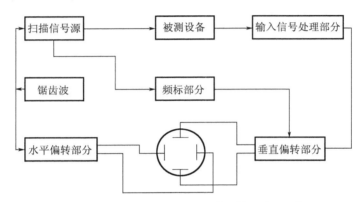

图 1.5.1　BT-3 型频率特性测试仪的工作原理框图

2) 技术指标

(1) 工作频率：1 MHz～300 MHz。中心频率可在 1 MHz～300 MHz 的范围内任意调节，分 3 个量程实现，分别为 1 MHz～75 MHz、75 MHz～150 MHz、150 MHz～300 MHz。

(2) 扫频频偏：在 ±0.5 MHz～±7.5 MHz 范围内任意调节，中心频率移动小于 3 MHz。

(3) 输出扫描信号的寄生调幅系数：扫频频偏在 ±7.5 MHz 范围内时不大于 ±7.5%，调频非线性系数不大于 20%。

(4) 基波漏信号：在第 3 量程输出的扫频信号 75 MHz～150 MHz 范围内不大于 10%。

(5) 输出扫频信号有效值：大于 0.1 V。

(6) 频率标记信号：1 MHz、10 MHz 及外接。

(7) 扫描信号的输出阻抗：75 Ω±15 Ω。

(8) 扫频信号的输出衰减：0～60 dB。

(9) 检波探头的输入电容：不大于 5 pF。

(10) 电源：220 V，50 Hz。

3）使用方法

（1）接通电源。电源开关由仪器面板上的辉度电位器控制，将电位器顺时针方向旋转时，电源接通。一般预热 10 min 后，仪器才开始正常工作。

（2）调节辉度、聚焦这两个旋钮，以便得到足够的辉度以及较细的扫描线。

（3）将"频标选择"开关置于 10 MHz 位置，波段开关置于"Ⅰ"挡时，中心频率转盘置于起始位置附近，荧光屏中心应出现零拍，逆时针旋转中心频率转盘通过中心线的频标数多于7.5 个；波段开关置于"Ⅱ"挡，中心频率转盘从起始位置逆时针旋转时，第一个经过荧光屏中心的频标应为 70 MHz，然后依次记数，第二波段最高中心频率应大于 150 MHz；想要得到第三波段的某一频率，只需在第二波段找出第三波段所需频率的一半处，然后将波段开关置于"Ⅲ"挡。

（4）调节"频标幅度"旋钮可以均匀地调节频标幅度，其大小由实际需要而定。

1.6　DVCC – AL2 型模拟电路实验箱

1）仪器的特点

DVCC – AL2 型模拟电路实验箱综合同类产品的优点，主板上配有电路试验区和扩展实验区。电路试验区板上印有原理图及符号，并焊有相应的元器件，学生对每个实验原理一目了然，并对所用元器件的符号、外形结构等有感性认识；扩展实验区配有实验用的部分元器件，如扬声器、开关以及电阻、电容、二极管等专用接插座。实验中需要连接的部分备有自锁紧插座，用导线连接即可。需要测量及观察的部分设置有测试点，使用、维护方便可靠。主板上还配有实验用的电源和信号源。该仪器既可以完成"模拟电子技术基础"课程的常规实验，又可充分发挥学生的创造性，自行完成一些创新性设计，并完成调试，以培养学生的综合能力。

该仪器具有以下优点：

（1）实验板布局合理、实验导线接插方便可靠。

（2）实验区电路原理清晰，实验用元器件符号、外形结构直观明了。

（3）实验插孔座的固定由螺钉拧紧式改成焊接式，克服了实验插孔座松动现象，接触可靠，便于维护。

（4）备有大面积扩展实验区（电阻、电容、二极管等接插座以及开关、扬声器等），学生可以进行创新性设计。

2）技术指标

（1）电源

输入：AC 220 V±22 V。

输出：DCV +1.2 V～15 V 连续可调，DCI≥0.2 A；DCV ±12 V、DCI 1 A；DCV +5 V、DCI 1 A。

（2）电位器组

独立电位器：100 Ω、1 kΩ、10 kΩ、22 kΩ、100 kΩ、680 kΩ。

（3）模拟电路实验区

由单管、双管、差动放大器、集成运放及整流、滤波、稳压、功率放大等电路组成。

（4）扩展实验区

由扬声器、开关、若干电阻、电容、二极管插座等组成。

3）使用方法

（1）将标有 AC 220 V 的电源线插入市电插座，打开电源开关，电源指示灯亮。

（2）连接线：实验箱面板上的插孔是自锁式插孔，连线插头可叠插使用，插入时向下稍稍用力即可，松开时轻轻转动向上拔出即可。注意：不能直拉导线。

（3）实验前阅读实验指导书，在断开电源的状态下按实验线路接好连接线，检查无误后再接通电源。

（4）根据实验线路要求接入相应电源时必须注意电源极性。

（5）搭接线路时不要通电，以防误操作损坏器件。

（6）模拟电路实验区 $+V_{CC}$ 一般接 $+12$ V，$-V_{EE}$ 一般接 -12 V，为适应有些实验需改变电源电压的要求，$+V_{CC}$、$-V_{EE}$ 用接线端子，需要时再接上。

（7）左下角电源电路实验区为双重用途，不做电源实验时，只要接通 2—4、7—8、9—12 即可作为 1.2 V～15 V（0.2 A）可调电源使用。

4）维护和故障排除

（1）维护

① 防止撞击跌落。

② 实验完成后拔下电源插头并盖好机箱，防止灰尘、杂物进入机箱。

③ 实验完成后将面板上的插件及连线整理好。

④ 高温季节使用时，通电时间不要超过 6 h。

（2）故障排除

① 电源如正常，实验板上的 3 个电源指示灯（左侧红、绿、黄）应正常发光，否则电源无输出，实验箱电源初级接有 0.5 A 熔断器。当输出短路或过载时有可能烧断，所更换的熔断器必须保证相同规格。

② 如信号源异常（无输出等），检查实验板接线或更换相应元器件。

③ 修理本机时，需将主板四边螺钉拧下，可以打开本机、更换元器件等。注意：打开时严禁带电操作。

2 模拟电子技术常规实验

2.1 验证型实验

2.1.1 常用电子仪器使用实验

1) 实验目的

(1) 学习电子电路实验中常用的电子仪器——示波器、信号发生器、交流毫伏表、频率计等的主要技术指标、性能及正确的使用方法。

(2) 掌握常用电子仪器的使用方法。

2) 实验设备和主要仪器

(1) DF4321C 型示波器 1 台。

(2) SG1005 型信号发生器/计数器 1 台。

(3) EM2181 型交流毫伏表 1 只。

(4) 万用表 1 只。

(5) DVCC - AL2 型模拟电路实验箱 1 台。

3) 实验原理

在模拟电子电路实验中,常使用的电子仪器有示波器、信号发生器、直流稳压电源、交流毫伏表和万用表,可以完成对模拟电子电路的静态和动态工作情况的测试。使用时,可按照信号流向,以连线简捷、调节方便、观察与读数方便等原则进行合理布局,各仪器与被测实验装置之间的布局与连接如图 2.1.1 所示。接线时应注意,为防止外界干扰,各仪器的接地端应连接在一起,称共地。信号源和交流毫伏表的引线通常用屏蔽线或专用电缆线,示波器接线使用专用电缆线,直流电源的接线用普通导线。

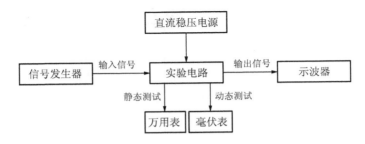

图 2.1.1 用常用电子仪器测量模拟电子电路的布局

4) 实验内容

(1) 直流稳压电源与万用表的使用

接通 DVCC - AL2 型模拟电路实验箱的电源开关,其电源的输出区有 ±12 V、+5 V 直流电压输出,用万用表的直流电压挡测量上述电压,并将测量值填入表 2.1.1 中。

表 2.1.1　数据记录 1

直流电压输出值(V)	+12	+5	−12
万用表测量值(V)			

(2) 信号发生器与交流毫伏表的使用

接通信号发生器的电源后,弹出欢迎界面并且仪器自检通过后会直接跳到主菜单,如图 2.1.2 所示,按下"主波"菜单对应的屏幕键"F1",进入"主波输出"二级子菜单,此时"波形"菜单被激活,默认波形已经指向正弦波,此时不需要移动(如果要产生方波,只需要按下右方向键即可)。然后按下"频率"菜单对应屏幕键"F2","频率"菜单被激活,进入频率设置,如图 2.1.3 所示。然后按下"衰减"菜单对应屏幕键"F4","衰减"菜单被激活,进入衰减设置。

图 2.1.2　"主波"菜单界面

图 2.1.3　通道 1 产生标准波形

利用上述方法将信号发生器频率调节至 1 kHz(正弦波挡),输出幅度调至 1 V,分别调节衰减为 0 dB、20 dB、40 dB、60 dB,用交流毫伏表分别测出相应的电压值,并将测量值填入表 2.1.2 中。

表 2.1.2　数据记录 2

信号发生器衰减系数(dB)	0	20	40	60
交流毫伏表测量值(mV)				

(3) 示波器的使用

① 用机内校正信号对示波器进行自检。使用前先将面板相关控制件预设为如表 2.1.3 所示。

表 2.1.3　面板相关控制件预设

相关控制件	预设状态
电源(POWER)	关
辉度(INTEN)	逆时针转到底
聚焦(FOCUS)	居中
AC - GND - DC	GND
位移(POSITION)	居中
垂直工作方式(V. MODE)	CH1
触发(TRIG MODE)	AUTO
触发源(TRIG SOURCE)	CH1
水平位移(POSITION)	居中
各开关按钮	弹出状态

在完成上面所有准备工作后，打开电源。15 s 后，顺时针旋转辉度旋钮，扫描线将出现，并调节聚焦旋钮置扫描线最细，接着调整 TRACE ROTATION 以使扫描线与水平刻度保持平行。此时垂直灵敏度为 5.0 V/div，扫描因数为 1.0 ms/div，都处于校正状态。

② 测试校正信号"CAL 0.5 V"波形的幅度、频率

将示波器的校正信号"CAL 0.5 V"通过专用电缆线引入选定的通道（CH1 或 CH2），若选用 CH1 通道时，控制件位置如下：垂直工作方式（MODE）为通道 1（CH1），触发方式（TRIG MODE）为自动（AUTO），触发信号源（TRIG SOURCE）为通道 1（CH1），并将输入耦合方式开关置于"AC"或"DC"，调节 X 轴"扫描速率"开关（TIME/div）和"输入灵敏度"开关（VOLTS/div），使示波器显示屏上显示出 1 个或数个周期稳定的方波波形。读取校正信号周期和幅度，填入表 2.1.4 中。

表 2.1.4　数据记录 3

校正信号	标　准　值	实　测　值
幅度 U_{P-P}(V)	0.5	
频率 f(kHz)	1	

③ 用示波器和交流毫伏表测量信号参数

参照前面信号发生器的使用方法，调节信号发生器有关旋钮，使输出频率分别为 100 Hz、500 Hz、1 kHz、10 kHz、100 kHz、500 kHz、1 MHz，有效值均为 5 V 的正弦波信号。用示波器测量信号发生器的输出正弦信号。改变示波器"扫速"开关及"Y 轴灵敏度"开关等位置，测量信号发生器输出电压的频率及峰-峰值填入表 2.1.5 中。

表 2.1.5　数据记录 4

输入信号频率	示波器测量值			交流毫伏表读数
	周期(ms)	频率(Hz)	电压峰-峰值(V)	电压有效值(V)
100 Hz				
500 Hz				
1 kHz				
10 kHz				
100 kHz				
500 kHz				
1 MHz				

5）思考题

（1）使用信号发生器及直流稳压电源时应注意什么？

（2）如何用示波器测量正弦波信号的频率和电压大小？

（3）双踪示波器的"断续"和"交替"工作方式之间的差别是什么？

（4）交流毫伏表测出的是正弦波的什么值？如果波形不是正弦波，能否采用晶体管毫伏表测量其电压值？

（5）交流毫伏表与万用表的交流电压挡有何不同？

6）预习要求

认真阅读第 1 章常用电子仪器中关于示波器、信号发生器、交流毫伏表的内容。

7）实验报告要求

（1）实验目的和电路。

（2）数据处理和分析。

2.1.2　单管交流放大电路实验

1）实验目的

（1）学会判断晶体管的 3 种工作状态。

（2）学会测量和调整放大电路静态工作点的方法，观察放大电路的非线性失真。

（3）学会测量放大电路的电压放大倍数。

（4）掌握放大电路的输入阻抗、输出阻抗的测量方法。

（5）学习电子仪器的使用方法。

2）实验设备和主要仪器

（1）DF4321C 型示波器 1 台；

（2）SG1005 型信号发生器/计数器 1 台；

（3）EM2181 型交流毫伏表 1 只；

（4）万用表 1 只；

（5）DVCC－AL2 型模拟电路实验箱 1 台。

3）实验原理

单管交流放大电路实验接线图如图 2.1.4 所示。

4）实验内容

（1）连接线路

按图 2.1.4 连接线路。将 DVCC－AL2 型模拟电路实验箱电源输出区的 ＋12 V 端子连接至实验电路的"V_{CC}"端，"GND"连接至实验电路的"⊥"端。将信号发生器的输出信号 u_s 通过输出电缆接至单管放大器的信号输入端，调整信号发生器输出的正弦波信号，使 f ＝1 kHz，U_i＝10 mV（U_i 是放大电路输入信号 u_i 的有效值，用交流毫伏表测量）。将示波器 Y 轴输入电缆线连接至放大电路输出端 u_o。

（2）调整静态工作点

在示波器上观察输出电压 u_o 的波形，调整基极电阻 R_{P1}，将 u_o 调整到最大不失真输出。注意观察静态工作点的变化时对输出波形的影响过程，观察何时出现饱和失真、截止失真，若出现

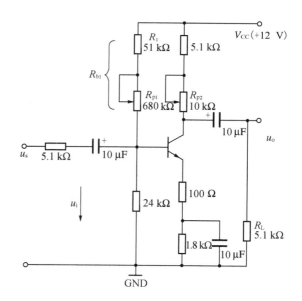

图 2.1.4　单管放大电路实验接线

对称截幅失真时应减小 u_i，直至不出现失真。调好工作点后 R_{P1} 电位器不能再动。用万用

表测量静态工作点,记录数据,填入表 2.1.6 中(测量 U_{CE} 和 I_C 时,应使用万用表的直流电压挡和直流电流挡)。

表 2.1.6　数据记录 5

测量参数	$+V_{CC}(V)$	$I_C(mA)$	$U_{CE}(V)$	$V_C(V)$	$V_B(V)$	$V_E(V)$	$R_{b1}(k\Omega)$
实测值							

表中:$R_{b1}=R_{P1}+R_1$。测试 R_{b1} 值时应断开电源 V_{CC} 连线和 R_{P1} 与晶体管基极的连线。

(3) 测量放大电路的电压放大倍数

将信号发生器输出信号接至放大器的输入端 u_s 处,调节正弦波信号使 $f=1\text{ kHz}$,$U_i=10\text{ mV}$,用交流毫伏表测量放大器空载时的输出电压 U_o 及加载时的输出电压 U_o,调 $U_i=5\text{ mV}$,重复上述步骤,验证放大倍数的线性关系,将测量结果填入表 2.1.7 中(测量输入电压、输出电压时,用交流毫伏表测量)。

表 2.1.7　数据记录 6

类　型	实测值		计算值
	$U_i(mV)$	U_o	A_u
空载	5		
	10		
加载	5		
	10		

(4) 测量放大器的输入、输出阻抗

① 输入阻抗的测量

用万用表的欧姆挡测量信号源与放大器之间的电阻 R_1,用交流毫伏表测量信号源两端电压 U_s 以及放大器输入电压 U_i,可求得输入阻抗 r_i:

$$r_i = \frac{U_i}{U_s - U_i} R_1 \qquad (2.1.1)$$

② 输出阻抗的测量

在放大器输出信号不失真的情况下,断开 R_L,用交流毫伏表测量输出电压 U_{o1},接上 R_L,测得 U_{o2},可求得输出阻抗 r_o:

$$r_o = \frac{U_{o1} - U_{o2}}{U_{o2}} R_L \qquad (2.1.2)$$

(5) 观察放大电路的非线性失真

① 工作点合适,由于输入信号过大引起的非线性失真:在静态工作点不变的情况下增大输入信号,用示波器观察输出波形的失真现象。

② 工作点不合适引起的非线性失真:在放大器输入电压 u_i 不变的情况下,改变放大电路的静态工作点(调 R_{P1} 的大小),用示波器观察输出电压 u_o 波形的变化,并用万用表测量 I_C 和 U_{CE} 的值。将上述测量结果填入表 2.1.8 中。

表 2.1.8　数据记录 7

R_{b1}	u_o 的波形图	I_C	U_{CE}	何种失真
最小				
最大				

（6）测量晶体管的电流放大系数 β

在上述实验步骤中，需要对放大电路进行理论分析，而在分析中需要 β 值，此时可以采用万用表测量所用晶体管的实际 β 值。测量步骤如下：

① 判定基极 b

判定的根据是从基极 b 到集电极 c 以及从基极 b 到发射极 e，分别是 2 个 PN 结。将万用表转换到欧姆挡的 R×100（或 R×1 k）位置，用红色测试棒触碰某个电极，黑色测试棒分别接触另外 2 个电极。若 2 次测量到的电阻值很大或很小，则红色测试棒接的是基极。若 2 次测量到的电阻值相差很大，则说明红色测试棒接的不是基极，应更换电极重新测量。

在已知红色测试棒接触的是基极时，用黑色测试棒分别接触另外 2 个电极，若测量的电阻值都较大时，则晶体管为 NPN 型；反之，若测量的电阻值都较小时，晶体管为 PNP 型。

② 判别集电极 c、发射极 e

在确定了基极后，用万用表再次测量剩余的 2 个电极之间的电阻值，然后交换测试棒重新测量一次，2 次测量到的电阻值应该不等。对于阻值较小的那次，就 NPN 而言，红色测试棒接的是发射极 e，黑色测试棒接的是集电极 c；对 PNP 而言，红色测试棒接的是发射极 c，黑色测试棒接的是集电极 e。

③ 测量晶体管放大系数 β

在知道了晶体管的型号及引脚的情况下，将晶体管的 3 个引脚对应地插入到万用表的 h_{FE} 的 b、c、e 插孔中进行测量，在 h_{FE} 标尺上读到的数值即为晶体管的放大系数 β。（当然，若已知某个晶体管的型号及引脚，可直接进行该步骤。）

5）思考题

（1）测量静态工作点用何种仪器？ 测量 U_i、U_o 用何种仪器？

（2）如何用万用表判断电路中晶体管的工作状态（放大、截止、饱和）？

（3）测量 R_b 的数值，不断开与基极的连线行吗？ 为什么？

（4）如放大器无负载时已出现饱和失真，加上负载后情况会怎样？ 为什么？

（5）放大器的非线性失真在哪些情况下可能出现？

6）预习要求

（1）学习晶体管及单级放大电路的工作原理，明确实验目的，认真阅读本实验的实验步骤。

（2）学习放大电路动态及静态工作参数测量方法。

7）实验报告要求

（1）实验目的和原理。

（2）实验电路和参数。

（3）实验内容和步骤。

（4）计算出放大电路的静态工作点，与实测值比较。

（5）实验数据的分析和处理。

2.1.3　多级放大电路实验

1）实验目的

（1）掌握多级放大电路静态工作点的测量和调整方法。

（2）掌握测量多级放大电路电压放大倍数的方法。

（3）掌握测量放大电路频率特性的方法。

2）实验设备和主要仪器

（1）DF4321C 型示波器 1 台；

（2）SG1005 型信号发生器/计数器 1 台；

（3）EM2181 型交流毫伏表 1 只；

（4）万用表 1 只；

（5）DVCC – AL2 型模拟电路实验箱 1 台。

3）实验电路

多级放大电路实验接线图如图 2.1.5 所示。

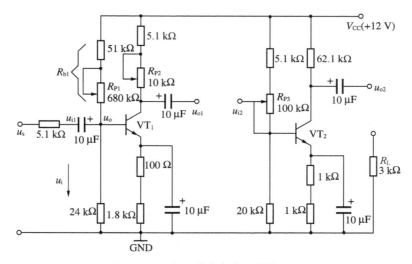

图 2.1.5　多级放大电路实验接线

4）实验内容

（1）连接电路

按图 2.1.5 连接电路。参考单管交流放大电路的实验方法接入直流电源。

（2）调整并测量最佳静态工作点

首先，断开 2 级放大电路之间的交流通路 u_{o1}、u_{i2} 端，将信号发生器的输出信号通过输出电缆分别接至放大器的信号输入端，将示波器 Y 轴输入电缆线分别连接至放大电路输出端。调节信号发生器，使放大器输入的正弦信号为 $U_i=5$ mV，$f=1$ kHz。分别调节 R_{P1} 与 R_{P3}，使 2 个单级放大电路都工作于最佳静态工作点状态。

然后，接通 u_{o1}、u_{i2} 端，将信号发生器的输出信号接至第 1 级放大电路的 u_s 端，将第 2 级的输出信号 u_o 接至示波器，观察输出波形，若波形有些失真，少许调节 R_{P1}、R_{P3}，使输出信号无失真。此时断开第 1 级晶体管 VT_1 集电极连线，串入万用表测量 I_{C1}，断开第 2 级晶体

管 VT_2 集电极连线,串入万用表测量 I_{C2},将测量数据 U_{CE1}、U_{CE2}、I_{C1}、I_{C2} 记录并填入表 2.1.9中(U_{CE}用万用表的直流电压挡并联测量,I_C 用万用表的直流电流挡串联测量)。

表 2.1.9　数据记录 8

测量参数	I_{C1} (mA)	U_{CE1} (V)	I_{C2} (mV)	U_{CE2} (V)
实测值				

注意:如发现有寄生振荡,可采用以下措施消除:

① 重新布线,尽可能走线短;

② 可在晶体管 c、b 间加几皮法到几百皮法的电容;

③ 信号源与放大器用屏蔽线连接。

(3) 测量电压放大倍数

在上述输出波形不失真的条件下,首先在空载(不接入负载电阻 R_L)测量记录 U_i、U_{o1}、U_{o2}(用晶体管毫伏表测量)。然后再加载(接入 R_L),其他条件同上,测量记录 U_i、U_{o1}、U_{o2},填入表 2.1.10 中,并计算 A_{u1}、A_{u2}、A_u(可调节负载电阻值观察结果)。

表 2.1.10　数据记录 9

条件	输入电压与输出电压(mV)			电压放大倍数		
	U_i	U_{o1}	U_{o2}	A_{u1}	A_{u2}	A_u
空载	5					
加载	5					

(4) 测试放大器的幅频特性

用逐点法测量放大器的频率特性。方法为:首先测出中频段的输出电压 U_{o2},在保持输入信号幅值不变的情况下,改变信号源的频率,记录相应频率点的输出电压值 U_o。用逐点法测量放大器频率特性的具体操作如下:

① 断开放大器负载 R_L,信号发生器输出信号频率仍为 1 kHz,用示波器观察放大器的输出信号,调节信号发生器的输出信号幅度至放大器输出信号为最大不失真。

② 保持上述信号发生器的输出信号幅度不变,改变其输出频率,用交流毫伏表分别测量对应频率点的放大器的输出电压值 U_{o2},并填入表 2.1.11 中。改变输入信号频率(由低到高),先大致观察在哪一个频率时输出幅度开始下降,再具体测试。对于输出特性平直部分,可以少测几点,而在弯曲部分应多测几点。当放大器输出电压等于 $0.707U_{o2}$ 时,对应的信号源频率即为放大器的下限频率 f_L 和上限频率 f_H。

表 2.1.11　数据记录 10

输入信号的频率 f(Hz)	输出电压U_{o2}(V) (加载 R_L=3 kΩ)

5）思考题

（1）第 2 级接入给第 1 级的放大倍数带来什么影响？为什么？

（2）2 级单独工作时测得的放大倍数的乘积是否等于 2 级级联工作时测得的总的放大倍数？为什么？

（3）若第 1 级的输出不经耦合电容而直接接到第 2 级的基极，对电路的工作点有何影响？

（4）为什么放大器在频率较低或较高时，电压放大倍数均要下降？

6）预习要求

（1）复习多级放大电路内容和频率响应特性测量方法。

（2）分析多级放大电路，初步估计测量内容的变化范围。

7）实验报告要求

（1）实验目的和原理。

（2）按设计要求画出完整的电路图，总结多级放大器静态工作点变动对波形和放大倍数的影响。

（3）实验内容和步骤。

（4）实验数据的处理和分析。

2.1.4　负反馈放大电路实验

1）实验目的

（1）研究负反馈对放大器放大倍数的影响。

（2）了解负反馈对放大器通频带和非线性失真的改善。

（3）进一步掌握多级放大电路静态工作点的调试方法。

2）实验设备和主要仪器

（1）DF4321C 型示波器 1 台；

（2）SG1005 型信号发生器/计数器 1 台；

（3）EM2181 型交流毫伏表 1 只；

（4）万用表 1 只；

（5）DVCC - AL2 型模拟电路实验箱 1 台。

3）电路原理

负反馈放大电路实验接线图如图 2.1.6 所示。

4）实验内容

（1）按图 2.1.6 连接电路。

（2）调整静态工作点

实验方法同多级放大电路实验，将实验数据填入表2.1.12 中。

表 2.1.12　数据记录 11

测量参数	I_{C1}(mA)	U_{CE1}(V)	I_{C2}(mA)	U_{CE2}(V)
实测值				

（3）测量电压放大倍数

加入交流信号 $U_i=5$ mV，$f=1$ kHz，在空载和负载两种情况下，测量加入反馈后的放

大器输出电压 U_o,并计算出两者的电压放大倍数 A_{uf} 及 A_{uf}',填入表 2.1.13。

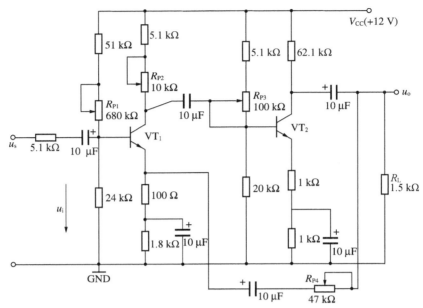

图 2.1.6　负反馈放大电路实验接线

表 2.1.13　数据记录 12

测试条件	测试值		
	输入电压	输出电压	电压放大倍数
	U_i	U_o	A_{uf}
空　载			
加载 ($R_L = 3\ \text{k}\Omega$)			

（4）观察负反馈对放大器通频带的影响

在有负反馈时,选择 U_i 为适当幅度（频率为 1 kHz）使输出信号无失真。保持输入电压 U_i 幅度不变,只提高输入信号频率,直至输出电压有效值减小为中频时幅值的 0.707 倍,记下此时的输入信号频率 f_{Hf};继续保持输入电压 U_i 的幅度不变,只降低信号频率,直到输出电压下降到中频时幅值的 0.707 倍,记下此时输入信号的频率 f_{Lf}。

（5）观察负反馈对非线性失真的改善

在无反馈的情况下,提高输入电压 U_i,使输出电压波形有明显的非线性失真,然后接入负反馈,观察输出波形的改善情况,调节 R_{P4},观察负反馈的强弱对放大器输出波形的影响。

5）思考题

（1）本实验属于什么类型的反馈? 作用如何?

（2）如果要在图 2.1.6 的基础上（不增加放大级数）构成并联电流负反馈,应如何连线?

6）预习要求

（1）认真阅读实验内容和实验要求。

（2）写出图 2.1.6 所示的放大器分别在开环和闭环下的电压放大倍数表达式。

（3）放大器频率特性测量方法。

7) 实验报告要求

(1) 实验目的和原理。

(2) 按设计要求画出完整的电路图。

(3) 测量静态工作点和闭环增益 A_{uf}。

(4) 测量电路的频率响应。

(5) 实验数据的分析和处理。

2.1.5 由集成运算放大器构成的电压比较器实验

1) 实验目的

(1) 掌握比较器的电路构成和特点。

(2) 学会测量比较器的方法。

2) 实验设备和主要仪器

(1) DF4321C 型示波器 1 台；

(2) SG1005 型信号发生器/计数器 1 台；

(3) EM2181 型交流毫伏表 1 只；

(4) 万用表 1 只；

(5) DVCC - AL2 型模拟电路实验箱 1 台。

3) 电路原理

单门限电压比较器电路原理图如图 2.1.7 所示,同相滞回比较器电路原理图如图2.1.8 所示。

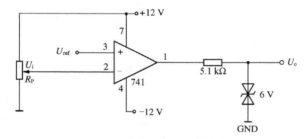

图 2.1.7 单门限电压比较器

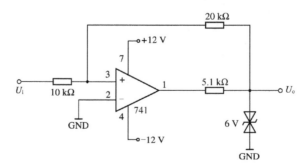

图 2.1.8 同相滞回比较器

4）实验内容

（1）单门限电压比较器

① 按图 2.1.7 接线，U_{ref} 接入一固定直流电压，例如 5 V。

② 调节电位器 R_P 的值，使输入电压 U_i 为表 2.1.14 中所示值，用万用表分别测出对应各点的输出电压 U_o 值，将测量数据填入表 2.1.14 中。在坐标纸上画出 U_o 与 U_i 的关系（电压传输特性），并得出比较器的门限电压 U_{th}。

表 2.1.14　数据记录 13

U_i(V)	0	1	2	3	4	4.5	4.8	4.9	5.0	5.1	5.2	5.5	6	7	8	9	10
U_o(V)																	

③ 将同相输入端直接接地，反相输入端去掉电位器，直接加入频率 $f=1$ kHz、幅值为 6 V 的正弦信号，用示波器双踪功能同时观察输出与输入信号的波形，并记下此时电路的门限电压 U_{th}。

（2）同相滞回比较器

① 按图 2.1.8 接线，U_i 接 DC 电压源，使输入电压 U_i 依次为表 2.1.15 中所示值，用万用表分别测出对应各点的输出电压 U_o 值，将测量数据填入表 2.1.15 中。然后使输入电压 U_i 依次为表 2.1.16 中所示值，用万用表分别测出对应各点的输出电压 U_o 值，将测量数据填入表 2.1.16 中。在坐标纸上画出 U_o 与 U_i 的关系（电压传输特性），并得出比较器的门限电压 U_{th+}、U_{th-}。

表 2.1.15　数据记录 14

U_i(V)	-5	-3.5	-3.2	-3.1	-3.0	-2.9	-2.8	-2	0	2	2.8	2.9	3.0	3.1	3.2	3.5	5
U_o(V)																	

表 2.1.16　数据记录 15

U_i(V)	5	3.5	3.2	3.1	3.0	2.9	2.8	2	0	-2	-2.8	-2.9	-3.0	-3.1	-3.2	-3.5	-5
U_o(V)																	

② 输入接频率为 500 Hz、有效值为 5 V 的正弦信号。用示波器双踪功能同时观察输出与输入信号的波形，并记下比较器的门限电压 U_{th+} 和 U_{th-} 以及滞回比较器的电压传输特性曲线。

5）思考题

（1）比较器需要调零和消振吗？

（2）运算放大器用做比较器时，工作在什么区？

6）预习要求

（1）认真学习关于比较器的内容。

（2）理论分析图 2.1.8 电路，计算：

① 使 U_o 由 $+U_{om} \rightarrow -U_{om}$ 时 U_i 的临界值；

② 使 U_o 由 $-U_{om} \rightarrow +U_{om}$ 时 U_i 的临界值。

7）实验报告要求

（1）整理实验数据和波形图，并与预习计算值比较。

（2）用坐标纸记录所测试的波形。

（3）总结几种比较器的特点。

2.1.6 集成功率放大电路实验

1）实验目的

（1）熟悉集成功率放大器的工作原理。

（2）熟悉集成功率放大器 LM386 的使用方法。

（3）掌握功率放大器的主要性能指标和测量方法。

2）实验设备和主要仪器

（1）DF4321C 型示波器 1 台；

（2）SG1005 型信号发生器/计数器 1 台；

（3）EM2181 型交流毫伏表 1 只；

（4）万用表 1 只；

（5）DVCC - AL2 型模拟电路实验箱 1 台。

3）实验电路图

4）实验内容

（1）按图 2.1.9 接线。

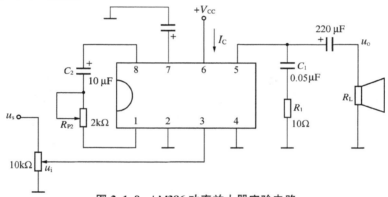

图 2.1.9 LM386 功率放大器实验电路

（2）在输入端接 1 kHz 正弦信号，用示波器观察输出波形；调节电位器 R_{P1}，在保证最大不失真输出时，测量图 2.1.9 所示的功率放大器的输出功率及电源提供的输入功率并计算效率，将测量及计算数据填入表 2.1.17 中。

表 2.1.17 数据记录 16

测量内容	U_i(mV)	U_o(V)	A_u	V_{CC}(V)	I_C(mA)	P_E	P_o	η
测量、计算值								

（3）测量并分析图 2.1.9 中 R_{P2}、C_2 的作用（保证输出最大不失真），将测量数据填入表 2.1.18 中。

表 2.1.18　数据记录 17

引脚 1、8 之间的连接	A_u	作　用
开路		
仅接有 C_2		
$C_2 = 10\ \mu\mathrm{F}, R_{P2} = 2\ \mathrm{k}\Omega$		

5) 思考题

(1) 比较 P_o、η 测量值与理论值,分析产生误差的原因。

(2) 若在无输入信号时,从接在输出端的示波器上观察到频率较高的波形,是否正常? 如何消除?

6) 预习要求

(1) 学习集成功率放大器 LM386 的使用方法。

(2) 认真阅读实验内容。

7) 实验报告要求

(1) 实验目的和原理。

(2) 按要求画出实验电路。

(3) 实验内容和实验步骤。

(4) 根据实验要求对测量结果进行分析比较。

2.1.7　整流-滤波-稳压电路实验

1) 实验目的

(1) 熟悉整流、滤波和稳压电路的原理。

(2) 熟悉和使用三端固定集成稳压器 78 系列、79 系列以及三端可调集成稳压器系列。

(3) 掌握直流稳压电源几项主要技术指标的测量方法。

2) 实验设备和主要仪器

(1) 万用表 1 只;

(2) DVCC - AL2 型模拟电路实验箱 1 台。

3) 实验原理

整流-滤波-稳压电源(采用三端固定集成稳压器)实验原理如图 2.1.10 所示,三端可调集成稳压器实验原理如图 2.1.11 所示。

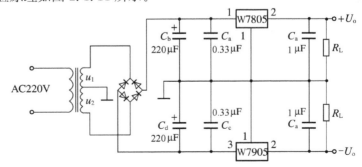

图 2.1.10　整流-滤波-稳压电源(采用三端固
定集成稳压器)实验原理

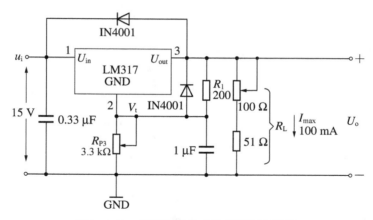

图 2.1.11 三端可调集成稳压器实验原理

4) 实验内容

(1) 三端固定集成稳压器

① 按图 2.1.10 接线,经检查无误后,接通电源。

② 用万用表测量直流输出电压 $+U_o=$ _____; $-U_o=$ _____。

③ 用示波器测量输出电压中的纹波电压 U_{P-P}。

④ 测量稳压系数 γ 和输出电阻 r_o。

稳压系数 γ 是表征在一定环境下,负载保持不变而输入电压变化时,稳压电路稳定输出电压的能力,常用输出电压的相对变化率与输入电压的相对变化率的百分比表示。即

$$\gamma = \frac{\Delta U_o / U_o}{\Delta U_i / U_i} \tag{2.1.3}$$

将测量数据填入表 2.1.19 中。

表 2.1.19 数据记录 18

$U_i(V)$	$U_o(V)$	γ
14		
16		

输出电阻 r_o 也就是稳压电路的等效电阻,它表征在环境温度及输入电压不变的情况下,当负载变化时,稳压电路输出电压保持稳定的能力。常用输出电压的变化量与输出电流的变化量的百分比表示,即

$$r_o = \frac{\Delta U_o}{\Delta I_o} \tag{2.1.4}$$

其值越小,带负载的能力就越强。将测量及计算数据填入表 2.1.20 中。

表 2.1.20 数据记录 19

负载电阻 R_L	$\Delta U_o(V)$	$\Delta I_o(mA)$	r_o
5.1 kΩ			
510 Ω			

（2）三端可调集成稳压电路

① 按图 2.1.11 接线。

② 理论分析：输出电压 U_o 的表达式为：

$$U_\text{o}=I_\text{ref}R_\text{P3}+\frac{U_\text{ref}}{R}(R_1+R_\text{P3})\qquad(2.1.5)$$

式中：U_ref——输出端 3 与调整端 2 之间的基准电压，大小等于 1.25 V。

　　I_ref——从调整端 2 流向地的静态电流，约为 50 μA。

I_ref 很小可以略去不计。因此，式（2.1.5）可简化为：

$$U_\text{o}\approx1.25\left(1+\frac{R_\text{P3}}{R_1}\right)\qquad(2.1.6)$$

③ 参数数据如下：取 $R_1=200\ \Omega$，R_P3 分别取 1 kΩ、2 kΩ、3 kΩ 时，用万用表的直流电压挡测量输出电压 U_o 的值，并与式（2.1.6）进行比较。然后参考三端固定集成稳压器实验中的步骤（3）、（4），分别测量和记录实验数据，完成实验。

5）思考题

（1）能不能采用短路法测量直流稳压电源的输出电阻？为什么？

（2）如果整流桥中有一对二极管短路，那么直流稳压源的输出电压会有何反应？

（3）如果整流桥中有一对二极管开路，那么直流稳压源的输出电压会有何反应？

（4）如果集成稳压电路的输入电压比输出电压大了很多，将会出现什么问题？

6）预习要求

（1）复习教材直流稳压电源部分关于电源的主要参数和测试方法。

（2）查阅手册，了解本实验使用稳压器的技术参数。

7）实验报告要求

（1）实验目的和实验原理。

（2）画出完整的整流-滤波-稳压电路。

（3）实验内容和实验步骤。

（4）通过测量数据分析集成稳压器的作用和性能。

（5）实验数据的分析和处理。

2.2　设计型实验——集成运算放大器基本运算电路实验

1）实验目的

（1）理解运算放大器的基本性质和特点，熟悉用集成运算放大器构成基本运算电路的方法。

（2）学习正确使用示波器 DC、AC 输入方式观察波形的方法。

2）实验设备和主要仪器

（1）DF4321C 型示波器 1 台；

（2）SG1005 型信号发生器/计数器 1 台；

（3）EM2181 型交流毫伏表 1 只；

（4）万用表 1 只；

（5）DVCC - AL2 型模拟电路实验箱 1 台。

3）实验原理图

基本运算电路实验原理图如图 2.2.1 所示。

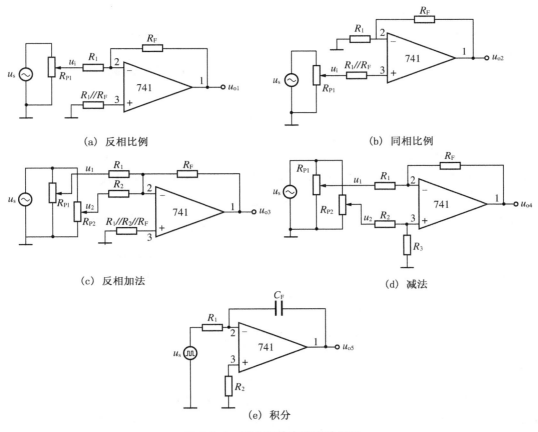

（a）反相比例

（b）同相比例

（c）反相加法

（d）减法

（e）积分

图 2.2.1　基本运算电路实验原理

4）实验内容和步骤

（1）连接电源

将 DVCC - AL2 型模拟电路实验箱直流电压输出中的＋12 V、－12 V 端子相应的接于实验装置集成运算放大器的＋12 V、－12 V 的连接孔上（应特别注意电源正负极不能接错）。

（2）加法运算电路

① 设计要求：利用一个集成运算放大器和若干电阻构成一个实现加法运算功能的电路。即：$U_o = -10(U_1 + U_2)$。

② 给定条件：10 kΩ、100 kΩ 电阻若干。

③ 实验内容：首先，选择所需要的电阻连接设计的实验电路，在实验装置上选择 2 路可调输出电压信号作为实验电路的输入信号，用导线将其连至实验电路的输入端。然后，按表2.2.1 中的要求，调整好输入信号，用万用表测量其输出电压 U_o，并填入表2.2.1中。

表 2.2.1　数据记录 20

U_1(V)	0.1	0.2	0.5
U_2(V)	0.1	0.1	0.2
U_o计算值(V)			
U_o测量值(V)			

（3）减法运算电路

① 设计要求：利用一个集成运算放大器和若干电阻构成一个实现减法运算功能的电路。即：$U_o = U_2 - U_1$。

② 给定条件：10 kΩ 电阻。

③ 实验内容：首先，选择所需要的电阻连接设计的实验电路，在实验装置上选择 2 路可调输出电压信号作为实验电路的输入信号，用导线将其连至实验电路的输入端。然后，按表 2.2.2 中的要求，调整好输入信号，用万用表测量其输出电压 U_o，并填入表 2.2.2 中。

表 2.2.2　数据记录 21

U_1(V)	1	2	3
U_2(V)	3	1	0.5
U_o计算值(V)			
U_o测量值(V)			

（4）运算电路

① 设计要求：利用一个集成运算放大器和若干电阻构成一个可以实现运算功能的电路。即：$U_o = U_3 - (U_1 + U_2)$。

② 给定条件：10 kΩ 电阻若干。

③ 实验内容：首先，选择所需要的电阻连接设计的实验电路，在实验装置上选择 3 路可调输出电压信号作为实验电路的输入信号，用导线将其连至实验电路的输入端。然后，按表 2.2.3 中的要求，调整好输入信号，用万用表测量其输出电压 U_o，并填入表 2.2.3 中。

表 2.2.3　数据记录 22

U_1(V)	1	2	1
U_2(V)	3	1	1
U_3(V)	2	1	3
U_o计算值(V)			
U_o测量值(V)			

（5）电阻测量电路

① 设计要求：用一个集成运算放大器和若干电阻构成电阻测量电路，要求电路的输出电压与被测电阻的阻值成正比。

② 给定条件：输入直流电压的电压值为 1 V，$R_1 = 1$ kΩ，$R_2 = 10$ kΩ，不同阻值的被测电阻 R_x 共 3 个。

③ 实验内容：连接设计的电路，检查无误后，分别接入 3 个被测电阻，用万用表测量相应的输出电压值，填入表 2.2.4 中，并计算出被测电阻值。

表 2.2.4　数据记录 23

被测电阻(kΩ)	1.1	2	5.1
输出电压(V)			
被测电阻计算值(kΩ)			

5) 思考题

(1) 由图 2.2.1 (a)～(e)电路推导出各电路的电压传输关系式。

(2) 实验中的各种运算电路输出电压与理论计算是否有误差? 原因何在?

6) 预习要求

(1)认真复习集成运算放大器构成的运算电路。

(2)认真阅读实验内容。

7) 实验报告要求

(1) 实验目的和实验原理。

(2) 电路设计过程和实验用电路图。

(3) 电路功能的测量方法和步骤。

(4) 实验数据的分析和处理。

2.3　综合应用型实验——波形发生电路实验

1) 实验目的

(1) 掌握波形发生电路的特点和分析方法。

(2) 熟悉波形发生器的设计方法。

2) 实验设备和主要仪器

(1) DF4321C 型示波器 1 台;

(2) SG1005 型信号发生器/计数器或频率计 1 台;

(3) EM2181 型交流毫伏表 1 只;

(4) 万用表 1 只;

(5) DVCC-AL2 型模拟电路实验箱 1 台。

3) 实验内容

(1) 集成电路 RC 正弦波振荡器

① 实验原理

由集成运放电路构成的 RC 正弦波振荡器的实验原理图如图 2.3.1 所示。

② 实验步骤

a. 按图 2.3.1 接线,将 100 kΩ 电位器调到 10 kΩ (即等于 R_1 的值10 kΩ),需预先调好再接入。

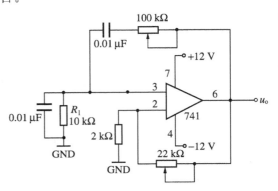

图 2.3.1　集成电路 RC 正弦波振荡器原理

b. 用示波器观察输出波形。

c. 用 SG1005 或频率计测量上述电路输出信号 u_o 的频率 f_{o1}，并与计算值比较。

d. 改变振荡频率。在实验箱上设法使文氏电桥电阻 $R=10\ \text{k}\Omega+20\ \text{k}\Omega$：先将 100 kΩ 电位器调到 30 kΩ，然后在 R_1 与地端串入 1 个 20 kΩ 电阻即可。

（2）方波-三角波发生电路

① 实验原理

方波-三角波发生电路的实验原理图如图 2.3.2 所示。

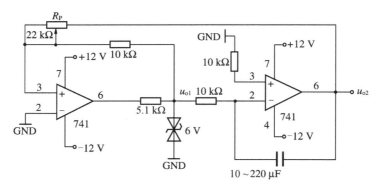

图 2.3.2　方波-三角波发生电路

② 实验步骤

a. 按图 2.3.2 接线，分别观察 U_{o1} 及 U_{o2} 的波形并记录。

b. 调节 R_P，用示波器观察频率如何变化。

（3）占空比可调的矩形波发生电路

① 实验原理

占空比可调的矩形波发生电路的实验原理图如图 2.3.3 所示。

② 实验步骤

a. 按图 2.3.3 接线，分别观察 u_o 及 u_c 的波形并记录。

b. 调节 R_P，用示波器观察频率如何变化。

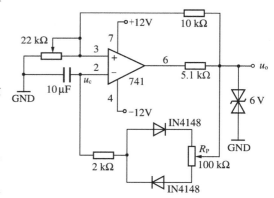

图 2.3.3　占空比可调的矩形波发生电路

c. 用示波器和频率计分别测出 u_o、u_c 的幅值和频率。调节 R_P，用示波器观察输出电压 u_o 的变化。

4）思考题

（1）为什么在 RC 正弦波振荡电路中要引入负反馈支路？

（2）图 2.3.1 中，若元件完好，接线正确，电源电压正常，而 $u_o=0$，原因何在？应怎么办？

5）预习要求

（1）认真复习集成运算放大器构成的波形产生电路。

（2）认真阅读实验内容。

6）实验报告要求

（1）实验目的和实验原理。

（2）整理实验数据并画出波形图。

（3）将实测值与理论值进行比较，并根据实验原理对其结果进行分析讨论。

3　Multisim 10

3.1　概述

Multisim 10 是美国国家仪器公司(NI——National Instruments)于 2007 年 3 月推出的以 Windows 为基础的电路仿真软件。它是早期的 EWB(Electronic Workbench)的升级换代产品。早期的 EWB 与 Multisim 10 在功能上不能同日而语。

Multisim 10 软件实际上是一个电路仿真模拟器程序,用来分析电路文件,输出包含分析结果的数据文件。Multisim 10 用软件的方法虚拟电子与电工元器件,虚拟电子与电工仪器和仪表,实现了"软件即元器件"、"软件即仪器"。Multisim 10 软件就像一个方便的实验室,其仿真功能十分强大,可以近似 100％地仿真出真实电路的结果。

目前美国 NI 公司的 EWB 包含有电路仿真设计的模块 Multisim、印制电路板(PCB)设计软件 Ultiboard、布线引擎 Ultiroute 及通信电路分析与设计模块 Commsim 这 4 个部分,能完成从电路的仿真设计到 PCB 图生成的全过程。Multisim、Ultiboard、Ultiroute 及 Commsim 这 4 个部分相互独立,可以分别使用,并有增强专业版(Power Professional)、专业版(Professional)、个人版(Personal)、教育版(Education)、学生版(Student)和演示版(Demo)等多个版本,各版本的功能和价格有着明显的差异。本章介绍 Multisim 10 教育版的功能及使用方法。

Multisim 10 的特点如下:

(1) 界面直观,容易掌握

Multisim 10 软件是众多电路仿真软件中最易使用的一种。Multisim 10 软件运行后出现的工作界面非常直观,原理图与各种工具都在同一个窗口内,其第 1 栏是显示出强大功能的 Windows 统一风格的菜单栏,具有下拉式的电路编辑功能表。因此,即使是初次使用的人员,稍加学习就可以熟练地应用该软件。

(2) 操作方便

用户在绘制电路图时,所需的元器件和电路仿真需要的测试仪器均可直接从屏幕上选取,而且仪器面板及其操作开关、按键与实际仪器极为相似,比较特别的是在其界面上有一个开关状的图标,当用户输入电路图后,接通电源开关就可以对电路进行仿真。

(3) 元器件和仪器仪表种类丰富、齐全

Multisim 10 的元器件库提供数千种电路元器件供实验选用,同时也可以新建或扩充已有的元器件库,而且建库所需的元器件参数可以从生产厂商的产品使用手册中查到,因此可以很方便地在工程设计中使用。

Multisim 10 的虚拟测试仪器仪表种类齐全,有一般实验用的通用仪器,如万用表、函数信号发生器、双踪示波器、直流电源,还有一般实验室少有或没有的仪器,如波特图仪、字信号发生器、逻辑分析仪、逻辑转换器、失真仪、频谱分析仪和网络分析仪等。

（4）分析方法多

Multisim 10 具有较为详细的电路分析功能，可以完成电路的瞬态分析和稳态分析、时域分析和频域分析、器件的线性分析和非线性分析、电路的噪声分析和失真分析、离散傅里叶分析、电路零极点分析、交直流灵敏度分析等电路分析，以帮助设计人员分析电路的性能。

Multisim 10 可以设计、测试和演示各种电子电路，包括电工学、模拟电路、数字电路、射频电路以及微控制器和接口电路等。可以对被仿真的电路中的元器件设置各种故障，如开路、短路和不同程度的漏电等，从而观察不同故障情况下的电路工作状况。在进行仿真的同时，还可以存储测试点的所有数据，列出被仿真电路的所有元器件清单，存储测试仪器的工作状态、显示波形和具体数据等。

（5）功能强大

Multisim 10 有丰富的帮助（Help）功能，不仅包括软件本身的操作指南，更重要的是包含元器件的功能解说，有助于使用 Multisim 10 进行计算机辅助教学（CAI）。另外，Multisim 10 还提供了与国内外流行的 PCB 设计自动化软件 Protel 与电路仿真软件 PSpice 之间的文件接口，也能通过 Windows 的剪贴板把电路图送往文字处理系统中进行编辑排版。Multisim 10 支持 VHDL 和 Verilog HDL 语言的电路仿真和设计。

利用 Multisim 10 可以实现计算机仿真设计和虚拟实验，与传统的电子电路设计与实验方法相比，具有如下特点：设计与实验可以同步进行，可以边设计边实验，修改调试方便；设计和实验用的元器件及测试仪器仪表齐全，可以完成各种类型的电路设计和实验；可方便地对电路参数进行测试和分析；可直接打印输出实验数据、测试参数、曲线和电路原理图；实验中不消耗实际的元器件，实验所需元器件的种类和数量不受限制，实验成本低，实验速度快，效率高；设计和实验成功的电路可以直接在产品中使用。

3.2　Multisim 10 的基本界面

3.2.1　Multisim 10 的主窗口

点击"开始"→"程序"→"National Instruments"→"Circuit Design Suite 10.0"→"Multisim"，启动 Multisim 10，可以看到图 3.2.1 所示的 Multisim 的主窗口

从图 3.2.1 可以看出，Multisim 的主窗口如同一个实际的电子实验台。屏幕中央区域最大的窗口就是电路工作区，在电路工作区可将各种电子元器件和测试仪器仪表连接成实验电路。电路工作窗口上方是菜单栏、工具栏。从菜单栏可以选择电路连接、实验所需的各种命令。工具栏包含常用的操作命令按钮。通过鼠标器操作即可方便地使用各种命令和实验设备。电路工作窗口两边是元器件栏和仪器仪表栏。元器件栏存放各种电子元器件，仪器仪表栏存放各种测试仪器仪表，用鼠标操作可以很方便地从元器件库和仪器库中提取实验所需的各种元器件及仪器仪表到电路工作窗口并连接成实验电路。按下电路工作窗口上方的"启动/停止"开关或"暂停/恢复"按钮可以方便地控制实验的进程。

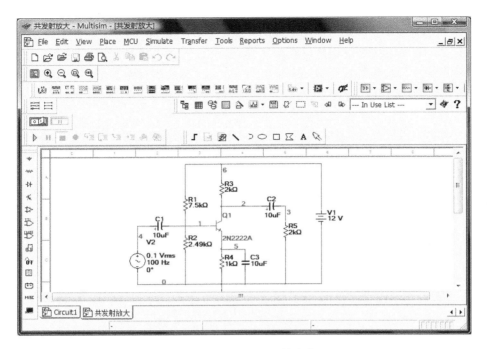

图 3.2.1　Multisim 10 的主窗口

3.2.2　Multisim 10 的标题栏

标题栏如图 3.2.2 所示。单击标题栏左侧 Multisim 10 图标可出现控制菜单,用户选择相关命令可完成还原(R-Restore)、移动(M-Move)、大小(S-Size)、最小化（N-Minimize)、最大化(X-Maximize)、关闭(C-Close)的操作。标题栏右侧有 3 个控制按钮:"最小化"、"最大化"、"关闭",通过这 3 个按钮也可实现对窗口的操作。

图 3.2.2　Multisim 10 标题栏

3.2.3　Multisim 10 的菜单栏

图 3.2.3 所示的菜单栏给出了 Multisim 10 有 12 个主菜单,菜单中提供了本软件几乎所有的功能命令。

图 3.2.3　菜单栏

1) File(文件)菜单

单击"File"出现文件的菜单项如图 3.2.4 所示,其各菜单项的功能如下:

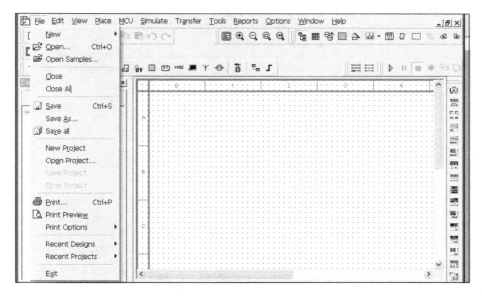

图 3.2.4 "File"菜单

(1) New:建立一个新文件。

(2) Open:打开一个已存在的 *. msm10、*. msm9、*. msm8、*. msm7、*. ewb 或 *. utsch 等格式的文件。

(3) Close:关闭当前电路工作区内的文件。

(4) Close All:关闭电路工作区内的所有文件。

(5) Save:将电路工作区内的文件以 *. msm10 的格式存盘。

(6) Save as:将电路工作区内的文件另存为一个文件,仍为 *. msm10 格式。

(7) Save All:将电路工作区内所有的文件以 *. msm10 的格式存盘。

(8) New Project:建立新的项目。

(9) Open Project:打开原有的项目。

(10) Save Project:保存当前的项目(仅在专业版中出现,教育版中无此功能)。

(11) Close Project:关闭当前的项目(仅在专业版中出现,教育版中无此功能)。

(12) Version Control:版本控制(仅在专业版中出现,教育版中无此功能)。

(13) Print:打印电路工作区内的电原理图。

(14) Print Preview:打印预览。

(15) Print Options:包括 Print Setup(打印设置)和 Print Instruments(打印电路工作区内的仪表)命令。

(16) Recent Designs:选择打开最近打开过的文件。

(17) Recent Projects:选择打开最近打开过的项目。

(18) Exit:退出。

2) Edit(编辑)菜单

Edit 菜单在电路绘制过程中,提供对电路和元件进行剪切、粘贴、旋转等操作命令。

Edit菜单中的命令和功能如图 3.2.5 所示。

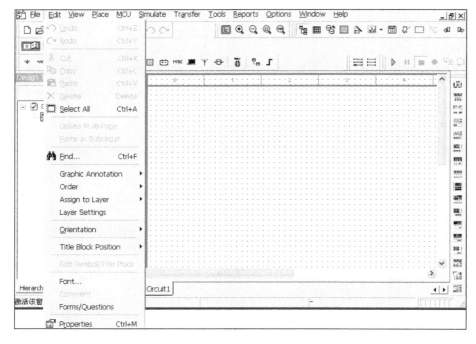

图 3.2.5　"Edit"菜单

（1）Undo：取消前一次操作。

（2）Redo：恢复前一次操作。

（3）Cut：剪切所选择的元器件，放在剪贴板中。

（4）Copy：将所选择的元器件复制到剪贴板中。

（5）Paste：将剪贴板中的元器件粘贴到指定的位置。

（6）Delete：删除所选择的元器件。

（7）Select All：选择电路中所有的元器件、导线和仪器仪表。

（8）Delete Multi-Page：删除多页面。

（9）Paste as Subcircuit：将剪贴板中的子电路粘贴到指定的位置。

（10）Find：查找电原理图中的元件

（11）Graphic Annotation：图形注释。

（12）Order：顺序选择。

（13）Assign to Layer：图层赋值。

（14）Layer Settings：图层设置。

（15）Orientation：旋转方向选择。包括：Flip Vertical（将所选择的元器件上下旋转），Flip Horizontal（将所选择的元器件左右旋转），90 Clockwise（将所选择的元器件顺时针旋转 90°），90 CounterCW（将所选择的元器件逆时针旋转 90°）。

（16）Title Block Position：工程图明细表位置。

（17）Edit Symbol/Title Block：编辑符号/工程明细表。

（18）Font：字体设置。

（19）Comment：注释。

（20）Forms/Questions：格式/问题。

（21）Properties：属性编辑。

3）View（窗口显示）菜单

"View"菜单提供 19 个用于控制仿真界面上显示的内容的操作命令，View 菜单中的命令和功能如图 3.2.6 所示。

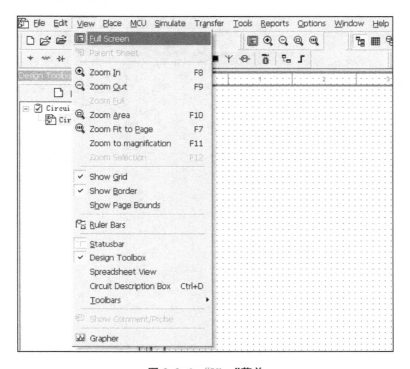

图 3.2.6　"View"菜单

（1）Full Screen：全屏。

（2）Parent Sheet：层次。

（3）Zoom In：放大电原理图。

（4）Zoom Out：缩小电原理图。

（5）Zoom Area：放大面积。

（6）Zoom Fit to Page：放大到适合的页面。

（7）Zoom to magnification：按比例放大到适合的页面。

（8）Zoom Selection：放大选择。

（9）Show Grid：显示或者关闭栅格。

（10）Show Border：显示或者关闭边界。

（11）Show Page Border：显示或者关闭页边界。

（12）Ruler Bars：显示或者关闭标尺栏。

（13）Statusbar：显示或者关闭状态栏。

（14）Design Toolbox：显示或者关闭设计工具箱。

（15）Spreadsheet View：显示或者关闭电子数据表，扩展显示窗口。

（16）Circuit Description Box：显示或者关闭电路描述工具箱。

（17）Toolbars：显示或者关闭工具箱。

（18）Show Comment/Probe：显示或者关闭注释/标注。

（19）Grapher：显示或者关闭图形编辑器。

4）Place（放置）菜单

"Place"菜单提供在电路工作窗口内放置元件、连接点、总线和文字等 18 个命令。Place 菜单中的命令和功能如图 3.2.7 所示。

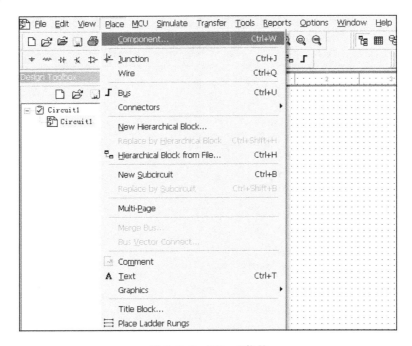

图 3.2.7 "Place"菜单

（1）Component：放置元件。

（2）Junction：放置节点。

（3）Wire：放置导线。

（4）Bus：放置总线。

（5）Connectors：放置输入/输出端口连接器。

（6）New Hierarchical Block：放置层次模块。

（7）Replace Hierarchical Block：替换层次模块。

（8）Hierarchical Block form File：来自文件的层次模块。

（9）New Subcircuit：创建子电路。

（10）Replace by Subcircuit：子电路替换。

（11）Multi-Page：设置多页。

（12）Merge Bus：合并总线。

（13）Bus Vector Connect：总线矢量连接。

（14）Comment：注释。

（15）Text：放置文字。

（16）Grapher：放置图形。

（17）Title Block：放置工程标题栏。

（18）Place Ladder Rungs：放置梯线

5）MCU（微控制器）菜单

"MCU"菜单提供在电路工作窗口内 MCU 的调试操作命令。MCU 菜单中的命令和功能如图 3.2.8 所示。

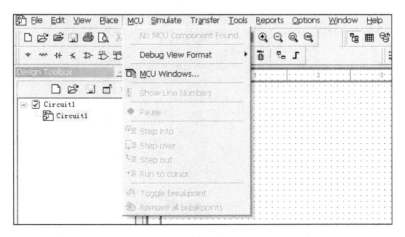

图 3.2.8　"MCU"菜单

（1）No MCU Component Found：没有创建 MCU 器件。

（2）Debug View Format：调试格式。

（3）Show Line Numbers：显示线路数目。

（4）Pause：暂停。

（5）Step into：进入。

（6）Step over：跨过。

（7）Step out：离开。

（8）Run to cursor：运行到指针。

（9）Toggle breakpoint：设置断点。

（10）Remove all breakpoint：移出所有的断点。

6）Simulate（仿真）菜单

"Simulate"菜单提供 18 个电路仿真设置和操作命令。"Simulate"菜单中的命令和功能如图 3.2.9 所示。

（1）Run：开始仿真。

（2）Pause：暂停仿真。

（3）Stop：停止仿真。

（4）Instruments：选择仪器仪表。

（5）Interactive Simulation Settings...：交互式仿真设置。

（6）Digital Simulation Settings...：数字仿真设置。

（7）Analyses：选择仿真分析法。

（8）Postprocessor：启动后处理器。

（9）Simulation Error Log/Audit Trail：仿真误差记录/查询索引。

（10）XSpice Command Line Interface：XSpice 命令界面。

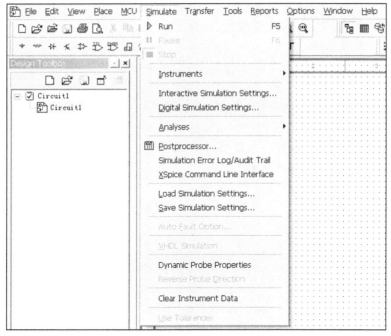

图 3.2.9 "Simulate"菜单

（11）Load Simulation Settings：导入仿真设置。

（12）Save Simulation Settings：保存仿真设置。

（13）Auto Fault Option：自动故障选择。

（14）VHDL Simlation：VHDL 仿真。

（15）Dynamic Probe Properties：动态探针属性。

（16）Reverse Probe Direction：反向探针方向。

（17）Clear Instrument Data：清除仪器数据。

（18）Use Tolerances：使用公差。

7）Transfer（文件输出）菜单

"Transfer"菜单提供 8 个传输命令。"Transfer"菜单中的命令和功能如图 3.2.10 所示。

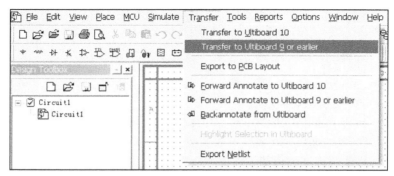

图 3.2.10 "Transfer"菜单

（1）Transfer to Ultiboard 10：将电路图传送给 Ultiboard 10。

（2）Transfer to Ultiboard 9 or earlier：将电路图传送给 Ultiboard 9 或者其他早期版本。

（3）Export to PCB Layout：输出 PCB 设计图。

（4）Forward Annotate to Ultiboard 10：创建 Ultiboard 10 注释文件。

（5）Forward Annotate to Ultiboard 9 or earlier：创建 Ultiboard 9 或者其他早期版本注释文件。

（6）Backannotate from Ultiboard：修改 Ultiboard 注释文件。

（7）Highlight Selection in Ultiboard：加亮所选择的 Ultiboard。

（8）Export Netlist：输出网表。

8）Tools（工具）菜单

"Tools"菜单提供 19 个元件和电路编辑或管理命令。"Tools"菜单中的命令和功能如图 3.2.11所示。

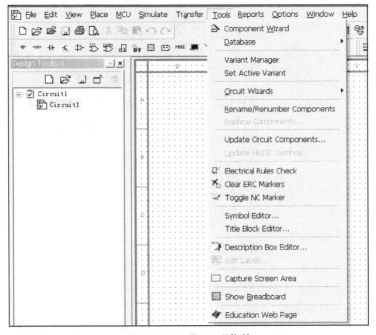

图 3.2.11　"Tools"菜单

（1）Component Wizard：元件编辑器。

（2）Database：数据库。

（3）Variant Manager：变量管理器。

（4）Set Active Variant：设置动态变量。

（5）Circuit Wizards：电路编辑器。

（6）Rename/Renumber Components：元件重新命名/编号。

（7）Replace Components...：元件替换。

（8）Update Circuit Components...：更新电路元件。

（9）Update HB/SC Symbols：更新 HB/SC 符号。

（10）Electrical Rules Check：电气规则检验。

(11) Clear ERC Markers：清除 ERC 标志。

(12) Toggle NC Marker：设置 NC 标志。

(13) Symbol Editor...：符号编辑器。

(14) Title Block Editor...：工程图明细表比较器。

(15) Description Box Editor...：描述箱比较器。

(16) Edit Labels...：编辑标签。

(17) Capture Screen Area：捕捉屏幕范围。

(18) Show Breadboard：显示实验电路板。

(19) Education Web Page：教育网页。

9) Reports(报告)菜单

"Reports"菜单提供材料清单等 6 个报告命令。"Reports"菜单中的命令和功能如图 3.2.12所示。

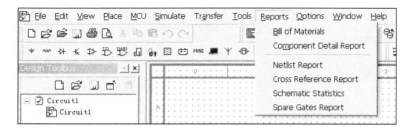

图 3.2.12 "Reports"菜单

(1) Bill of Materials：材料清单。

(2) Component Detail Report：元件详细报告。

(3) Netlist Report：网络表报告。

(4) Cross Reference Report：参照表报告。

(5) Schematic Statistics：统计报告。

(6) Spare Gates Report：剩余门电路报告。

10) Options(选项)菜单

"Options"菜单提供 6 个电路界面和电路某些功能的设定命令。"Options"菜单中的命令和功能如图 3.2.13 所示。

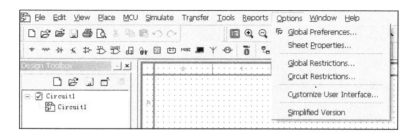

图 3.2.13 "Option"菜单

(1) Global Preferences...：全部参数设置。

（2）Sheet Properties...：工作台界面设置。

（3）Global Restrictions...：全局限制。

（4）Circuit Restrictions...：电路限制。

（5）Customize User Interface...：用户界面设置。

（6）Simplified Version：简化版。

11）Window（窗口）菜单

"Window"菜单提供7个窗口操作命令。"Window"菜单中的命令和功能如图 3.2.14所示。

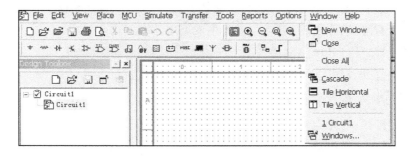

图 3.2.14 "Window"菜单

（1）New Window：建立新窗口。

（2）Close：关闭窗口。

（3）Close All：关闭所有窗口。

（4）Cascade：窗口层叠。

（5）Tile Horizontal：窗口水平平铺。

（6）Tile Vertical：窗口垂直平铺。

（7）Windows...：窗口选择。

12）Help（帮助）菜单

"Help"菜单为用户提供在线技术帮助和使用指导。"Help"菜单中的命令和功能如图 3.2.15所示。

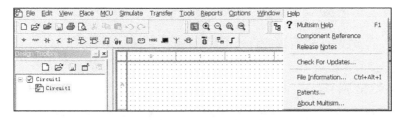

图 3.2.15 "Help"菜单

（1）Multisim Help：主题目录。

（2）Components Reference：元件索引。

（3）Release Notes：版本注释。

（4）Check For Updates...：更新校验。

（5）File Information...:文件信息。

（6）Patents...:专利权。

（7）About Multisim:有关 Multisim 的说明。

3.2.4　Multisim 10 的工具栏

Multisim 常用工具栏各图标名称及功能说明如下。

1）Standard(标准)工具栏

图 3.2.16 给出了 Standard 工具栏。

工具栏从左到右各个图标的名称和功能如下：

图 3.2.16　Standard 工具栏

（1）"□" 新建:清除电路工作区,准备生成新电路。

（2）"🗁" 打开:打开电路文件。

（3）"🗁" 打开:打开实例文件

（4）"🖫" 存盘:保存电路文件。

（5）"🖨" 打印:打印电路文件。

（6）"🔍" 放大:将电路图放大一定比例。

（7）"✂" 剪切:剪切至剪贴板。

（8）"📋" 复制:复制至剪贴板。

（9）"📋" 粘贴:从剪贴板粘贴。

（10）"↺↻" 旋转:旋转元器件。

2）View(查看)工具栏

图 3.2.17 给出了 View 工具栏。

工具栏从左到右各个图标的名称和功能如下：

图 3.2.17　View 工具栏

（1）"▤" 全屏:电路工作区全屏。

（2）"🔍" 放大:将电路图放大一定比例。

（3）"🔍" 缩小:将电路图缩小一定比例。

（4）"🔍" 放大面积:放大电路工作区面积。

（5）"🔍" 适当放大:放大到适合的页面。

3）Main(主)工具栏

图 3.2.18 给出了 Main 工具栏。

图 3.2.18　Main 工具栏

工具栏从左到右各个图标的名称和功能如下：

（1）"🖳" 文件列表:显示电路文件列表。

（2）"▦" 电子表：显示电子数据表。

（3）"▦" 数据库管理：元器件数据库管理。

（4）"▦" 显示 3D 面包板。

（5）"▵" 元件编辑器。

（6）"▨" 图形编辑/分析：图形编辑器和电路分析方法选择。

（7）"▦" 后处理器：对仿真结果进一步操作。

（8）"☑" 电气规则校验：校验电气规则。

（9）"▢" 区域选择：选择电路工作区区域。

（10）"▦" 跳转到父系表。

（11）"◀▏" 反向注释。

（12）"▕▶" 顺向注释。

（13）"［--- In Use List --- ▼］" 使用中元件列表：列出了当前电路所使用的全部元件，以供检查或重复调用。

（14）"✈" 教育资源网站。

（15）"❓" 帮助。

4）Simulation（仿真）工具栏

仿真开关可以控制电路仿真进程：开始、结束和暂停。Simulation 工具栏如图 3.2.19 所示。

各图标功能如下：

（1）"▣▮▌" 运行/停止按钮（Run/Stop）：执行该命令可使电路仿真开始或结束。

图 3.2.19
Simulation 工具栏

（2）"▕ ▮▮ ▏" 暂停按钮（Pause）：电路仿真开始后按下该键可使程序暂停。

3.2.5　Multisim 10 的元件库

在菜单栏的 Tools 菜单下选择 Database→Database Manager 命令，打开如图 3.2.20 所示的"元件数据库管理"对话框，Multisim 10 的元件分别存储于 3 种数据库中，分别为 Master 库、Corporate 库和 User 库。Master 库用来存放 Multisim 10 提供的所有元件；Corporate 库用来存放便于团队设计的一些特定元件，该库仅在专业版中存在；User 库用来存放被用户修改、创建和导入的元件。

下面主要介绍 Multisim 10 的 Master 库，该库包含 16 个元件库，各元件库下面还包含子库。Master 库中除了 16 个元件库外，还包括 1 个梯形图设计库，该库包含梯形设计中用到的一些模块。由于 Multisim 的许多版本均不包括梯形图库，且又应用较少，故这里不对其作介绍。

1）Sources（信号源元件库）

单击元件工具栏中的"Sources"，弹出如图 3.2.21 所示的"信号源元件选择"对话框。

在 Family 列表框中有以下 7 项分类：

（1）Select all families：选择该项，信号源元件库中的所有元件将列于对话框中间的元件栏中。

图 3.2.20 "元件数据库管理"对话框

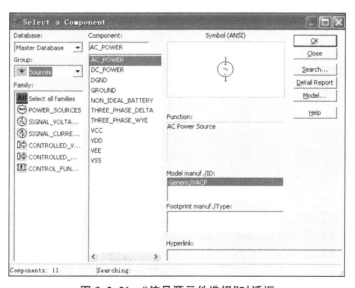

图 3.2.21 "信号源元件选择"对话框

（2）POWER_SOURCES：包含常用的交直流电源、数字地、公共地、星形或三角形连接的三相电源等。

（3）SIGNAL_VOLTAGE_SOURCES：包含各类信号电压源，例如，交流电压源、AM电压源、双极性电压源、时钟电压源、指数电压源、FM 电压源、基于 LVM 文件的电压源、分段线性电压源、脉冲电压源、基于 TDM 文件的电压源和热噪声源。

（4）SIGNAL_CURRENT_SOURCES：包含各类信号电流源，例如交流电流源、双极性电流源、时钟电流源、指数电流源、FM 电流源、基于 LVM 文件的电流源、分段线性电流源、脉冲电流源、基于 TDM 文件的电流源。

　　(5) CONTROLLED_VOLTAGE_SOURCES:包含各类受控电压源,例如 ABM 电压源、电流控制电压源、FSK 电压源、压控分段线性电压源、压控正弦波信号源、压控方波信号源、压控三角波信号源和压控电压源。

　　(6) CONTROLLED_CURRENT_SOURCES:包含各类受控电流源,例如 ABM 电流源、电流控制电流源和电压控制电流源。

　　(7) CONTROL_FUNCTION_BLOCKS:包含各类控制函数块,例如限流模块、除法器、增益模块、乘法器、电压加法器、多项式复合电压源等。

　　2) Basic(基本元件库)

　　单击元件工具栏中的"Basic",弹出如图 3.2.22 所示的"基本元件选择"对话框。

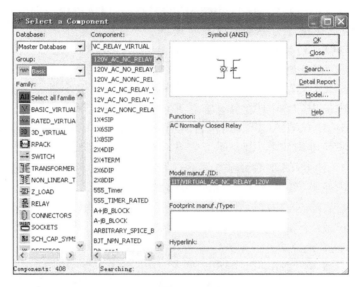

图 3.2.22　"基本元件选择"对话框

　　在 Family 列表框中有以下 18 项分类:

　　(1) Select all families:选择该项,基本元件库中的所有元件将列于窗口中间的元件栏中。

　　(2) BASIC_VIRTUAL:包含一些基本的虚拟元件,例如虚拟电阻器、电容器、电感器、变压器、压控电阻器等。因为是虚拟元件,所以元件无封装信息。

　　(3) RATED_VIRTUAL:包含额定虚拟元件,例如额定 555 定时器、晶体管、电容器、二极管、熔断器等。

　　(4) RPACK:包含多种封装的电阻排。

　　(5) SWITCH:包含各类开关,例如电流控制开关、单刀双掷开关、单刀单掷开关、按键开关、时间延时开关等。

　　(6) TRANSFORMEP:包含各类线性变压器。使用时要求变压器的原、副边分别接地。

　　(7) NON_LINEAR_TRANSFORMER:包含各类非线性变压器。

(8) RELAY：包括各类继电器。继电器的触点开关是由加在线圈两端的电压大小决定的。

(9) CONNECTORS：包含各类连接器，作为输入/输出插座。

(10) SOCKETS：与连接器类似，为一些标准形状的插件提供位置以便设计 PCB。

(11) SCH_CAP_SYMS：包含熔断器、发光二极管（LED）、光电晶体管、按键开关、可变电阻器、可变电容器等元件。

(12) RESISTOR：包含具有不同标称值的电阻，基中，在 Component Type 下拉列表框下可选择电阻器类型，例如碳膜电阻器、陶瓷电阻器等，在 Tolerance（％）下拉列表框下可选择电阻器的容差。在 Fpptprint manuf/Type 栏中选择元件的封装，若选择无封装，则所选电阻放置于工作空间后为黑色，代表为虚拟电阻；若选择一种封装形式，则电阻器变为蓝色，代表实际元件。

(13) CAPACITOR：包含具有不同标称值的电容器，可选择电容器类型（例如陶瓷电容器、电解电容器、钽电容器等）、容差和封装形式。

(14) INDUCTOR：包含具有不同标称值的电感器，可选择电感器类型（例如，环氧线圈电感器、贴芯电感器、高电流电感器等）、容差和封装形式。

(15) CAP_ELECTRILET：包含具有不同标称值的电解电容器，可选择电解电容器类型（例如聚乙烯膜电解电容器、钽电解电容器等）、容差和封装形式。

(16) VARIABLE_CAPACITOR：包含具有不同标称值的可变电容器，可选择可变电容器类型（例如薄膜可变电容器、电介质可变电容器等）和封装形式。

(17) VARIABLE_INDUCTOR：包含具有不同标称值的可变电感器，可选择电感器类型（例如铁氧体芯电感器、线圈电感器）和封装形式。

(18) POTENTIOMETER：包含具有不同标称值的电位器，可选择电位器类型（例如音频电位器、陶瓷电位器、金属陶瓷电位器等）和封装形式。

3）Diodes（二极管元件库）

单击元件工具栏中的"Diodes"，弹出如图 3.2.23 所示的"二极管元件选择"对话框。

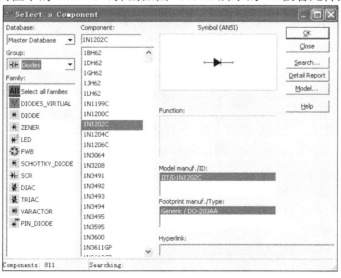

图 3.2.23　"二极管元件选择"对话框

在 Family 列表框中有以下 12 项分类：

（1）Select all families：选择该项，二极管元件库中的所有元件将列于窗口中间的元件栏中。

（2）DIODES_VIRTUAL：包含虚拟的普通二极管和虚拟的齐纳二极管，其 SPICE 模型都为典型值。

（3）DIODE：包含许多公司提供的不同型号的普通二极管。

（4）ZENER：包含许多公司提供的不同型号的齐纳二极管。

（5）LED：包含各种类型的发光二极管。

（6）FWB：包含各种型号的全波桥式整流器（整流桥堆）。

（7）SCHOTTKY_DIODE：包含各类肖特基二极管。

（8）SCR：包含各类型号的可控硅整流器。

（9）DIAC：包含各类型号的双向开关二极管，1 个该二极管相当于 2 个肖特基二极管并联。

（10）TRIAC：包含各类型号的可控硅开关，相当于 2 个单向可控硅的并联。

（11）VARACTOR：包含各类型号的变容二极管。

（12）PIN_DIODE：包含各类型号的 PIN 二极管。

4）Transistors（晶体管元件库）

单击元件工具栏中的"Transistors"，弹出如图 3.2.24 所示的"晶体管元件选择"对话框。

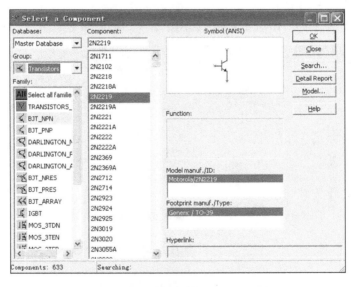

图 3.2.24　"晶体管元件选择"对话框

在 Family 列表框中有以下 21 项分类：

（1）Select all families：选择该项，晶体管元件库中的所有元件将列于窗口中间的元件栏中。

（2）TRANSISTORS_VIRTUAL：包含各种型号的虚拟晶体管。

（3）BJT_NPN：包含各种型号的双极型 NPN 晶体管。

（4）BJT_NPN：包含各种型号的双极型 PNP 晶体管。

（5）DARLINGTON_NPN：包含各种型号的达林顿型 NPN 晶体管。

（6）DARLINGTON_NPN：包含各种型号的达林顿型 PNP 晶体管。

(7) DARLINGTON_ARRAY:包含种型号的达林顿型晶体管阵列。

(8) BJT_NRES:包含各种型号的内部集成偏置电阻的双极型 NPN 晶体管。

(9) BJT_PRES:包含种种型号的内部集成偏置电阻的双极型 PNP 晶体管。

(10) BJT_ARRAY:包含各种型号的晶体管阵列。

(11) IGBT:包含各种型号的绝缘栅双极型晶体管(IGBT),它是一种 MOS 门控制的功率开关。

(12) MOS_3TDN:包含各种型号的三端 N 沟道耗尽型绝缘栅型场效应管。

(13) MOS_3TEN:包含各种型号的三端 N 沟道增强型绝缘栅型场效应管。

(14) MOS_3TEP:包含各种型号的三端 P 沟道增强型绝缘栅型场效应管.

(15) JFET_N:包含各种型号 N 沟道结型场效应管。

(16) JFET_P:包含各种型号 P 沟道结型场效应管。

(17) POWET_MOS_N:包含各种型号的 N 沟道功率绝缘栅型场效应管。

(18) POWET_MOS_P:包含各种型号的 P 沟道功率绝缘栅型场效应管。

(19) POWET_MOS_COMP:包含各种型号的复合型功率绝缘栅型场效应管。

(20) UJT:包含各种型号的可编程单结型晶体管。

(21) THERMAL_MKDELS:带有热模型的 N 沟道 MOSFET(NMOSFET)。

5) Analog(模拟元件库)

单击元件工具栏中的"Analog",弹出如图 3.2.25 所示的"模拟元件选择"对话框。

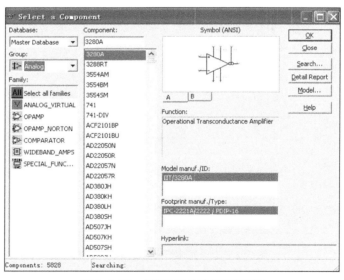

图 3.2.25 "模拟元件选择"对话框

在 Family 列表框中有以下 7 项分类：

(1) Select all families:选择该项,模拟元件库中的所有元件将列于窗口中间的元件栏中。

(2) ANALOG_VIRTUAL:包含各类模拟虚拟元件,例如虚拟比较器、基本虚拟运放等。

(3) OPAMP:包含各种型号的运算放大器。

(4) OPAMP_NORTON:包含各种型号的诺顿运算放大器。

（5）COMPARATOR：包含各种型号的比较器。

（6）WIDEBAND_AMPS：包含各种型号的宽频带运算放大器。

（7）SPECIAL_FUNCTION：包括各种型号的特殊功能运算放大器，例如测试运算放大器、视频运算放大器、乘法器、除法器等。

6）TTL(TTL 元件库)

TTL 元件库含有 74 系列的 TTL 数字集成逻辑器件。单击元件工具栏中的"TTL"，弹出如图 3.2.26 所示的"TTL 元件选择"对话框。

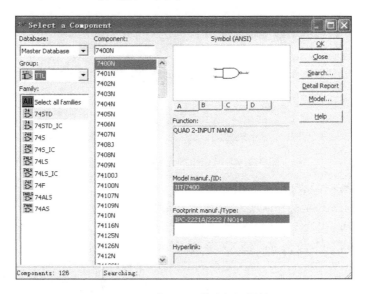

图 3.2.26　"TTL 元件选择"对话框

在 Family 列表框中有如下 10 项分类：

（1）Select all families：选择该项，TTL 元件库中的所有元件将列于窗口中间的元件栏中。

（2）74STD：包含各种标准型 74 系列集成电路。

（3）74STD_IC：包含各种标准型 74 系列集成电路芯片。

（4）74S：包含各种肖特基型 74 系列集成电路。

（5）74S_IC：包含各种肖特基型 74 系列集成电路芯片。

（6）74LS：包含各种低功耗肖特基型 74 系列集成电路。

（7）74LS_IC：包含各种低功耗肖特基型 74 系列集成电路芯片。

（8）74F：包含各种高速 74 系列集成电路。

（9）74ALS：包含各种先进低功耗肖特基型 74 系列集成电路。

（10）74AS：包含各种先进肖特基型 74 系列集成电路。

7）CMOS(CMOS 元件库)

CMOS 元件库含有各种 CMOS 数字集成逻辑器件。单击元件工具栏中的"CMOS"，弹出如图 3.2.27 所示的"CMOS 元件选择"对话框。

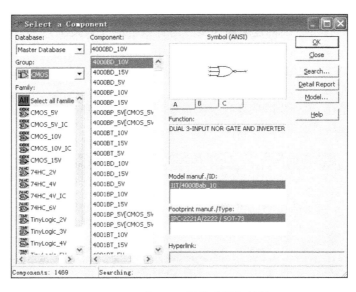

图 3.2.27　"CMOS 元件选择"对话框

在 Family 列表框中有以下 15 项分类：

（1）Select all families：选择该项，CMOS 元件库中的所有元件将列于窗口中间的元件栏中。

（2）CMOS_5V：包含 5V 4XXX 系列 CMOS 集成电路。

（3）CMOS_5V_IC：包含 5V 4XXX 系列 CMOS 集成电路芯片。

（4）CMOS_10V：包含 10V 4XXX 系列 CMOS 集成电路。

（5）CMOS_10V_IC：包含 10V 4XXX 系列 CMOS 集成电路芯片。

（6）CMOS_15V：包含 15V 4XXX 系列 CMOS 集成电路。

（7）74HC_2V：包含 2V 74HC 系列 CMOS 集成电路。

（8）74HC_4V：包含 4V 74HC 系列 CMOS 集成电路。

（9）74HC_4V_IC：包含 4V 74HC 系列 CMOS 集成电路芯片。

（10）74HC_6V：包含 6V 74HC 系列 CMOS 集成电路。

（11）TinyLogic_2V：包含 2V 快捷微型逻辑电路，例如 N 7S 系列、NC7SU 系列、NC7SZ 系列和 NC7SZU 系列。

（12）TinyLogic_3V：包含 3V 快捷微型逻辑电路，例如 N 7S 系列、NC7SU 系列、NC7SZ 系列和 NC7SZU 系列。

（13）TinyLogic_4V：包含 4V 快捷微型逻辑电路，例如 N 7S 系列、NC7SU 系列、NC7SZ 系列和 NC7SZU 系列。

（14）TinyLogic_5V：包含 5V 快捷微型逻辑电路，例如 N 7S 系列、NC7SU 系列、NC7SZ 系列和 NC7SZU 系列。

（15）TinyLogic_6V：包含 6V 快捷微型逻辑电路，例如 N 7S 系列和 NC7SU 系列。

8）MCU Module（微控制器模块元件库）

微控制器模块元件库含有各类微控制器模块。单击元件工具栏中的"MCU Module"，弹出如图 3.2.28 所示的"微控制器模块元件选择"对话框。

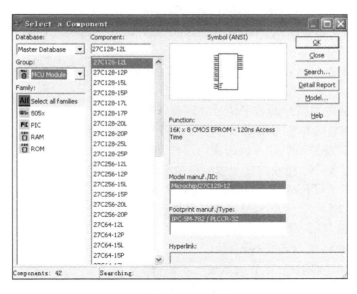

图 3.2.28　"微控制器模块元件选择"对话框

在 Family 列表框中有以下 5 项分类：

（1）Select all families：选择该项，微控制器模块元件库中的所有元件将列于窗口中间的元件栏中。

（2）805X：包含 8051 和 8052 单片机。

（3）PIC：包含 PIC 单片机芯片 PIC16F84A。

（4）RAM：包含各种型号的 RAM 存储芯片。

（5）ROM：包含各种型号的 ROM 存储芯片。

9）Misc Digital（其他数字元件库）

单击元件工具栏中的"Misc Digital"，弹出如图 3.2.29 所示的"其他数字元件选择"对话框。

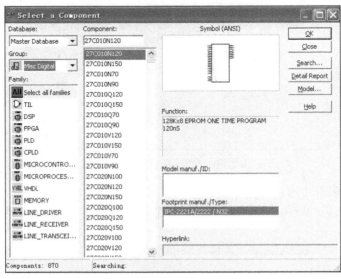

图 3.2.29　"其他数字元件选择"对话框

在 Family 列表框中有以下 13 项分类:

(1) Select all families:选择该项,其他数字元件库中的所有元件将列于窗口中间的元件栏中。

(2) TIL:包含各类数字逻辑器件,例如与非门、非门、异或门、三态门等,该库中的器件没有封装类型。

(3) DSP:包含各种型号的数字信号处理器(DSP)芯片。

(4) FPGA:包含各种型号的现场可编程的阵列(FPGA)芯片。

(5) PLD:包含各种型号的可编程逻辑器件(PLD)芯片。

(6) CPLD:包含各种型号的复杂可编程逻辑器件(CPLD)芯片。

(7) MICROCONTRLLERS:包含各类微控制器。

(8) MICROPROCESSORS:包含各类微处理器。

(9) VHDL:包含用 VHDL 语言编写的各类常用数字逻辑器件。

(10) MEMORY:包含各类存储器。

(11) LINE_DRIVER:包含各类线性驱动器件。

(12) LINE_RECEIVER:包含各类线性接收器件。

(13) LINE_TRANSCEIVET:包含各类线性无线电收发器件。

10) Mixed(混合元件库)

单击元件工具栏中的"Mixed",弹出如图 3.2.30 所示的"混合元件选择"对话框。

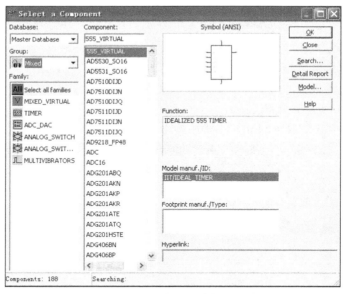

图 3.2.30 "混合元件选择"对话框

在 Family 列表框中有以下 7 项分类:

(1) Select all families:选择该项,混合元件库中的所有元件将列于窗口中间的元件栏中。

(2) MIXED_VIRTUAL:包含各种混合虚拟元件,例如 555 定时器、模拟开关、分频器、单稳触发器和锁相环。

(3) TIMER:包含不同型号的定时器。

（4）ADC_DAC：包含各种型号的 A/D 转换器 D/A 转换器。

（5）ANALOG_SWITCH：包含各类模拟开关。

（6）ANALOG_SWITCH_IC：包含一片 MC74HC4066D 模拟开关芯片。

（7）MULTIVIBRATORS：包含各种型号的多频振荡器。

11）Indicators（显示元件库）

单击元件工具栏中的"Indicators"，弹出如图 3.2.31 所示的"显示器元件选择"对话框。

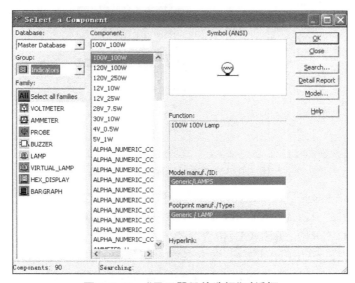

图 3.2.31 "显示器元件选择"对话框

在 Family 列表框中有以下 9 项分类：

（1）Select all families：选择该项，显示器元件库中的所有元件将列于窗口中间的元件栏中。

（2）VOLTMETER：包含可测量交直流电压的伏特表。

（3）AMMETER：包含可测量交直流电流的电流表。

（4）PROBE：包含各色探测器，相当于一个 LED，仅有一个连接端与电路中某点相连，当达到高电平时探测器发光。

（5）BUZZER：包含蜂鸣器和固体音调发生器。

（6）LAMP：包含各种工作电压和功率不同的灯泡。

（7）VIRTUAL_LAMP：包含虚拟灯泡，其工作电压和功率可调节。

（8）HEX_DISPLAY：包含各类十六进制显示器。

（9）BARGRAPH：条形光柱。

12）Power（功率元件库）

单击元件工具栏中的"Power"，弹出如图 3.2.32 所示的"功率元件选择"对话框。

在 Family 列表框中有以下 10 项分类：

（1）Select all families：选择该项，功率元件库中的所有元件将列于窗口中间的元件栏中。

（2）FUSE：包含不同熔断电流的熔断器。

（3）SMPS_Average_Virtual：包含各类虚拟的普通开关模式供电电源。

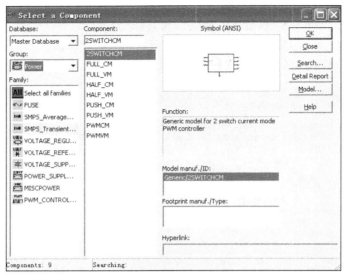

图 3.2.32　"功率元件选择"对话框

(4) SMPS_Transient_Virtual:包含各类虚拟的瞬间开关模式供电电源。

(5) VOLTAGE_REGULATOR:包含各种型号的稳压器。

(6) VOLTAGE_REFERENCE:包含各类基准电压元件。

(7) VOLTAGE_SUPPRESSOR:包含各类电压控制器。

(8) POWET_SUPPLY_CONTROLLER:包含各类电源控制器。

(9) MISCPOWER:包含其他功率元件。

(10) PWM_CONTROLLER:包含各类脉宽调制(PWM)控制器。

13) Misc(其他类元件库)

单击元件工具栏中的"Misc",弹出如图 3.2.33 所示的"其他类元件选择"对话框。

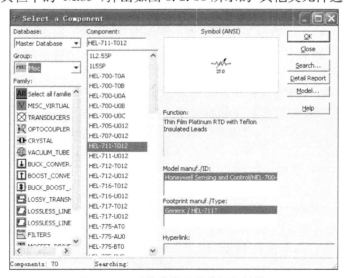

图 3.2.33　"其他类元件选择"对话框

在 Family 列表框中有以下 16 项分类：

（1）Select all families：选择该项，其他类元件库中的所有元件将列于窗口中间的元件栏中。

（2）MISC_VIRTUAL：包含一些虚拟的元件，例如虚拟晶振、虚拟熔断器、虚拟发动机、虚拟光耦合器等。

（3）TRANSDUCERS：包含各类传感器。

（4）OPTOCOUPLER：包含各类光电耦合器。

（5）CRYSTAL：包含各类晶振。

（6）VACCUM_TUBE：包含各种型号的真空管。

（7）BUCK_CONVERTER：包含降压转换器。

（8）BOOST_CONVERTER：包含升压转换器。

（9）BUCK_BOOST_CONVERTER：包含升降压转换器。

（10）LOSSY_TRANSMISSION_LINE：包含有损传输线。

（11）LOSSLESS_LINE_TYPE1：包含一类无损传输线。

（12）LOSSLESS_LINE_TYPE2：包含二类无损传输线。

（13）FIL TERS：包含各类滤波器芯片。

（14）MOSFET_DRIVER：包含各类 MOS 驱动器。

（15）MISC：包含各类其他器件，例如三态缓冲器、集成全球定位系统(GPS)接收器等。

（16）NET：包含具有 2～20 个引脚的可导入网表(netlist)的模型。

14）Advanced_Peripherals（高级外围元件库）

单击元件工具栏中的"Advanced_Peripherals"，弹出如图 3.2.34 所示的"高级外围元件选择"对话框。

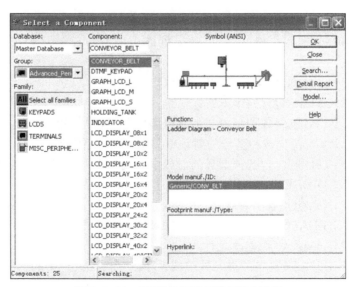

图 3.2.34 "高级外围元件选择"对话框

在 Family 列表框中有以下 5 项分类：

（1）Select all families：选择该项，高级外围元件库中的所有元件将列于窗口中间的元件栏中。

（2）KEYPADS：包含各类键盘。

（3）LCDS：包含各种类型的液晶显示器。

（4）TERMINALS：包含一个串行终端。

（5）MISC_PERIPHERALS：包含一些其他外围器件，例如传送带、水箱模型等。

15）RF（射频元件库）

单击元件工具栏中的"RF"，弹出如图 3.2.35 所示的"射频元件选择"对话框。

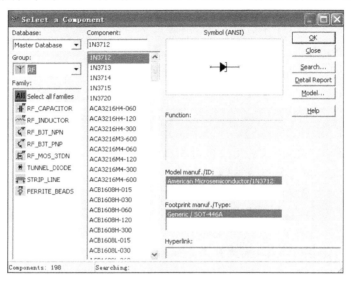

图 3.2.35 "射频元件选择"对话框

在 Family 列表框中有以下 9 项分类：

（1）Select all families：选择该项，射频元件库中的所有元件将列于窗口中间的元件栏中。

（2）RF_CAPACITOR：包含一个 RF 电容器。

（3）RF_INDUCTOR：包含一个 RF 电感器。

（4）RF_BJT_NPN：包含各种型号的射频电路用 NPN 晶体管。

（5）RF_BJT_PNP：包含各种型号的射频电路用 PNP 晶体管。

（6）RF_MOS_3TDN：包含各种型号的射频电路用三端 N 沟道耗尽型 MOSFET。

（7）TUNNEL_DIODE：包含各种型号的隧道二极管。

（8）STRIP_LINE：包括各类带状线。

（9）FERRITE_BEADS：包括各种型号的铁氧体磁珠。

16）Electro_Mechanical（机电类元件库）

机电类元件库主要由一些电工类元件组成。单击元件工具栏中的，弹出如图 3.2.36 所示的"机电类元件选择"对话框。

在 Family 列表框中有以下 9 项分类：

（1）Select all families：选择该项，机电类元件库中的所有元件将列于窗口中间的元件栏中。

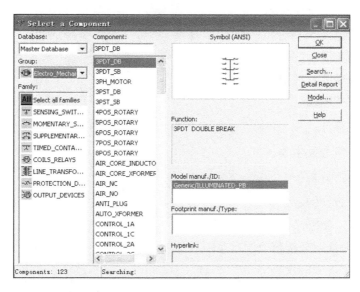

图 3.2.36　"机电类元件选择"对话框

（2）SENSING_SWITCHES：包含各类感测开关。

（3）MOMENTARY_SWITCHES：包含各类瞬时开关。

（4）SUPPLEMENTARY_CONTACTS：包含各类接触器。

（5）TIMED_CONTACTS：包含各类定时接触器。

（6）COILS_RELAYS：包含各类线圈与继电器。

（7）LINE_TRANSFORMER：包含各类线性变压器。

（8）PROTECTION_DEVICES：包含各种保护装置，例如磁过载保护器、梯形逻辑过载保护器等。

（9）OUTPUT_DEVICES：包含三相发电机、直流电动机电枢、加热器等输出设备。

3.3　Multisim 10 的虚拟仪器及其使用方法

3.3.1　虚拟仪器的类型和操作步骤

1）虚拟仪器的类型

在仿真分析时，电路的运行状态和结果要通过测量仪器来显示。Multisim 10 提供了大量用于仿真测试的虚拟仪器。Multisim 10 提供的仪器仪表有 18 种，另外还有电流检测探针 1 个，4 种 LabVIEW 采样仪器和动态实时测量探针 1 个，如图 3.3.1 所示。

图 3.3.1　虚拟仪器仪表栏

（1）""：数字万用表。

（2）"▨"：函数信号发生器。

（3）"▨"：瓦特表。

（4）"▨"：双通道示波器。

（5）"▨"：四通道示波器。

（6）"▨"：波特图仪。

（7）"▨"：频率计。

（8）"▨"：字信号发生器。

（9）"▨"：逻辑分析仪。

（10）"▨"：逻辑转换器。

（11）"▨"：IV 分析仪。

（12）"▨"：失真度分析仪。

（13）"▨"：频谱分析仪。

（14）"▨"：网络分析仪。

（15）"▨"：仿安捷伦信号发生器。

（16）"▨"：仿安捷伦万用表。

（17）"▨"：仿安捷伦示波器。

（18）"▨"：仿泰克示波器。

（19）"▨"：实时测量探针。

（20）"▨"：LabVIEW 采样仪器和动态实时测量探针。

（21）"▨"：电流检测探针。

2）虚拟仪器的操作步骤

使用仪器时可以按下面步骤进行操作。

（1）仪器的选用和连接

① 仪器的选用：从仪器库中将所选用的仪器图标用鼠标拖放到电路工作区即可，类似元件的拖放。

② 仪器的连接：将仪器图标上的连接端与相应电路的连接点相连，连接过程类似于元器件的连接。

（2）仪器参数的设置和修改

（1）仪器参数的设置：双击仪器图标即可打开仪器面板。可以用鼠标操作仪器面板上相应按钮及参数设置对话窗口的设置参数。

（2）仪器参数的修改：在测量或观察过程中，可以根据测量或观察结果改变仪器参数的设置，如示波器、逻辑分析仪等。

下面分别简要介绍在模拟电子电路实验中经常使用的仪器仪表。

3.3.2　数字万用表

数字万用表是一种常用的多功能数字式仪器，用于测量交直流电压、电流和电阻，也可以用分贝的形式显示电压和电流。数字万用表的图标和面板如图 3.3.2 所示。

从图标可以看出数字万用表有 2 个端子,与实际的万用表相同,连接时遵循并联测量电压、串联测量回路电流的原则。数字万用表能自动调整量程。单击面板上的各个按钮可以进行相应的操作或设置:单击"A"按钮测量电流;单击"Ω"按钮测量电阻;单击"V"按钮测量电压;单击"dB"按钮测量衰减分贝值;单击"～"按钮测量交流信号,其测量值是交流电压或电流的有效值;单击"——"按钮测量直流信号;单击"Settings"按钮会弹出"数字万用表设置"对话框,如图 3.3.3 所示。

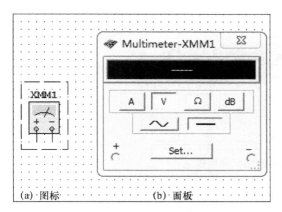

图 3.3.2 数字万用表的图标和面板

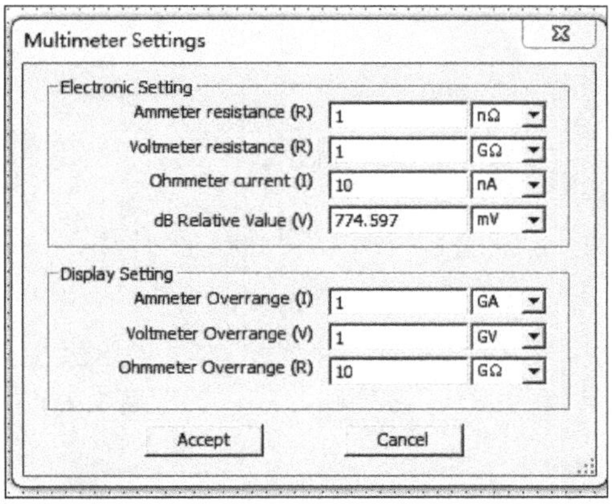

图 3.3.3 "数字万用表参数设置"对话框

该对话框有以下 2 个选项:

(1) Electronic Setting 选项区域:Ammeter resistance 用于设置电流表内阻,Voltmeter Resistance 用于设置电压表内阻,Ohmmeter current 是指测量时流过欧姆表的电流,dB Relative Value 是指在输入电压上叠加的初值。

(2) Display Setting 选项区域:用于设定被测值自动显示单位的量程。

3.3.3 函数发生器

Multisim 10 提供的函数发生器可以产生正弦波、方波和三角波,它有负极、正极和公共端 3 个引线端口,其图标和面板如图 3.3.4 所示。函数发生器提供的信号频率(Frequency)可以在 1 Hz～999 MHz 范围内可调。占空比(Duty Cycle)的设置范围为 1%～99%,该设置只对三角波和方波有效。幅度(Amplitude)的设置范围为 1 μV～999 kV。偏差(Offset)的设置范围为 −999 kV～999 kV,默认值为 0,表示输出电压没有叠加直流成分。单击设置"Set Rise/Fall Time"(上升/下降时间)按钮会弹出参数输入对话框,其参数可选范围为 1 ns～500 ms,默认值为 10 ns。该按钮只有在产生方波时有效。

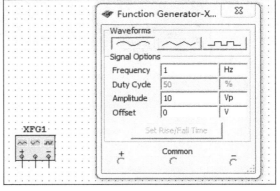

图 3.3.4 函数信号发生器的图标和面板

3.3.4　瓦特表

瓦特表用来测量电路的功率,交流或直流均可测量,其图标和面板如图 3.3.5 所示,该图标中有一对电压输入端子和一对电流输入端子。电压输入端与电路并联连接,电流输入端与电路串联连接,所测得的功率将显示在面板的第一个栏内,该功率值是平均功率,单位自动调整。在"Power Factor"栏内显示功率因数,数值在 0~1 之间。

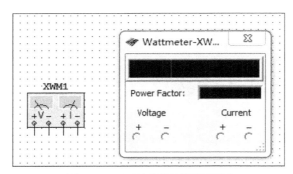

图 3.3.5　瓦特表的图标和面板

3.3.5　示波器

1) 双通道示波器

示波器是用来观察电路波形的主要仪器,并可测量信号的幅值、频率及周期等参数。Multisim 10 提供的双通道示波器和实际示波器的外观和基本操作基本相同,其图标和面板如图 3.3.6 所示。

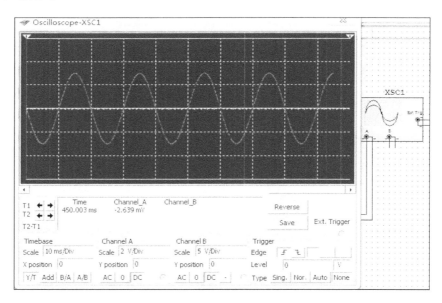

图 3.3.6　双通道示波器的面板和图标

从图标可以看出示波器有 6 个端子:A 通道输入和接地,B 通道输入和接地,外触发端和接地。双通道示波器的控制面板分为以下 4 部分：

（1）Timebase（时间基准）

① X position：X 轴方向扫描线的起始位置。

② 显示方式设置

a. Y/T：Y 轴方向上显示 A、B 通道的输入信号。

b. A/B、B/A 方式：X 轴与 Y 轴都显示电压值。

c. Add 方式：X 轴显示时间，Y 轴显示 A 通道、B 通道的输入电压之和。

（2）Channael A

① Scale：通道 A 输入信号的每格电压值，可以根据输入信号大小选择每格电压范围，使信号波形在示波器显示屏上显示出合适的幅度。

② Y position：设置 Y 轴的起始点位置，其值为 0 表示起始点与 X 轴重合，其值为正值表示 Y 轴原点位置上移，否则向下移。改变 A、B 通道的 Y 轴位置有助于比较或判断 2 个通道的波形。

③ 输入耦合方式

a. AC：交流耦合方式，示波器显示信号的交流分量。

b. 0：0 耦合，表示输入端对地短路，在 Y 轴的原点位置显示一条水平直线。

c. DC：直流耦合，示波器显示的是信号的交直流分量之和。

（3）Channel B

其设置同 Channel A。

（4）Trigger（触发方式）

① 触发信号选择

a. Sing：单脉冲触发。

b. Nor：一般脉冲触发。

c. EXT：由外触发输入信号触发。

d. Auto：自动触发，触发信号一般选择 Auto 方式。

e. A 和 B：用相应通道的信号作为触发信号。

② Edge：边沿触发，可选择上升沿或下降沿触发方式。

③ Level：电平触发，使触发信号在某一电平时启动扫描。

2）四通道示波器

四通道示波器与双通道示波器的使用方法和参数调整方式相同，只是四通道示波器可以同时显示 4 路信号的波形，因此多了一个通道控制器旋钮。其图标和控制器旋钮如图 3.3.7 所示。从图标可以看出四通道示波器有 6 个端子，分别为通道 A、B、C、D 和接地端、触发端。每个通道只有一根线与被测点连接，测量的是该点与地之间的波形，示波器的接地端可以不接。4 个通道的控制选择由通道选择器旋钮控制，当旋钮拨到某个通道位置，才能对该通道的 Y 轴进行设置调整，其调整方法同双通道示波器。

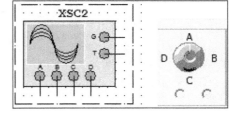

图 3.3.7　四通道示波器图标和通道控制器旋钮

3.3.6 波特图仪

波特图仪类似于扫频仪,用来测量和显示电路的幅频特性和相频特性。波特图仪的图标和面板如图 3.3.8 所示。

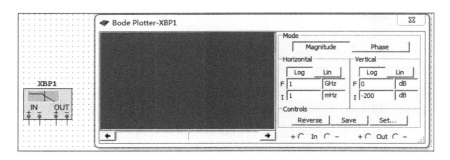

图 3.3.8 波特图仪的图标和面板

从图标可以看出波特图仪有 2 对端口:一对为电路输入端的正端和负端,另一对为电路输出端的正端和负端。波特图仪的面板分为 Magnitude(幅值)、Phase(相位)的选择,Horizontal(横轴)、Vertical(纵轴)的设置,纵轴显示输出电压与输入电压之比,若使用 Log(对数基准),单位是分贝;若使用 Lin(线性基准),显示的是比值。面板中的 F 是指终值,I 是指初值。

使用波特图仪时,必须在电路的输入端接上 AC(交流)信号源。另外,波特图仪的参数设置可在电路启动后修改,但一般修改后需重新启动电路,以确保曲线的正确显示。

3.3.7 频率计

频率计是用来测量信号的频率、周期、相位以及脉冲信号的上升沿和下降沿的主要测量仪器。频率计的图标和面板如图 3.3.9 所示。从图标中可以看出频率计只有 1 个输入端子。

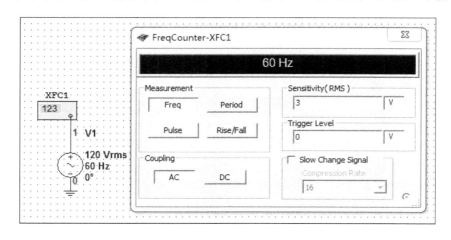

图 3.3.9 频率计数器的图标和面板

频率计的面板主要由测量结果显示区、Measurement(测量选项区)、Coupling(耦合方式选择区)、Sensitivity(灵敏度设置区)、Trigger Level(触发电平设置区)5 部分组成。在使用频率计的过程中应根据输入信号的幅值调整灵敏度和触发电平。

3.3.8 频谱分析仪

频谱分析仪是用来测量和显示电路频域特性的仪器。频谱分析仪的图标和面板如图3.3.10所示。从图标可以看出频谱分析仪有输入端和触发端2个端子。

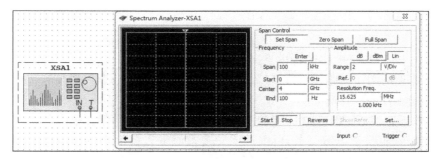

图3.3.10 频谱分析仪的图标和面板

频谱分析仪的面板主要由以下5个区域组成：

（1）Span Control：用于对设置频率范围进行控制，选中"Set Span"则Frenquency区的参数需由人工设置，选中"Zero Span"则Frenquency区只有"Center"的参数需人工设置，选中"Full Span"则Frenquency区参数全由程序设置。

（2）Frenquency：用来设定频率范围。其频率范围为0～4 GHz。"Span"设置频率变化范围大小，"Start"设置开始频率，"Center"设置中心频率，"End"设置结束频率。

（3）Amplitude：用于选择频率纵坐标的刻度。"dB/dBm/Lin"设置扫描方式，"Range"设置频谱分析仪显示窗口纵向每格代表的幅值，"Ref"设置扫描基准。

（4）Resolution Frequence：用于设定频率的分辨率，分辨率越小越好。

（5）Controls：用于控制分析的开始和结束。单击"Set"会弹出"Settings"对话框如图3.3.11所示。其设置包括：Trigger Source（触发源）（有内触发和外触发两种触发源），Trigger Mode（触发方式）（有连续触发和单次触发两种触发方式），Threshould Voltage（触发开启电压）和FFTPoints（分析点数应为1 024的整数倍）

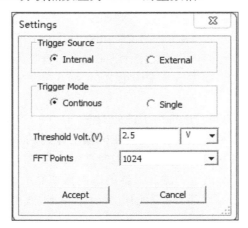

图3.3.11 "Setting"对话框

3.4 Multisim 10 的基本操作方法

3.4.1 电路的创建和运行

双击 Multisim 10 图标"![图标]",即可启动 Multisim 10 进入其主窗口,创建电路,并进行仿真。

Multisim 10 对电子电路进行仿真运行的步骤如下:

(1) 数据输入:用户根据电路原理图创建仿真电路,放置元器件并赋值和标号,放置测量仪器,连接电路,选择分析方法。

(2) 参数设置:对元器件参数、测量仪器、分析方法和电路中阐述的内容进行设置。

(3) 电路分析:按下电源开关,可根据不同要求对输入信号进行分析,形成电路的数值解,并把所得数据送至输出端。

(4) 数据输出:打开测量仪器,可从测量仪器上获得仿真结果。

要运用 Multisim 完成实验任务,需掌握一些基本的操作方法。为了叙述方便,对 Windows 平台下鼠标器和键盘的有关操作术语作如下约定:

(1) 单击:在鼠标的按钮(一般是左键)上按一下,然后马上放开。

(2) 双击:在鼠标的按钮(一般是左键)上快速、连续地按 2 次。

(3) 拖曳:把鼠标指针放在某一对象(元器件等)上,然后按下鼠标左键不放,移动鼠标指针到一个新的位置,然后再释放鼠标键。

(4) Ctrl+××:表示按下"Ctrl"键的同时作××操作。

3.4.2 基本操作方法

1) 元器件的操作

(1) 元器件的选用

根据实验需要,进行元器件选用时,应先在元器件库栏中单击含有该元器件的图标,打开该元器件库,然后从元器件库中将该元器件拖曳至电路工作区。

(2) 元器件的选中

在进行实验电路的连接过程中,常常需要对元器件进行一些操作,如移动、旋转、删除、设置参数等。在进行这些操作时,需要先选中该元器件。在电路工作区使用鼠标左键单击该元器件即可选中该元器件。如需继续选中第 2 个、第 3 个、…,可以反复单击鼠标左键放置这些元器件。

此外,拖曳某个元器件的同时也选中了该元器件。

如果要同时选中一组相邻的元器件,可以在电路工作区的适当位置拖曳画出一个矩形区域,包围在该矩形区域内的一组元器件即被同时选中。

为便于识别,Multisim 10 被选中的元器件的四周标识显示是 4 个点。

要取消一个元器件的选中状态,可以使用 Shift+单击,或单击电路工作区的空白部分即可。

（3）元器件的移动

要移动一个元器件，只要拖曳该元器件即可。要移动一组元器件，则必须先选中这些元器件，然后用鼠标左键拖曳其中的任意一个元器件，则所有选中的部分就会同时一起移动。元器件被移动后，与其相连接的导线将保持移动前的连接状态，但会自动重新排列。

此外，也可使用键盘上的箭头键使选中的元器件做微小的移动。

（4）元器件的旋转和翻转

为了使实验电路便于连接、布局合理，常常需要对元器件进行旋转或翻转操作。操作步骤为：首先选中该元器件，然后使用"Edit"工具栏中的"垂直翻转、水平翻转"等按钮；或用鼠标右键，出现 Flip Vertical（垂直翻转）、Flip Horizontal（水平翻转）等命令；也可使用热健 Ctrl＋R 实现 90°顺时针旋转操作。热健的定义标在菜单命令的旁边。元器件旋转和翻转的含义如图 3.4.1 所示。

（a）原始状态　　（b）90°顺时针旋转后　　（c）水平翻转后　　（d）垂直翻转后

图 3.4.1　元器件的旋转和翻转

（5）元器件的复制和删除

对选中的元器件，使用菜单栏中 Edit（编辑）条目下的 Cut（剪切）、Copy（复制）、Paste（粘贴）、Delete（删除）等命令，或使用工具栏中的"剪切、复制、粘贴"等按钮，均可分别实现元器件的复制、移动、删除等操作。此外，直接将元器件拖曳回处于打开状态的元器件库也可实现删除操作。

（6）元器件标签、编号、数值、模型参数的设置

当选中元器件后，按下工具栏中的"Options"按钮，选择"Preperence"菜单栏中的"Circuit"，就会弹出相关的对话框，以供输入数据进行设置。

2）导线的操作

（1）导线的连接

首先将鼠标箭头指向元器件的端点，使其出现一个小圆点，如图 3.4.2（a）所示；按下鼠标左键并拖曳出一根导线；拉住导线指向另一个需连接的元器件的端点，使其出现小圆点，如图 3.4.2（b）所示；释放鼠标左键，则导线连接完成，如图 3.4.2（c）

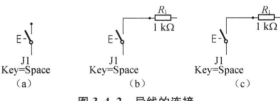

图 3.4.2　导线的连接

所示。连接完成后，导线将自动选择合适的走向，不会与其他元器件或仪器发生相交、相连。

（2）连线的删除和改动

将鼠标左键单击选中要删除的导线，如图 3.4.3（a）所示；单击鼠标右键选择"Delete"删除选中的导线，完成连线的删除，如图 3.4.3（b）所示。如将拖曳移

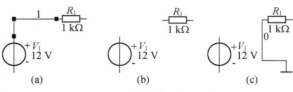

图 3.4.3　连线的删除和改动

开的导线连接至另一个接点后,单击左键则实现了连线的改动,如图 3.4.3(c)所示。

(3)改变导线的颜色

在复杂的电路中可以将导线设置为不同的颜色,有助于对电路图的识别。要改变导线的颜色,首先选中与导线相连的连接点,用鼠标右键单击"Change Color",会弹出如图 3.4.4 所示的"Colors"菜单对话框,选择合适的颜色后,按下"OK",即可改变与该连接点连接所有导线的颜色。

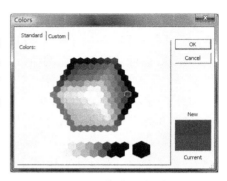

图 3.4.4　"颜色"对话框

3)向电路插入元器件

若在电路中插入元器件如图 3.4.5(a)所示,可以将要插入的元器件直接拖曳放置在导线上,然后释放,即可插入电路中,如图 3.4.5(b)所示。

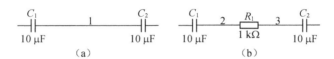

图 3.4.5　向电路插入元器件

4)从电路删除元器件

选中该元器件,按下"Delete"键即可。

5)连接点的使用

连接点是一个小圆点"·",可通过"Place"菜单中"Place Junction"放入。一个连接点最多可连接来自 4 个方向的导线。使用时可直接将连接点插入连线中,而且连接点还可赋予标识,如图 3.4.6 所示。

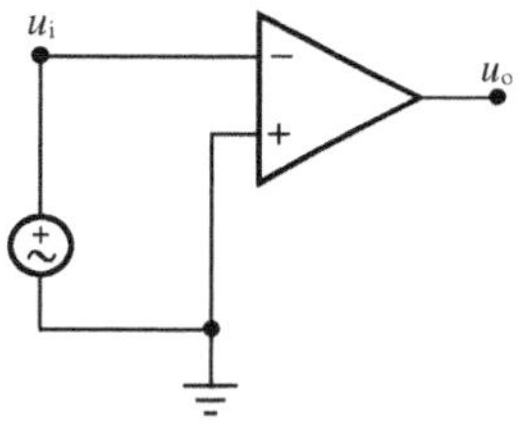

6)调整弯曲的导线

如果元件位置与导线不在一条直线上,如图 3.4.7 所示,则可选中该元件,然后用 4 个箭头键微调该元件的位置。这种微调方法也可用于对一组选中的元器件的位置进行调整。

图 3.4.6　连接点的使用及其标识

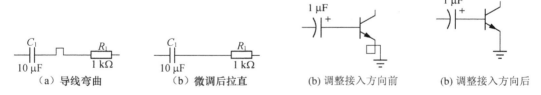

(a)导线弯曲　　(b)微调后拉直

图 3.4.7　微调元件拉直导线

(b)调整接入方向前　　(b)调整接入方向后

图 3.4.8　调整导线的接入方向

如果导线接入端点的方向不合适,也会造成导线不必要的弯曲。如图 3.4.8 所示,可以对导线接入端点的方向予以调整。

3.5　Multisim 10 的电路分析方法

在电子电路分析中需要对所设计的电路进行各种参数分析,如对基本放大电路进行静态工作点的分析。这些分析将决定电路的某些性能是否符合要求。

Multism10 提供了 18 种仿真分析方法,分别是:直流静态工作点分析、交流分析、瞬态分析、傅里叶分析、噪声分析、噪声系数分析、失真分析、直流扫描分析、灵敏度分析、参数扫描分析、温度扫描分析、零-极点分析、传输函数分析、最坏情况分析、蒙特卡罗分析、线宽分析、批处理分析、用户自定义分析。本节将结合具体实例对常用的分析方法加以说明。

3.5.1　直流静态工作点分析

直流静态工作点分析(DC Operating Point Analysis)是指当电路中仅有直流电压源和直流电流源作用时,计算电路中每个节点上的电压和每条支路上的电流。进行直流静态工作点分析时,由于事先假定只有直流电压源和直流电流源作用,所以电路中的非线性器件要特殊处理,即电容器设定为开路、电感器设定为短路,电路中交流量设定为 0,交流电压源设定为短路,交流电流源设定为开路。

下面以单管共射放大电路为例介绍 Multism10 中进行直流静态工作点分析的全过程。

首先建立如图 3.5.1 的单管共射放大电路。

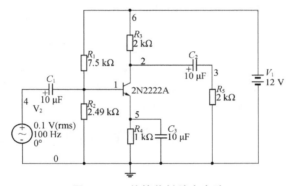

图 3.5.1　单管共射放大电路

其中黑色电阻为虚拟电阻,其阻值大小可以任意改变。单击 Simulate、Analysis、DC Operating Point Analysis,弹出如图 3.5.2 所示的对话框。

在图 3.5.2 所示的对话框中可以设置直流工作点分析的输出接点等内容。图 3.5.2 左侧的 Variables in circuit 文本框用于选择输出变量,共有 6 种选择,如图 3.5.3 所示。

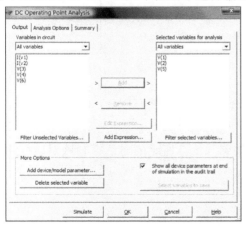

图 3.5.2　设置"直流工作点分析"对话框

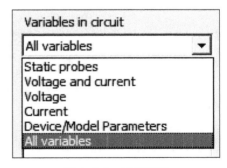

图 3.5.3　输出变量

（1）Static probes：静态探针。

（2）Voltage and current：电压和电流变量。

（3）Voltage：电压变量。

（4）Current：电流变量。

（5）Device/Model Parameters：装置或模型参数变量。

（6）Add variables：电路中的全部变量。

图 3.5.2 所示的对话框中 More Options 区的"Add device/model parameter"按钮表示添加新的变量参数到图 3.4.2 左侧的文本框（空白处）中。其余 2 个按钮的作用与 Add device/model parameter 恰好相反。

对于图 3.5.1 所示的单管共射放大电路的静态工作点，一般主要关心基极电压和集电极与发射极的电压差。所以选择 V(1)、V(2)、V(5) 为输出节点的分析对象。选中 V(1)，此时 Add 按钮被激活，单击"Add"，就把 V(3) 加入到了右侧的 Selected variables for 文本框中。完成输出节点的设置后，可以接着进行其他设置。单击图 3.5.2 的"Analysis Options"选项卡，出现如图 3.5.4 所示的对话框。

图 3.5.4 所示的对话框分为 SPICE 选项和 Other 选项 2 个部分。SPICE 区用来对非线性电路的 SPICE 的模型进行设置。当用户按照图 3.5.4 给定的设置时，单击"Customize"按钮会弹出"Customize Analysis Options"对话框。在该对话框中给出了对于某个仿真电路的分析是否采用用户所设定的分析选项，例如绝对误差设置、相对误差设置、电压误差设置等。对于一般用户而言，此对话框保持默认设置即可。

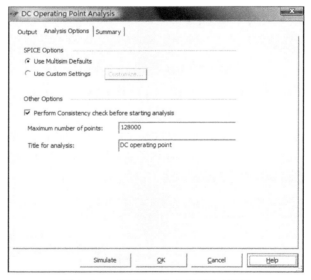

图 3.5.4　"直流工作点分析"对话框

单击图 3.5.2 中的"Summary"选项，出现如图 3.5.5 所示的对话框。该对话框用于对所做的设置进行文字上的总结。

图 3.5.5　"Summary"对话框

完成上述设置后，单击图 3.5.5 中的 Simulate 按钮，开始仿真。仿真结果如图 3.5.6 所示。

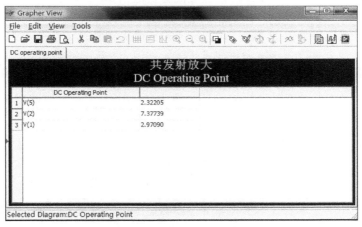

图 3.5.6　静态工作点结果显示

在图 3.5.6 中以表格的形式给出了单管共射放大电路节点 1、2、5 的电压，即静态工作点，结果与理论计算的数值基本一致。

3.5.2　交流分析

交流分析（AC Analysis）是对电路的交流频率响应进行分析。在交流分析中，Multism10 首先对电路的直流静态工作点进行分析，以便建立电路的非线性元件的交流小信号模型。原电路的所有激励均视为正弦波信号，如果使用其他非正弦信号作为激励，Multism10 将自动将其改变为正弦波信号。

单击 Simulate、Aanlysis、AC Analysis，弹出如图 3.5.7 所示的对话框。此对话框共有 4 个选项，其中，Output、Analysis Option 和 Summary 选项与"DC Operating Point Analysis"对话框

中的相应选项完全一致。下面只介绍"Frequency Parameters"选项的设置。

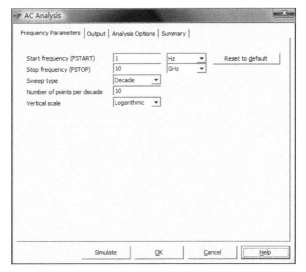

图 3.5.7 "交流分析"对话框

（1）Start frequency(FSTRAT)：设置交流分析的初始频率。

（2）Stopfrequency(FSTOP)：设置交流分析的终止频率。

（3）Sweep type：设置扫描类型，有 Decade(10 倍频程扫描)、Octave(8 倍频程扫描)和 Linear(线性扫描)3 种可以选择的类型。

（4）Numbet of points per：设置每 10 倍频率的采样点数。

（5）Vertical scale：设置纵坐标的刻度。有 Logarithmic(纵坐标取对数)、Linear(纵坐标取线性)、Decibe(纵坐标取分贝(dB))和 Octave(8 倍频程)4 种方式。

单击图 3.5.7 中的"Reset to default"按钮，将对电路的频率参数进行默认设置，当然用户也可以进行自行设置，在"Output"选项卡中将节点 3 设为输出节点。完成上述设置后，点击"Simulate"按钮，弹出如图 3.5.8 所示的交流分析结果的窗口。

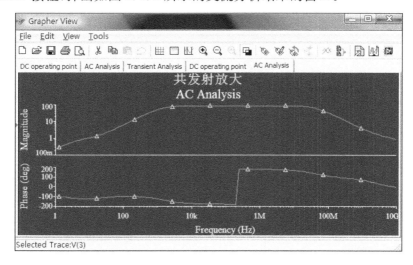

图 3.5.8 交流分析结果

3.5.3　瞬态分析

瞬态分析(Transient Analysis)是指对激励作用下电路的响应在在时间域内的函数波形进行分析。瞬态分析时,将进行连续的直流静态工作点分析,把结果用节点电压的形式展示出来。在本例中,仍然选用单管共射放大电路,接入幅值为 0.1 V、频率为 100 Hz 的交流电源。

单击 Simulate、Aanlysis、Transient Analysis,弹出图 3.5.9 所示的对话框。在图 3.5.9 中,Output、Analysis Option 和 Summary 选项与"DC Operating Point Analysis"对话框中的相应选项完全一致。下面只介绍 Analysis Parameters 选项的设置。

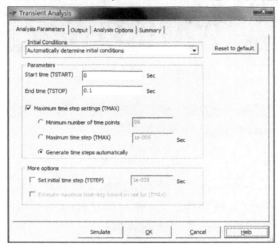

图 3.5.9　"瞬态分析"对话框窗口

Analysis Parameters 选项主要用来设置瞬态分析时时间参数。分为 2 个区域,下面介绍其中常用部分。

(1) Initial Conditions 区:设置仿真开始时的初始条件。其中有以下选项:

① Set to zero:将初始状态设置为 0。

② User defined:用户自定义初始状态。

③ Calculate DC Operating Point:初始状态为静态工作点。

④ Autonatically determine initial conditions:由 Multism 10 自动设置。

(2) Parameters 区:用于时间参数的设置。其中有以下选项:

① Start time:设置起始时间。

② End time:设置终止时间。

③ Minimum time step settings:设置仿真分析时的最大采样时间步长,包括 3 个单选项:

a. Minimum number of points:规定了在起始时间到终止时间内 Multism10 在进行仿真分析时所能采样的最小采样点数目。

b. Maximum time step:用于设定仿真分析时的进间步长。

c. Generate time steps automat:用于自动设定仿真分析时的时间步长。

在本例中按照图 3.5.9 的设置,把仿真终止时间改为 0.1 s,在 Output 选项中将图 3.5.1 的节点 1、3 设为输出节点,其余按默认设置。点击"Simulate"按钮,弹出如

图 3.5.10所示的瞬态分析结果的窗口。

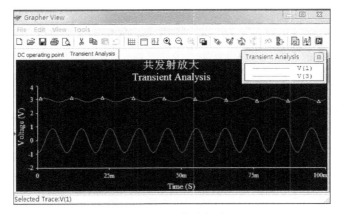

图 3.5.10　瞬态分析结果

对于瞬态分析,如果结果与预期的结果不相符,甚至相差很大,在电路没有错误的情况下,可以通过适当设置仿真时间以达到预期的结果。

3.5.4　傅里叶分析

傅里叶分析(Fouriet Analysis)是工程中常用的电路分析方法之一。傅里叶分析的对象一般是非正弦(余弦)的复杂周期性信号,经过傅里叶分析可以将其分解为一系列正弦(余弦)信号和直流信号的代数和,其数学表达式为:

$$f(t) = \frac{a_0}{2} \sum_{n=1}^{\infty} (a_n \cos n\omega_0 t + b_n \sin n\omega_0 t)$$

进行傅里叶分析后,表达式将会以图形、线条以及归一化等形式表现出来。

单击 Simulate、Aanlysis、Fouriet Analysis,弹出如图 3.5.11 所示的对话框。其中 Output、Analysis Option 和 Summary 选项与"DC Operating Point Analysis"对话框中的相应选项完全一致。下面只介绍 Analysis Parameters 选项的设置。其中包括 3 个选项区,这里只介绍常用部分。

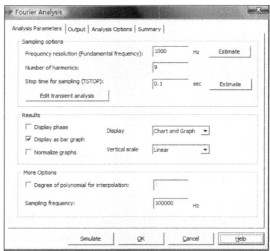

图 3.5.11　设置"傅里叶分析"对话框

（1）Sampling options 区：用于进行傅里叶分析时采样数目的设定，包括如下内容。

① Frequency resolution(Fundamental)：设置仿真电路中的基波频率，如果电路中有多个交流电源，将取其频率的最小公倍数。右侧的 Estimate 项用于估算仿真电路中的基波频率。

② Numbet of…：设置需要计算的谐波个数。

③ Stop time for sampling：设置采样停止时间。右侧的 Estimate 项用于估算仿真电路中上述 2 个参数的值。

（2）Results：用于对仿真结果的输出形式进行设置。

① Display phase：将幅度频谱和相位频谱一起显示。

② Display sa bar graph：以线条的方式显示傅里叶分析的结果。

③ Normalize graphs：以归一化的方式显示频谱图。

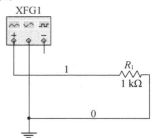

④ Display：用于显示形式的选择，其中包括 Chart（表）、Graph（图）、Chart and Graph（表和图）3 种方式。

⑤ Vertical：用于纵坐标的刻度选择，有 Logarithmic（纵坐标取对数）、Linear（纵坐标取线性）、Decibe（纵坐标取分贝（dB））和 Octave（纵坐标取 8 倍频程）等选项。

图 3.5.12 所示的仿真电路中，函数信号发生器产生频率为 1 kHz、幅度为 10 V 的方波信号。启动 Multisim 10 中的傅里叶分析，其参数设置与图 3.5.11 所示的一致。启动仿真后得到如图 3.5.13 所示的结果。

图 3.5.12 仿真电路

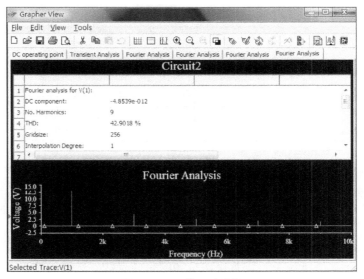

图 3.5.13 傅里叶分析

在本例中，主要利用傅里叶分析计算方波信号的谐波失真。根据周期信号的傅里叶级数展开式可知：方波信号可以由基波和一系列奇次谐波信号合成。本例中基波信号为函数信号发生器产生的 1 kHz 信号。因此，图 3.5.11 中 Frequency resolution (Fundamental)项设置为 1 000 Hz。奇次谐波信号为 1 kHz 信号的整数倍。仿真的点数取为 9 点（当然可以更多）。

从图 3.5.13 可以清楚地知道:仿真的点数为 9 点时,方波信号的谐波失真(THD)为 42.901 8%,代表 9 次谐波合成方波时的误差。从图 3.5.13 可知 9 次谐波中只有奇次谐波参与构成方波信号,偶次谐波的幅值太小,被忽略。

3.5.5　噪声分析

噪声无论对于通信系统的高频电路,还是低频模拟或数字电路输出的小信号的质量都有重大的影响。噪声分析(Noise Analysis)就是分析噪声对电路性能的影响以及噪声的大小。Multism 10 中的噪声模型假定了仿真电路中每一个元件都经过噪声分析后,它们总的输出对仿真电路输出节点的影响。

单击 Simulate、Aanlysis、Noise Analysis,弹出如图 3.5.14 所示的对话框。

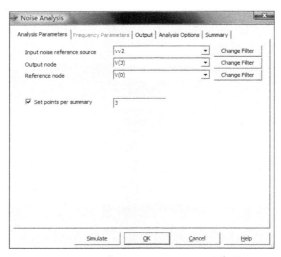

图 3.5.14　"Analysis Parameters"选项

此对话框中的 Output、Analysis Option 和 Summary 选项与 DC Operating Point Analysis 对话框中的相应选项完全一致。下面只介绍"Analysis Parameters"选项和"Frequency Parameters"选项的设置。

(1)"AnalysisParameters"选项

如图 3.5.14 所示,其中各选项含义如下:

① Input noise refetence…:选择交流信号的输入噪声参考源。

② Output node:选择输出噪声的节点。在该节点处所有噪声对电路的影响将进行求均方根之和的运算。

③ Reference node:设置参考电压的节点,默认值为接地点。

④ Set points per summary:设置每次求和的采样点数。选择此项后,噪声分析将会以图形的方式给出分析结果,在"Output"选项中将出现 inoise-spectrum(输入噪声频谱)和 onoise-spectrum(输出噪声频谱)2 个变量。其右方的文本框用于设定每次求和的采样点数。数值越大,频率的步进数越大,图形的分辨率越低。

(2)"Frequency Parameters"选项

如图 3.5.15 所示。其中各选项含义如下:

① Start frequency(FSTRAT):设置起始频率。

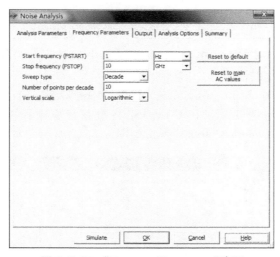

图 3.5.15　"FrequencyParameters"选项

② Stop frequency(FSTOP)：设置终止频率。

③ Sweep type：设置频率扫描类型，有 Linear(线性)、Decade(10 倍频程)、Octave(8 倍频程)3 个选项。

④ Numbet of points per…：设置每 10 倍频率的采样点数。

⑤ Vertical scale：用于 Y 轴显示刻度的选择，有 Logarithmic(纵坐标取对数)、Linear(纵坐标取线性)、Decibe(纵坐标取分贝(dB))、Octave(纵坐标取 8 倍频程)4 个选项。

⑥ Reset to main AC value：将所有设置恢复为与交流分析相同的值。

⑦ Reset to default：将所有设置恢复为默认值。

本例中仍选用单管共射放大电路，接入幅值为 0.1 V、频率为 100 Hz 的交流电源。"Aanlysis Parameters"选项的设置如图 3.5.14 所示；Frequency Parameters 选项采取默认设置。

在 Output 选项中设置待观察的输出变量为 inoise-spectrum 和 onoise-spectrum。设置完毕后，单击"Simulate"按钮，启动噪声分析，得到的结果如图 3.5.16 所示。

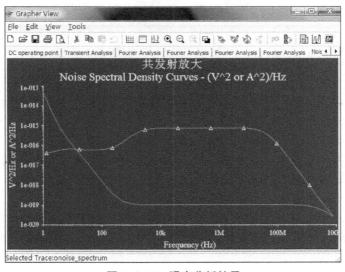

图 3.5.16　噪声分析结果

3.5.6 直流扫描分析

直流扫描分析(DC Sweep Analysis)是分析电路中某个节点的电压(电流)随着电路中 1 个或 2 个直流电源变化的情况。

进行直流扫描分析时,Multism10 首先计算电路中的静态工作点,原电路中的直流电源将逐步变化,随着直流电源变化,Multism10 中将重新计算电路中的静态工作点。单击 Simulate、Aanlysis、DC Sweep Analysis,弹出如图 3.5.17 所示的对话框。

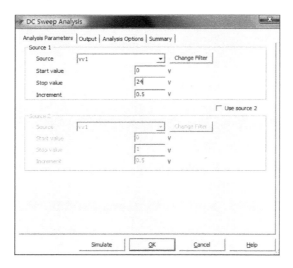

图 3.5.17 "直流扫描分析"对话框

此对话框中的 Output、Analysis Option 和 Summary 选项与 DC Operating Point Analysis 对话框中的相应选项完全一致。Analysis Parameters 选项卡分为以下 2 个选项区。

(1) Source 1:设置电源 1 的主要参数。

① Source:选择所要扫描的直流电源。右侧的下拉列表列出了待扫描的直流电源的名称。

② Start Value:设置所要扫描的直流电源的初始值。

③ Stop value:设置所要扫描的直流电源的终止值。

④ Increment:设置扫描时直流电源的增量步长。

(2) Source:设置 Source 2 的主要参数。设置方法与 Source 1 区相同。使用前要先选择 User source2 复选框。

在本例中,仍选用单管共射放大电路,接入幅值为 0.1 V、频率为 100 Hz 的交流电源。Analysis Parameters 标签的设置如图 3.5.17 所示。单管共射放大电路的输出节点选择节点 3 和节点 5。完成设置后,单击 Simulate 按钮,启动噪声系数分析,得到的结果如图 3.5.18所示。

在图 3.5.18 中得到的是输出节点值与电源值的函数关系曲线。从图 3.5.18 可以看出单管共射放大电路直流工作点的变化,因此,利用 Multism 10 的直流扫描分析可以方便、快速地确定静态工作点。

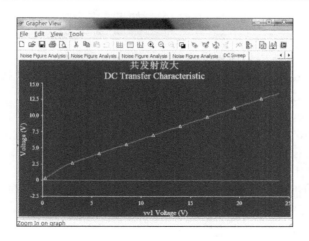

图 3.5.18　直流扫描分析结果

3.5.7　参数扫描分析

参数扫描分析(Parameter Sweep Analysis)是指在不断变化仿真电路中某个元件的参数值时,观察其参数值在一定范围内的变化对电路直流工作点等性能的影响。参数扫描分析的效果相当于对某个元件的每一个固定的参数值进行一次仿真分析,然后改变该参数值后继续分析的效果。单击 Simulate、Aanlysis、Parameter Sweep Analysis,弹出如图 3.5.19 所示的对话框。其中 Output、Analysis Option 和 Summary 选项与"DC Operating Point Analysis"对话框中的相应选项完全一致。"Analysis Parameters"选项分以下 3 个选项区。

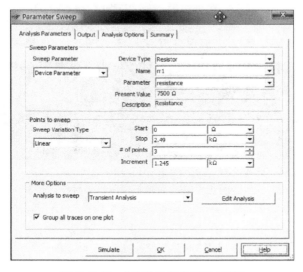

图 3.5.19　"参数扫描分析"对话框

（1）Sweep parameters 区:用于设置扫描元件及参数类型。

① Sweep parameters:用于选择设置扫描参数是 Model parameter(模型参数)还是 Device parameters(器件参数)。不同的扫描类型对应于不同的参数。

② Device Type:选择所要扫描的元件种类。

③ Name：选择所要扫描的元件的标号名。如果有多个同类型元件，则该下拉框中为元件的标号。

④ Parameter：选择所要扫描元件的参数。

⑤ Present Value：对不同类型的不同参数值的文本显示。

⑥ Description：对不同类型的不同参数值含义的文本描述。

（2）Points to sweep 选项：用于设置扫描方式。

① Sweep Variation Type：设置扫描变量的类型，有 Linear（线性）、Decibe（10 倍频程）和 Octave（8 倍）和 List（列表扫描）4 个选项。

② Start：设置扫描的初始值。

③ Stop：设置扫描的终止值。

④ ♯ of points：设置扫描的点数。

⑤ Increment：设置扫描的步进增量值。

如果选择 List，则在右侧的 Value 栏中输入自定义的参数。

（3）More Options 选项：用于设置进行参数扫描分析时的某种分析类型。

① Analysis to sweep：用于设置分析类型。有 DC Operating Point、AC Analysis、Transient Analysis 和 Nested Sweep 这 4 种钟类型。本例中，选择 Transient Analysis。单击右侧的 Edit Analysis 按钮，出现与进行瞬态分析时相同的"Analysis Parameters"选项。

② Group all traces on one plot：用于将所有的分析曲线放在同一个图中进行显示。

以单管共射放大电路为例，设置节点 1 为扫描输出节点，参数扫描分析对话框的设置如图 3.5.19 所示。单击 Simulate 按钮，启动参数扫描分析，改变电阻 R_1（在图 3.5.20 中为 rr_1），得到如图 3.5.20 所示的结果。

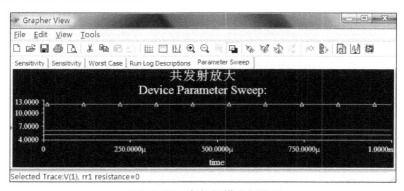

图 3.5.20　参数扫描分析结果

3.6　仿真实验

3.6.1　集成运放运算电路实验

1）实验目的

加深对运算放大器特性和运算电路的理解。熟悉、掌握比例运算电路、加法运算电路、减法运算电路、积分微分运算电路的原理和应用。

2) 实验原理

集成运算放大器是一种直接耦合多级放大电路,它具有高增益、高输入电阻、低输出电阻、共模抑制比大的特点。当外加不同反馈网络时,可灵活实现输入输出信号间多种特性的函数关系。在线性应用方面,可组成比例、加法、减法、积分、微分等运算电路;在非线性应用方面,可组成比较器等。

比例、加法、减法运算电路的原理图如图 3.6.1 所示。

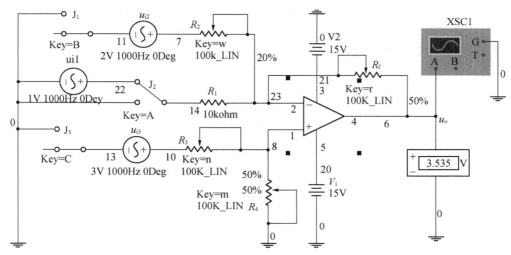

图 3.6.1 比例、加法、减法运算电路的原理图

（1）图中开关 B、C 向下扳,开关 A 向上扳,电路为反相比例运算电路。输出与输入电压的关系为:$u_o = -\dfrac{R_f}{R_1} u_{i1}$。

（2）开关 A、B 向下扳,开关 C 向上扳,电路为同相比例运算电路。输出与输入电压的关系为:$u_o = \left(1 + \dfrac{R_f}{R_1}\right) u_{i3}$。

（3）开关 A、B 向上扳,开关 C 向下扳,电路为加法运算电路。输出与输入电压的关系为:$u_o = -\left(\dfrac{R_f}{R_1} u_{i1} + \dfrac{R_f}{R_2} u_{i2}\right)$。

（4）开关 A、C 向上扳,开关 B 向下扳,电路为减法运算电路。输出与输入电压的关系为:$u_o = \left(1 + \dfrac{R_f}{R_1}\right) \dfrac{R_4}{R_3 + R_4} u_{i3} - \dfrac{R_f}{R_1} u_{i1}$。

积分、微分运算电路的原理图如图 3.6.2 所示。

（5）图中开关 A 向上扳,电路为积分运算电路。输出与输入电压的关系为:$u_o = -\dfrac{1}{RC_f} \displaystyle\int u_i \mathrm{d}t$。

（6）图中开关 A 向下扳,电路为微分运算电路。输出与输入电压的关系为:$u_o = -R_f C \dfrac{\mathrm{d}u_i}{\mathrm{d}t}$。

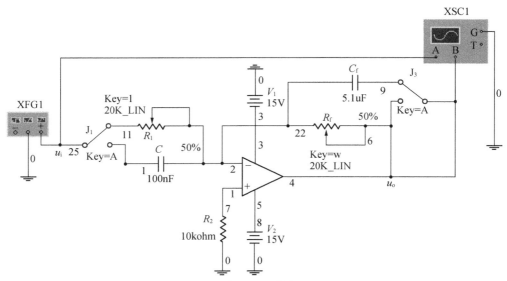

图 3.6.2　积分、微分运算电路的原理图

3）实验器材及测试仪器仪表

五端理想运算放大器 1 个；电阻：10 kΩ 1 个；可调电阻：100 kΩ 3 个、20 kΩ 2 个；电容：5.1 μF 1 个，200 nF 1 个；开关：3 个；交流电压源 3 台；信号发生器、示波器各 1 台；电压表 1 只。

4）实验内容及步骤

（1）按图 3.6.1 所示原理图创建电路，图中电压表 V 属性中的 Value/Mode 应设置为 AC，并将电路文件命名、存盘。

（2）反相比例电路测试和分析：开关 B、C 向下扳，开关 A 向上扳，电路参数如图，输出端电压表 V 显示的测量值 $U_o=$ _____ V。若保持输入不变，要求输出电压的测量值为 8 V，应将电位器 R_f 的阻值调整为 $R_f=$ _____。

（3）同相比例电路的测试和分析：A、B 向下扳，开关 C 向上扳，电路参数如图，用电压表 V 测量输出电压，$U_o=$ _____ V。若保持输入不变，要求输出电压的测量值为 $U_o=$ 6 V，则要求电位器 R_f 的数值应调整为 $R_f=$ _____。

（4）加法运算电路的测试和分析：A、B 向上扳，开关 C 向下扳，电路参数如图，用电压表 V 测量输出电压，$U_o=$ _____ V。若要使输出电压 $u_o=-u_{i1}-u_{i2}$，电路参数应满足的条件为：_____。

（5）减法运算电路的测试和分析：开关 A、C 向上扳，开关 B 向下扳，电路参数如图，用电压表测量输出电压 $U_o=$ _____ V。调整电路参数使之满足 $R_f=R_4$，$R_1=R_3$，则输出电压的表达式 $u_o=$ _____ V。若保持输入不变，此时输出端电压表 V 显示的测量值 $U_o=$ _____ V。

（6）按图 3.6.2 所示原理图创建电路，并将电路文件命名、存盘。

（7）积分电路的测试和分析：函数信号发生器的信号设置为 $U_i=100$ mV、频率 10 Hz、占空比 50%、偏移为 0 的矩形波，如图 3.6.3 中所示。电路参数如图 3.6.2 中所示，开关 A 向上扳，用示波器（示波器的通道 A 的输入设为 100 mV/Div，通道 B 的输入设为 50 mV/Div）观察输入和输出波形，并在图 3.6.3 中画出输出波形，示波器显示的输出电压

u_o 的幅值为_____。

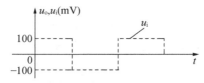

图 3.6.3　待输出波形 1

5）微分电路的测试和分析

电路参数如图 3.6.2 中所示,开关 A 向下扳,函数信号发生器的信号设置为幅值为 100 mV、频率 10 Hz、占空比 50％、偏移为 0 的三角波,如图 3.6.4 中所示。用示波器(示波器的通道 A 的输入设为 50 mV/Div,通道 B 的输入设为 20 mV/Div)观察输出波形,并在图 3.6.4 中画出输出波形。示波器显示的输出电压 u_o 的幅值为_____。

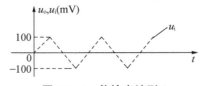

图 3.6.4　待输出波形 2

6）实验报告要求

（1）分析电路工作原理;

（2）整理各项理论和实验数据,分析实验结果,得出结论,并画出相关的曲线图;

（3）将实验数据与理论值比较,分析误差原因,提出改进意见;

（4）回答思考题:① 反相比例电路是否存在"虚地"? 为什么? ② 在积分电路中,电路满足线性积分运算关系的条件是什么?

3.6.2　由集成运放组成的正弦波-方波-三角波信号发生电路

1）实验原理

正弦波振荡电路是在没有外加输入信号的情况下,依靠自激振荡产生正弦波输出电压的电路。主要由放大电路、选频电路、正反馈网络、稳幅环节 4 部分组成。根据选频网络的不同,正弦波振荡电路分为 RC 振荡电路和 LC 振荡电路。RC 振荡器主要用于产生小于 1 MHz 的低频信号。在本实验中使用 RC 桥式振荡电路产生电弦波。通过过零比较器将正弦波变换为方波,然后经积分电路将方波转换为三角波。

2）元器件选择

仿真电路所用元器件及选取途径如下:

（1）电源 VCC 和 VEE:Place Source→POWER_SOURCES→VCC/VDD。

（2）接地:Place Source→POWER_SOURCES→GROUND。

（3）电阻器:Place Basic→RESISTOR。

（4）电位器:Place Basic→POTENTIOMETER。

（5）二极管:Place Diode→DIODE→IN4001GP。

（6）运算放大器:Place Analog→ANALOG_VIRTUAL→OPAMP_5T_VIRTUAL/ COMPARATOR_VIRTUAL;Place Analog→OPAMP→741。

（7）电容器：Place Basic→CAPACITOR。

（8）稳压管：Place Diode＞ZENER→BZV55_C6V2。

（9）虚拟仪器：从虚拟仪器栏中调取四通道示波器。

将元件拖放到仿真软件工作窗口合适的位置，根据原理图创建仿真电路，如图 3.6.5 所示。

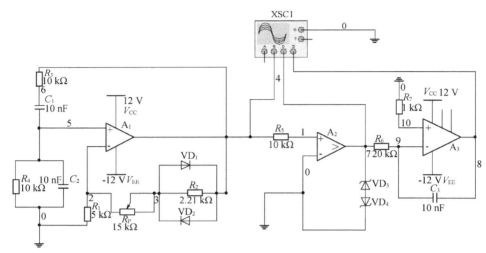

图 3.6.5　正弦波-方波-三角波发生电路仿真电路

3）仿真分析

（1）RC 正弦波振荡电路

图 3.6.5 中运放 A_1 及其外围元件构成的电路为 RC 桥式正弦波振荡电路，其中由 R_3、C_1、R_4、C_2 组成的 RC 串并联电路构成正反馈支路，同时兼作选频网络。R_1、R_2、R_P 及二极管 VD_1、VD_2 等元件构成负反馈和稳幅环节。调节电位器 R_P，可以改变负反馈深度，以满足振荡的振幅条件和改善波形。利用反向并联二极管 VD_1、VD_2 正向电阻 r_D 的非线性特性实现稳幅。

电路的振荡频率为：

$$f_0 = \frac{1}{2\pi RC}$$

式中：$R = R_4 = R_3$；$C = C_1 = C_2$。

起振的幅值条件为：

$$\frac{R_f}{R_1} \geqslant 2$$

式中：$R_f = R_P + (R_2 \mathbin{/\mkern-5mu/} r_D)$。

在仿真过程中调节电位器 R_P，使电路起振，输出幅值稳定的正弦波。如果负反馈太强，会使运算放大器进入饱和状态，这时振荡电路输出可能不再是正弦波而是方波。

单击示波器，可以看到 RC 正弦波振荡电路的输出波形，如图 3.6.6 所示。通过移动 T_1 和 T_2 这 2 个读数指针可以读出正弦波信号的周期近似于 625.00 μs。

（2）正弦波-方波转换电路

图 3.6.5 中的运放 A_2 及其外围元件组成过零比较器，运放处于开环状态，可将正弦波转换成方波，当输入电压大于 0 时，输出电压达到正的最大值；当输入电压小于 0 时，输出电压达到负的最大值。其仿真图如图 3.6.7 所示。

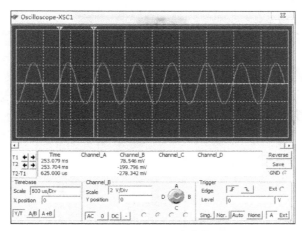

图 3.6.6   正弦波仿真结果

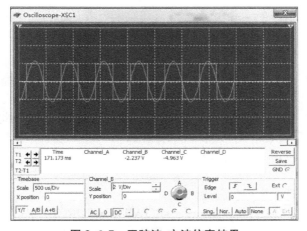

图 3.6.7   正弦波-方波仿真结果

（3）方波-三角波转换电路

方波经过积分之后可以变成三角波。因此，通过在方波后加一个积分器来实现波形的转换。图 3.6.5 中由 A_3、R_6、R_7、C_3 构成积分电路。其仿真结果如图 3.6.8 所示。

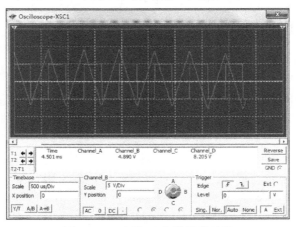

图 3.6.8   方波-三角波仿真结果

3.6.3　电压超限检测电路

1）实验原理

在实际生活中常常需要判断某些物理量(例如温度、压力等来自传感器的信号)的变化范围是否超限,此时需将非电信号转换成电信号,再通过电压比较器进行比较判断。单限比较器和滞回比较器不能检测出输入电压是否在 2 个给定电压 U_{RL} 和 U_{RH} 之间($U_{RH} > U_{RL}$),而窗口电压比较器具有这一功能。其电路原理图和传输特性如图 3.6.9 所示。

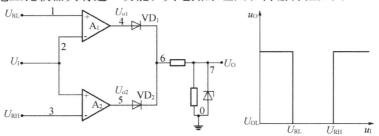

图 3.6.9　窗口电压比较器原理及其电压传输特性

当输入电压 $U_I > U_{RH}$ 时,必然大于 U_{RL},所以运放 A_1 的输出 $U_{O_1} = -U_{OM}$,A_2 的输出 $U_{O2} = U_{OM}$。这样使得二极管 VD_1 截止,VD_2 导通,稳压管处于稳压状态,因此,输出电压 $U_O = U_Z$;当输入电压 $U_I < U_{RL}$ 时,必然小于 U_{RH},所以运放 A_1 的输出 $U_{O_1} = U_{OM}$,A_2 的输出 $U_{O_2} = -U_{OM}$。这样使得 VD_1 导通,VD_2 截止,稳压管处于稳压状态,因此输出电压 $U_O = U_Z$;当输入电压 $U_{RL} < U_I < U_{RH}$ 时,运放 A_1 的输出 $U_{O_1} = -U_{OM}$,A_2 的输出 $U_{O_2} = -U_{OM}$。这样使得 VD_1、VD_2 均截止,因此,输出电压 $U_O = 0$。

2）元器件选取

仿真电路所用元器件及选取途径如下:

(1) 电源 VCC 和 VEE:Place Source→POWER_SOURCES→VCC/VDD。

(2) 接地:Place Source→POWER_SOURCES→GROUND。

(3) 电阻器:Place Basic→RESISTOR。

(4) 电位器:Place Basic→POTENTIOMETER。

(5) 电源:Place Source→POWER_SOURCES→DC_POWER。

(6) 二极管:Place Diode→DIODES VIRTUAL→DIODE VIRTUAL。

(7) 运算放大器:Place Analog→OPAMP→3554AM。

(8) 发光二极管:Place Diode>LED→LED_1_red、LED_2_green。

(9) 三极管:Place Transistor→BJT_NPN→2N2222A。

(10) 虚拟仪器:从虚拟仪器栏中调取数字万用表。

将元器件拖放到仿真软件工作窗口合适的位置,根据原理图创建仿真电路,如图 3.6.10 所示。

3）仿真分析

(1) 调节图 3.6.11 中电位器 R_{P1} 和 R_{P2},使上限电压值 U_H 为 3.05 V,下限电压 U_L 为 1.1 V,接着调整电位器 R_{P3},使输入电压信号 U_I 为 2 V(在上限电压与下限电压之间),这时二极管 VD_1、VD_2 均截止,绿色发光二极管 LED_2 发光。其仿真图如图 3.6.12 所示。

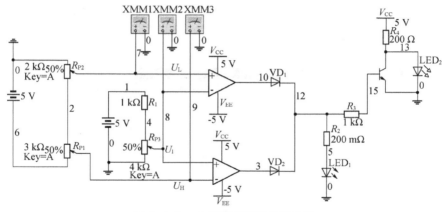

图 3.6.10 电压超限检测仿真电路

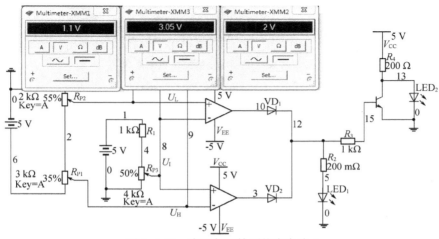

图 3.6.11 电压超限检测仿真电路 1

（2）调节电位器 R_{P3}，使输入电压为 3.6 V（大于上限电压），二极管 VD_2 导通，VD_1 截止，红色二极管 LED_1 发光。其仿真图如图 3.6.12 所示。

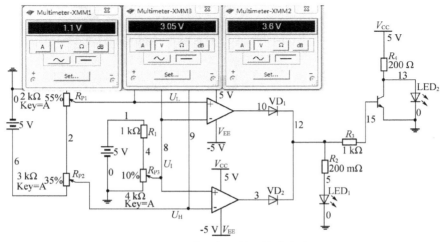

图 3.6.12 电压超限检测仿真电路 2

（3）调节电位器 R_{P3}，使输入电压为 799 mV，小于下限电压，二极管 VD_1 导通，VD_2 截止，红色二极管 LED_1 发光。其仿真图如图 3.6.13 所示。

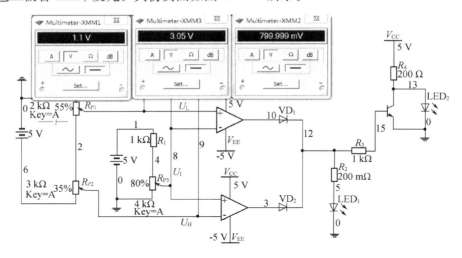

图 3.6.13　电压超限检测仿真电路 3

4 Proteus 入门

4.1 概述

Proteus 软件是由英国 Labcenter Electronics 公司于 1989 年开发的电子设计自动化（EDA）工具软件，功能强大，集电路设计、制版及仿真等多种功能于一身，不仅能够对电工、电子技术学科涉及的电路进行设计和分析，还能够对微处理器进行设计和仿真，是近年来备受电子设计爱好者青睐的一款新型电子电路设计和仿真软件。

Proteus 软件由 ISIS 和 ARES 两部分构成，其中 ISIS 是一款便捷的电子系统原理设计和仿真平台软件，ARES 是一款高级的印制电路板（PCB）布线编辑软件。

目前，市售的 Proteus 软件版本较多，比较常用的是 7.5 版，本章均采用 Proteus 7.5 中文版。

Proteus 软件的特点如下：

（1）实现了单片机仿真和 SPICE 电路仿真相结合。具有模拟电路仿真、数字电路仿真、单片机及其外围电路组成的系统的仿真、RS-232 动态仿真、I^2C 调试器、串行外部设备接口（SPI）调试器、键盘和液晶显示器（LCD）系统仿真的功能；具有各种虚拟仪器，如示波器、逻辑分析仪、信号发生器等。

（2）支持主流单片机系统的仿真。目前支持的单片机类型有：68000 系列、8051 系列、AVR 系列、PIC12 系列、PIC16 系列、PIC18 系列、Z80 系列、HC11 系列以及各种外围芯片。

（3）提供软件调试功能。在硬件仿真系统中具有全速、单步、设置断点等调试功能，并且可以观察各个变量、寄存器等的当前状态；支持第三方的软件编译和调试环境，如 Keil C51 Vision2 等软件。

（4）具有强大的原理图绘制功能。

4.2 Proteus 7.5 的基本界面

4.2.1 Proteus 7.5 的主窗口

双击桌面上的 ISIS 7.5 Professional 图标或者从开始菜单程序项中运行 Proteus 7.5 主程序，即可显示其运行界面。图 4.2.1 为 ISIS 7.5 Professional 在 Windows 环境下运行时的界面。

图 4.2.1　ISIS 7.5 Professional 运行界面

Proteus 7.5 的主窗口包括电路编辑窗口、器件工具列表窗口、浏览窗口三大窗口和主菜单、辅助菜单（通用工具与专用工具菜单）两大菜单。主界面如图 4.2.2 所示。

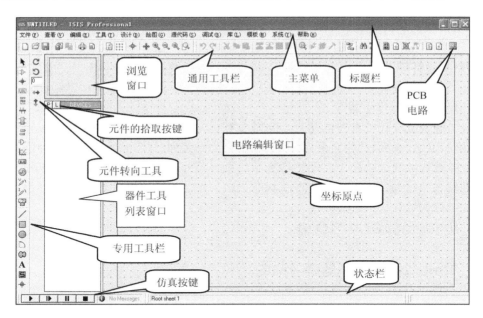

图 4.2.2　Proteus 7.5 的主界面

从图 4.2.2 中可以看到，主界面从上至下分别由以下几部分组成：

（1）标题栏：位于主窗口的最上方，显示当前的应用程序名。

（2）主菜单栏：位于标题栏的下方，可以选择连接电路、实验所需的各种命令。

（3）通用工具栏：位于主菜单栏的下方，包含常用的操作命令按钮。

（4）专用工具栏：包含元器件和仪器工具栏（Component Bars & Instruments Toolbar），位于窗口的左边，内含各种元器件以及各种测量仪器。

(5) 浏览窗口:显示设计电路及所在位置。

(6) 元器件的拾取按键:放置元器件的快捷键。

(7) 元器件工具列表窗口:显示设计电路所使用的元器件。

(8) 电路编辑窗口:是主窗口中最大的区域,用于进行电路的连接和测试。

(9) 元器件转向工具:对选中的元器件进行方向调整。

(10) 仿真按键:执行仿真。

(11) 状态栏(Status Bar):显示电路的状态。

下面分别说明主窗口各组成部分的功能。

4.2.2 Proteus 7.5 的标题栏

Proteus 7.5 的标题栏如图 4.2.3 所示。

图 4.2.3 Proteus 的标题栏

单击标题栏左侧 ISIS 图标可出现控制菜单,用户选择相关命令可完成还原(R)、移动(M)、大小(S)、最小化(N)、最大化(X)、关闭(C)的操作。标题栏右侧上方有 3 个控制按钮:最小化 "■"、最大化 "■"、关闭 "■"。通过这 3 个按钮也可实现对窗口的操作。

4.2.3 Proteus 7.5 的主菜单栏

Proteus 7.5 的主菜单栏如图 4.2.4 所示。

文件(F) 查看(V) 编辑(V) 工具(T) 设计(D) 绘图(G) 源代码(S) 调试(B) 库(L) 模板(M) 系统(Y) 帮助(H)

图 4.2.4 Proteus 7.5 的主菜单栏

在图 4.2.4 所示的主菜单栏中给出了 Proteus 7.5 的 12 个菜单项:文件(File)菜单、查看(View)菜单、编辑(Edit)菜单、工具(Tools)菜单、设计(Design)菜单、绘图(Graph)菜单、源代码(Source)菜单、库(Libarary)菜单、调试(Debug)菜单、库(Libarary)菜单模板(Template)菜单、系统(System)菜单、帮助(Help)菜单。

1) 文件(File)菜单

单击"文件"出现文件菜单项,如图 4.2.5 所示。

文件菜单中包含了对文件和项目的基本操作以及打印等命令。各菜单项的功能如下:

(1) 新建设计(New Design):该命令可在工作区创建一个新电路。

(2) 打开设计(Load Design):加载已存在的设计电路。

(3) 保存设计(Save Design):以 .DSN 为后缀名保存当前的文件。

(4) 另存为(Save Design As):用新文件名保存当前文件。

(5) 保存为模板(Save Design As Template):以 .DTF 为后缀名保存当前的文件。

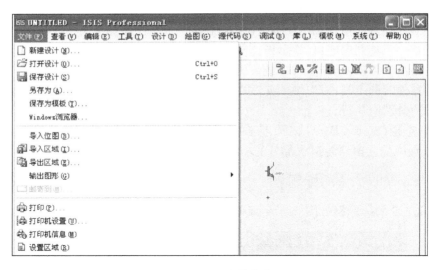

图 4.2.5　文件菜单

（6）导入位图（Import Bitmap）：导入保存的图形文件。

（7）导入区域（Import Section）：导入存盘的部分文件。

（8）导出区域（Export Section）：导出部分文件存盘。

（9）输出图形（Export Graphics）：导出存为图形文件。

（10）发送邮件（Mail To）：发送到邮件。

（11）打印（Print）：执行该命令会出现打印对话框，可根据需要选择设置打印的项目，按"Print"键即可打印。

（12）打印机设置（Print Setup）：显示打印设置对话框，可根据需要设置纸张大小、纸张来源及方向等选项。

（13）设置区域（Set Area）：设置区域大小。

2）查看（View）菜单

单击"查看"出现查看菜单项，如图 4.2.6 所示。

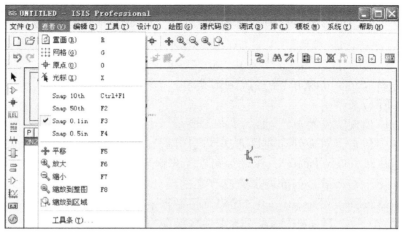

图 4.2.6　查看菜单

查看菜单包含以下工具选项：

（1）刷新（Redraw）：刷新当前电路。

（2）栅格开关（Grid）：是否显示栅格的开关。

（3）原点（Origin）：图纸原点位置显示。

（4）选择显示中心（Pan）：图纸中心位置显示。

（5）放大（Zoom In）：放大图纸。

（6）缩小（Zoom Out）：缩小图纸。

（7）放大全部（Zoom All）：放大全部图纸。

（8）缩放一个区域（Zoom to Area）：缩小/放大图纸的选中区域。

3）编辑（Edit）菜单

单击"编辑"出现编辑菜单项，如图 4.2.7 所示。

图 4.2.7 编辑菜单

编辑命令提供了类似于图形编辑软件的基本编辑功能，用于对电路图进行编辑。各菜单项的功能如下：

（1）撤销（Undo）：取消前一次操作。

（2）恢复（Redo）：取消的操作无效。

（3）剪切（Cut）：将选中的内容剪贴到剪贴版上。

（4）复制（Copy）：将选中的内容复制到剪贴版上。

（5）粘贴（Paste）：将剪贴版上的内容粘贴到激活的窗口中，被粘贴的位置必须与剪贴版上的内容和性质相同。

4）工具（Tools）菜单

工具菜单如图 4.2.8 所示。

工具菜单包括以下内容：

（1）实时标注（Real time Annotator）；

（2）实时捕捉（Real time Snap）；

（3）自动布线（Wire Auto Router）；

（4）查找并标记（Search and Tag）；

（5）属性分配工具（Property Assignment Tool）；

（6）全局标注（Global Annotator）；

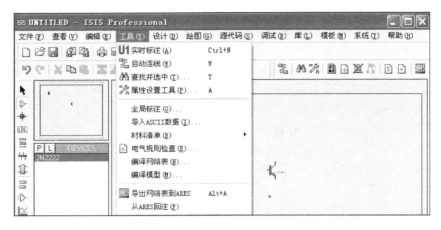

图 4.2.8　工具菜单

(7) ASCII 数据导入(ASCII Data Import);

(8) 材料清单(bill of Materials);

(9) 电气规则检查(Electrical Rule Check);

(10) 编译网表(Netlist Compile);

(11) 模型编译(Model Compile)。

5) 设计(Design)菜单

设计菜单如图 4.2.9 所示。

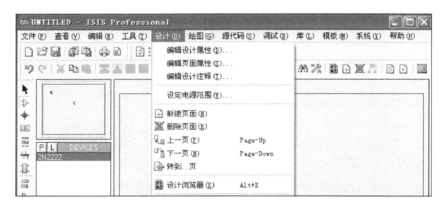

图 4.2.9　设计菜单

设计菜单包括以下内容:

(1) 编辑设计属性(Edit Design Property);

(2) 编辑图纸属性(Edit Sheet Property);

(3) 编辑设计注释(Edit Design Note);

(4) 设定电源范围(Configure Power Rails);

(5) 新建图纸(New Sheet);

(6) 移除图纸(Remove Sheet);

(7) 上一页(Previous Sheet);

(8) 下一页(Next Sheet);

(9) 转移到页(Goto Sheet);

(10) 设计编辑器。

6) 绘图(Graph)菜单

绘图菜单如图 4.2.10 所示。

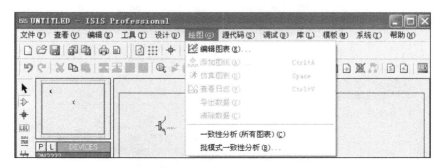

图 4.2.10　绘图菜单

绘图菜单包括以下内容：

(1) 编辑图表(Edit Graph);

(2) 添加图表(Add Graph);

(3) 仿真图线(Simulate Trace);

(4) 查看日志(View Log);

(5) 导出数据(Export Data);

(6) 清除数据(Restort);

(7) 所有图表一致性分析(Conformance Analysis All Graph);

(8) 批模式一致性分析(Batch Mode Conformance Analysis)。

7) 源代码(Source)菜单

源代码菜单如图 4.2.11 所示。

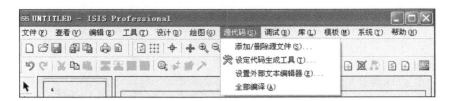

图 4.2.11　源代码菜单

源代码菜单包括以下内容：

(1) 添加/移除源代码(Add/Remove Source File);

(2) 设定代码生成工具(Define Code Generation Tools);

(3) 设置外部文本编辑器(Setup External Text Editor);

(4) 全部编译(Build All)。

8) 调试(Debug)菜单

调试菜单如图 4.2.12 所示。

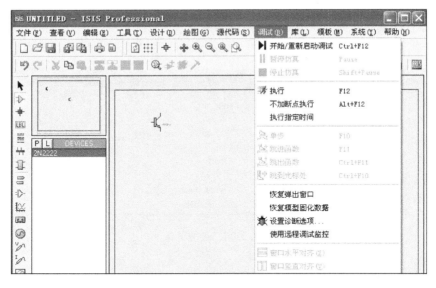

图 4.2.12　调试菜单

调试菜单包括以下内容：

(1) 开始/重新启动调试；

(2) 暂停仿真；

(3) 停止仿真；

(4) 执行；

(5) 不加断点执行；

(6) 执行指定时间；

(7) 单步；

(8) 跳进函数；

(9) 跳出函数；

(10) 跳到光标处；

(11) 恢复弹出窗口；

(12) 恢复模型固化数据；

(13) 设置诊断选项；

(14) 使用远程调试监控。

9) 库(Library)菜单

库菜单如图 4.2.13 所示。

库菜单包括以下内容：

(1) 拾取元件/符号；

(2) 制作元件；

(3) 制作符号；

(4) 封装工具；

(5) 分解；

(6) 编译到库中；

(7) 自动放置库文件；

(8) 校验封装；

(9) 库管理器。

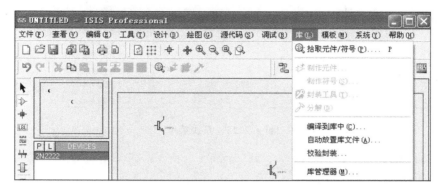

图 4.2.13 库菜单

10) 模板（Template）菜单

模板菜单如图 4.2.14 所示。

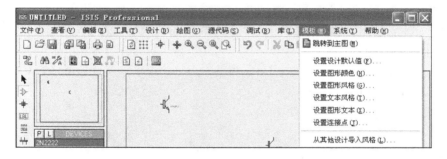

图 4.2.14 模板菜单

模块菜单包括以下内容：

(1) 跳转到主图；

(2) 设置设计默认值；

(3) 设置图形颜色；

(4) 设置图形风格；

(5) 设置文本风格；

(6) 设置连接点；

(7) 从其他设计导入风格。

11) 系统（System）菜单

系统菜单如图 4.2.15 所示。

系统菜单包括以下内容：

(1) 系统信息；

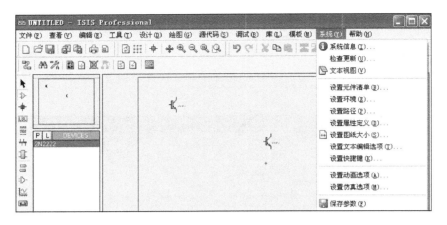

图 4.2.15　系统菜单

（2）检查更新；

（3）文本视图；

（4）设置元件清单；

（5）设置环境；

（6）设置路径；

（7）设置属性定义；

（8）设置图纸大小；

（9）设置文本编辑选项；

（10）设置快捷键；

（11）设置动画选项；

（12）设置仿真选项；

（13）保存参数。

12）帮助（Help）菜单

帮助菜单如图 4.2.16 所示。

图 4.2.16　帮助菜单

帮助菜单包括以下内容：

（1）ISIS 帮助；

（2）Proteus VSM 帮助；

（3）样例设计；

（4）版本信息。

4.2.4 Proteus 7.5 的通用工具栏

Proteus 7.5 通用工具栏如图 4.2.17 所示,包括文件操作工具栏、显示命令栏、编辑操作栏、设计操作栏 4 部分。

图 4.2.17 通用工具栏

1) 文件操作工具栏

文件操作工具栏如图 4.2.18 所示。

图 4.2.18 文件操作工具栏

点击图标即可完成相应功能。

文件操作工具栏从左到右各个图标的名称和功能如下:

(1)"□"新建:可在默认模板上创建一个新设计文件。

(2)"□"打开:打开已有电路文件。

(3)"■"存盘:保存当前文件。

(4)"■"导入:将文件导入 ISIS 中。

(5)"■"导出:将当前选中的对象调出为一个局部文件。

(6)区域:打印选中区域。

Proteus 中主要有以下文件类型:

(1)设计文件(*.DSN):包括设计电路的所有信息。

(2)备份文件(*.DBK):保存覆盖现有设计文件时产生的文件。

(3)局部文件(*.SEC):设计图的一部分,可输出为一个局部文件,可导入到其他图中。可用文件(File)菜单中的"导入(Import)"和"导出(Export)"命令来读和写。

(4)模型文件(*.MOD)。

(5)库文件(*.LIB):符号和元器件的库文件的后缀。

(6)网表文件(*.SDF):当输出到 PROSPICE 和 ARES 时生成的文件。

2) 显示命令栏

显示命令栏如图 4.2.19 所示。

图 4.2.19 显示命令栏

显示命令工具栏从左到右各个图标的名称和功能如下:

(1)"■"刷新:显示刷新。

(2)"■"网格点显示切换:显示/不显示网格点开关。

(3)"⊕"原点显示切换：显示/不显示手动原点。

(4)"✛"显示中心：以鼠标所在点的中心进行显示。

(5)"🔍"放大：按比例放大电路图。

(6)"🔍"缩小：按比例缩小电路图。

(7)"🔍"查看整图：查看全部区域。

(8)"🔍"查看局部图：查看图纸局部区域。

3）编辑操作栏

编辑操作工具栏如图 4.2.20 所示。

图 4.2.20　编辑操作工具栏

编辑操作工具栏从左到右各个图标的名称和功能如下：

(1)"↩"撤销：撤销最后的操作。

(2)"↪"恢复：恢复最后的操作。

(3)"✂"剪切：剪切选中的对象到剪贴板。

(4)"📋"复制：复制选中的对象到剪贴板。

(5)"📋"粘贴：从剪贴板粘贴对象。

(6)"⬇"块复制：复制选中的块对象。

(7)"⬇"块移动：移动选中的块对象。

(8)"🔄"块旋转：旋转选中的块对象。

(9)"✖"删除块：删除选中的块对象。

(10)"🔍"选取元件：从元件库中选取元件。

(11)"✚"制作元件：把原理图封装成元件。

(12)"🔧"包装元件：对选中的元件定义 PCB 包装。

(13)"🔧"拆装元件：把选中的元件拆散成原始的组件。

4）设计操作栏

设计操作工具栏如图 4.2.21 所示。

图 4.2.21　设计操作栏

设计操作工具栏从左到右各个图标的名称和功能如下：

(1)"🔲"切换自动连线器：自动布线。

(2)"🔍"查找：查找选中器件。

(3)"🔧"属性分配器：属性标注工具。

(4)"📋"打开：打开设计浏览器。

（5）"⊞"新建：新建绘图页。

（6）"✖"删除：删除/移除当前页。

（7）"⚞"退出：退出到前一页。

（8）"⑤"材料清单：查看材料清单。

（9）"☑"电气检查：查看电气检查报告。

（10）"ARES"生成网表：导出网表，并进入 PCB 布图区。

4.2.5　Proteus 7.5 的专用工具栏

Proteus 7.5 的专用工具栏如图 4.2.22 所示，由模式选择工具栏、调试工具栏、图形工具栏 3 部分组成。

图 4.2.22　专用工具栏

1）模式选择工具栏

模式选择（Selection Mode）工具栏如图 4.2.23 所示。

模式选择工具栏从左到右各个图标的名称和功能如下：

（1）"▶"选择模式（Selection Mode）：点击此键可取消左键的放置功能，但可编辑对象。

图 4.2.23　模式选择工具

（2）"➡"选择元件（Component Mode）：在元件表选中元件，在编辑窗中移动鼠标，点击左键放置元件。

（3）"✛"标注联接点（Junction Dot Mode）：当两条连线交叉时，放个接点表示连通。

（4）"LBL"标志网络线标号（Wire Lable Mode）：电路连线可用网络标号代替，相同标号的线是相同的。

（5）"☷"放置文本说明（Text Script Mode）：是对电路的说明，与电路仿真无关。

（6）"╫"放置总线（Buses Mode）：当多线并行时可简化连线，用总线标示。

（7）"╫"放置图纸内部终端（Terminals Mode）：包括普通、输入、输出、双向、电源、接地、总线。

2）调试工具栏

调试工具栏如图 4.2.24 所示。

调试工具栏从左到右各个图标的名称和功能如下：

图 4.2.24　调试工具栏

（1）"╫"放置图纸内部终端：包括普通、输入、输出、双向、电源、接地、总线。

（2）"➡"放置器件引脚：有普通、反相、正时钟、反时钟、短引脚、总线。

（3）"☒"放置分析图：有模拟、数字、混合、频率特性、传输特性、噪声分析等。

（4）"▦"放置录音机：可录/放声音文件。

（5）"◎"放置激励源：激励源有直流电源、正弦信号源、脉冲信号源等。

（6）"☑"放置电压探针：可用于测量显示节点电压。

(7)"⬚" 放置电流探针:串联在指定的网络线上显示电流值。

(8)"⬚" 放置虚拟仪器:Proteus 7.5 的虚拟仪器有示波器、计数器、RS232 终端、SPI 调试器、I²C 调试器、信号发生器、图形发生器、直流电压表、直流电流表、交流电压表、交流电流表等。

3)图形工具栏

图形工具栏如图 4.2.25 所示。

图 4.2.25　图形工具栏

图形工具栏从左到右各个图标的名称和功能如下:

(1)"⬚" 放置各种线:包括图形线、总线等。

(2)"⬚" 放置矩形框:移动鼠标到框的一角,按下左键拖动,释放后完成。

(3)"⬚" 放置圆形框:移动鼠标到圆心,按下左键拖动,释放后完成。

(4)"⬚" 放置圆弧线:移动鼠标到起点,按下左键拖动,释放后调整弧长,点击鼠标完成。

(5)"⬚" 画闭合多边形:移动鼠标到起点,点击产生折点,闭合后完成。

(6)"A" 放置文字标签:在编辑框放置说明文本标签。

(7)"⬚" 放置特殊图形:可在库中选择各种图形。

(8)"⬚" 放置特殊节点:包括原点、节点、标签引脚名、引脚号。

4.2.6　Proteus 7.5 的转向工具栏

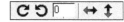

图 4.2.26　转向工具栏

Proteus 7.5 的转向工具栏如图 4.2.26 所示。

转向工具栏各图表的功能如下:

(1)"⬚" 旋转:以 90°的整数倍旋转。

(2)"⬚" 翻转:水平或垂直翻转

4.2.7　Proteus 7.5 的仿真工具栏

仿真开关可以控制电路仿真进程,即开始、结束和暂停等。Proteus 7.5 的仿真工具栏如图 4.2.27 所示。

仿真工具栏各图标功能如下:

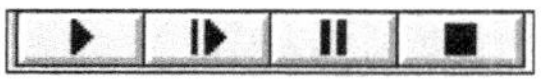

(1)"⬚" 执行:执行该命令可使电路仿真运行。

(2)"⬚" 单步执行:逐步执行仿真。

图 4.2.27　仿真工具栏

(3)"⬚" 暂停:电路仿真开始后按下该键可使程序暂停。

(4)"⬚" 停止:执行该命令仿真结束。

4.3　Proteus 7.5 的库元件

Proteus ISIS 的库元件是按类存放的,即"类"、"子类"(或生产厂家)、"元件"。对于比较常用的元件,需要记住它的名称,通过直接输入名称来拾取;另外一种元件拾取方法是按类查询,该方法使用也非常方便。

4.3.1　类

元件拾取对话框如图 4.3.1 所示。左边 Pick Devices 窗口所列的是 Proteus 库的类

（Category）列表及子类（Sub-Category）列表；中部为搜索结果（Results），即是类表中的所有器件列表及其描述；右侧是该类表中被选中的元件的模型和 PCB 预览。

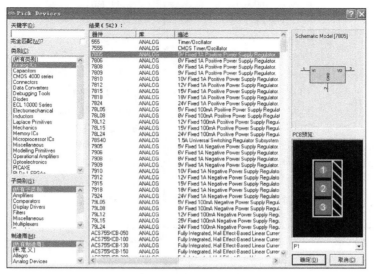

图 4.3.1 "元件拾取"对话框

在 Proteus 的类（Category）列表中，各类及其含义如表 4.3.1 所示。

表 4.3.1 器件库分类

序 号	类名称	含 义
1	Analog ICs	模拟集成器件
2	Capacitors	电容器
3	CMOS 4000 Series	CMOS 4000 系列
4	Connectors	接插件
5	Data Converters	数据转换器
6	Debugging Tools	调试工具数据
7	Diodes	二极管
8	ECL 10000 Series	ECL 10000 系列
9	Electromechanical	电机系列
10	Inductors	电感器
11	Laplace Primitives	拉普拉斯原型
12	Memory ICs	存储器集成电路
13	Microprocessor ICs	微处理器集成电路
14	Miscellaneous	混杂器件
15	Modelling Primitives	模型原型
16	Operational Amplifiers	运算放大器
17	Optoelectronics	光电器件
18	PLDs and FPGAs	可编程逻辑器件和现场可编程门阵列
19	Resistors	电阻器
20	Simulator Primitives	仿真原型
21	Speakers and Sounders	扬声器和音响设备

序 号	类 名 称	含 义
22	Switches and Relays	开关和继电器
23	Switching Devices	开关器件
24	Thermionic Valves	热离子真空管
25	Transducers	传感器
26	Transistors	晶体管
27	TTL 74 Seriers	标准 TTL 系列
28	TTL 74ALS Seriers	先进的低功耗肖特基 TTL 系列
29	TTL 74AS Seriers	先进的肖特基 TTL 系列
30	TTL 74F Seriers	快速 TTL 系列
31	TTL 74HC Seriers	高速 CMOS 系列
32	TTL 74HCT Seriers	与 TTL 兼容的高速 CMOS 系列
33	TTL 74LS Seriers	低功耗肖特基 TTL 系列
34	TTL 74S Seriers	肖特基 TTL 系列

当要从库中拾取一个元件时,首先要了解它是位于表 4.3.1 中的哪一类,然后在打开的元件拾取对话框中,选中"Category"中相应的大类。

4.3.2 子类

选取元件所在的类(Category)后,再选子类(Sub-Category),也可以直接选生产厂家(Manufacturer),符合条件的元件会在元件拾取对话框中间部分的查找结果(Results)中列表显示。在结果中找到所需的元件,双击该元件名称,元件即被拾取到对象选择器中。如果要继续拾取其他元件,最好使用双击元件名称的办法,这样对话框就不会关闭。如果只选取一个元件,可以单击元件名称后单击"确定"按钮,关闭对话框。

如果选取大类后,没有选取子类或生产厂家,可在元件拾取对话框中进行查询,查询结果是将此大类下的所有元件按元件名称首字母的升序形式排列出来。

1) 模拟集成器件(Analog ICs)

模拟集成器件共有 8 个子类,各子类及其含义如表 4.3.2 所示。

表 4.3.2 模拟集成器件子类

序 号	子类名称	含 义
1	Amplifier	放大器
2	Comparators	比较器
3	Display Drivers	显示驱动器
4	Filters	滤波器
5	Miscellaneous	混杂器件
6	Regulators	三端稳压器
7	Timers	555 定时器
8	Voltage References	参考电压

2) 电容器(Capacitors)

电容器共有 23 个子类,各子类及其含义如表 4.3.3 所示。

表 4.3.3　电容器子类

序　号	子类名称	含　义
1	Animated	可显示充放电电荷电容器
2	Miniture Electrolytic	微型电解电容器
3	Audio Grade Axial	音响专用电容器
4	Multilayer Metallised Polyester Film	多层金属聚酯膜电容器
5	Axial Lead polypropene	径向轴引线聚丙烯电容器
6	Mylar Film	聚酯薄膜电容器
7	Axial Lead polystyrene	径向轴引线聚苯乙烯电容器
8	Nickel Barrier	镍栅电容器
9	Ceramic Disc	陶瓷圆片电容器
10	Non Polarised	无极性电容器
11	Decoupling Disc	解耦圆片电容器
12	Polyester Layer	聚酯层电容器
13	Generic	普通电容器
14	Radial Electrolytic	径向电解电容器
15	High Temp Radial	高温径向电容器
16	Resin Dipped	树脂蚀刻电容器
17	High Temp Axial Electrolytic	高温径向电解电容器
18	Tantalum Bead	钽珠电容器
19	Metallised Polyester Film	金属聚酯膜电容器
20	Variable	可变电容器
21	Metallised polypropene	金属聚丙烯电容器
22	VX Axial Electrolytic	VX 轴电解电容器
23	Metallised polypropene Film	金属聚丙烯膜电容器

3）CMOS 4000 系列（CMOS 4000 Series）

CMOS 4000 系列数字电路共有 16 个子类，各子类及其含义如表 4.3.4 所示。

表 4.3.4　CMOS 4000 系列子类

序　号	子类名称	含　义
1	Adders	加法器
2	Gates & Inverters	门电路和反相器
3	Buffers & Drivers	缓冲器和驱动器
4	Memory	存储器
5	Comparators	比较器
6	Misc. Logic	混杂逻辑电路
7	Counters	计数器
8	Mutiplexers	数据选择器
9	Decoders	译码器
10	Multivibrators	多谐振荡器
11	Encoders	编码器
12	Phase-locked Loops(PLL)	锁相环
13	Flip-Flops & Latches	触发器和锁存器
14	Registers	寄存器
15	Frequency Dividers & Timer	分频和定时器
16	Signal Switcher	信号开关

4）接插件（Connectors）

接插件共有 9 个子类，各子类及其含义如表 4.3.5 所示。

表 4.3.5　接插件子类

序　号	子类名称	含　义
1	Audio	音频接头
2	D-Type	D 型接头
3	DIL	双排插座
4	Header Blocks	插头
5	Miscellaneous	各种接头
6	PCB Transfer	PCB 传输接头
7	SIL	单排插座
8	Ribbon Cable	蛇皮电缆
9	Terminal Blocks	接线端子台

5）数据转换器（Data Converters）

数据转换器共有 4 个子类，各子类及其含义如表 4.3.6 所示。

表 4.3.6　数据转换器子类

序　号	子类名称	含　义
1	A/D Converters	模数转换器
2	D/A Converters	数模转换器
3	Sample & Hold	采样保持器
4	Temperature Sensors	温度传感器

6）调试工具数据（Debugging Tools）

调试工具数据共有 3 个子类，各子类及其含义如表 4.3.7 所示。

表 4.3.7　调试工具数据子类

序　号	子类名称	含　义
1	Breakpoint Triggers	断点触发器
2	Logic Probes	逻辑输出探针
3	Logic Stimuli	逻辑状态输入

7）二极管（Diodes）

二极管共有 8 个子类，各子类及其含义如表 4.3.8 所示。

表 4.3.8　二极管子类

序　号	子类名称	含　义
1	Bridge Rectifiers	整流桥
2	Generic	普通二极管
3	Rectifiers	整流二极管
4	Schottky	肖特基二极管
5	Switching	开关二极管
6	Tunnel	隧道二极管
7	Varicap	变容二极管
8	Zener	稳压二极管

8) 电感器（Inductors）

电感器共有 3 个子类，各子类及其含义如表 4.3.9 所示。

表 4.3.9　电感器子类

序　号	子类名称	含　义
1	Generic Inductors	普通电感
2	SMT	表面安装技术电感器
3	Transformers	变压器

9) 拉普拉斯原型（Laplace Primitives）

拉普拉斯原型共有 7 个子类，各子类及其含义如表 4.3.10 所示。

表 4.3.10　拉普拉斯原型子类

序　号	子类名称	含　义
1	1st Order	一阶模型
2	2nd Order	二阶模型
3	Controllers	控制器
4	Non-Linear	非线性模型
5	Operators	算子
6	Poles/Zeros	极点/零点
7	Symbols	符号

10) 存储器集成电路（Memory ICs）

存储器集成电路共有 7 个子类，各子类及其含义如表 4.3.11 所示。

表 4.3.11　存储器集成电路子类

序　号	子类名称	含　义
1	Dynamic RAM	动态数据存储器
2	EEPROM	电可擦除程序存储器
3	EPROM	可擦除程序存储器
4	I^2C Memories	I^2C 总线存储器
5	Memory Cards	存储卡
6	SPI Memories	SPI 总线存储器
7	Static RAM	静态数据存储器

11) 微处理器集成电路（Microprocessor ICs）

微处理器集成电路共有 13 个子类，各子类及其含义如表 4.3.12 所示。

表 4.3.12　微处理器集成电路子类

序　号	子类名称	含　义
1	68000 Family	68000 系列
2	PIC 10 Family	PIC 10 系列
3	8051 Family	8051 系列
4	PIC 12 Family	PIC 12 系列
5	ARM Family	ARM 系列
6	PIC 16 Family	PIC 16 系列
7	AVR Family	AVR 系列
8	PIC 18 Family	PIC 18 系列

序　号	子类名称	含　义
9	BASIC Stamp Modules	Parallax 公司微处理器
10	PIC 24 Family	PIC 24 系列
11	HC11 Family	HC11 系列
12	Z80 Family	Z80 系列
13	Peripherals	CPU 外设

12) 模型原型（Modelling Primitives）

模型原型共有 9 个子类，各子类及其含义如表 4.3.13 所示。

表 4.3.13　模型原型子类

序　号	子类名称	含　义
1	Analog(SPICE)	模拟(仿真分析)
2	Digital(Buffers& Gates)	数字(缓冲器和门电路)
3	Digital(Combinational)	数字(组合电路)
4	Digital(Miscellaneous)	数字(混杂)
5	Digital(Sequential)	数字(时序电路)
6	Mixed Mode	混合模式
7	PLD Elements	可编程逻辑器件单元
8	Realtime(Actuators)	实时激励源
9	Realtime(Indictors)	实时指示器

13) 运算放大器（Operational Amplifiers）

运算放大器共有 7 个子类，各子类及其含义如表 4.3.14 所示。

表 4.3.14　运算放大器子类

序　号	子类名称	含　义
1	Dual	双运放
2	Ideal	理想运放
3	Macromodel	大量使用的运放
4	Octal	八运放
5	Quad	四运放
6	Single	单运放
7	Triple	三运放

14) 光电器件（Optoelectronics）

光电器件共有 11 个子类，各子类及其含义如表 4.3.15 所示。

表 4.3.15　光电器件子类

序　号	子类名称	含　义
1	7-Segment Displays	7 段显示器
2	LCD Controllers	液晶显示器控制器
3	Alphanumeric LCDs	液晶显示器数码显示器
4	LCD Panels Displays	液晶显示器面板显示器
5	Bargraph Displays	条形显示器
6	LEDs	发光二极管

序 号	子类名称	含 义
7	Dot Matrix Displays	点阵显示器
8	Optocouplers	光电耦合器
9	Graphical LCDs	液晶显示器图形显示器
10	Serial LCDs	串行液晶显示器
11	Lamps	灯

15) 电阻器(Resistors)

电阻器共有 11 个子类,各子类及其含义如表 4.3.16 所示。

表 4.3.16 电阻器子类

序 号	子类名称	含 义
1	0.6W Metal Film	0.6 W 金属膜电阻器
2	High Voltage	高压电阻器
3	10 Watt Wirewound	10 W 绕线电阻器
4	NTC	负温度系数热敏电阻器
5	2 W Metal Film	2 W 金属膜电阻器
6	Resistor Packs	排阻
7	3 Watt Wirewound	3 W 绕线电阻器
8	Variable	滑动变阻器
9	7 Watt Wirewound	7 W 绕线电阻器
10	Varisitors	可变电阻器
11	Generic	普通电阻器

16) 仿真原型(Simulator Primitives)

仿真原型共有 3 个子类,各子类及其含义如表 4.3.17 所示。

表 4.3.17 仿真原型子类

序 号	子类名称	含 义
1	Flip-Flops	触发器
2	Gates	门电路
3	Sources	电源

17) 开关和继电器(Switches and Relays)

开关和继电器共有 4 个子类,各子类及其含义如表 4.3.18 所示。

表 4.3.18 开关和继电器子类

序 号	子类名称	含 义
1	Key boads	键盘
2	Relays(Generic)	普通继电器
3	Relays(Specific)	专用继电器
4	Switches	开关

18) 开关器件(Switching Devices)

开关器件共有 4 个子类,各子类及其含义如表 4.3.19 所示。

表 4.3.19　开关器件子类

序　号	子类名称	含　义
1	DIACs	两端交流开关
2	Generic	普通开关元件
3	SCRs	可控硅
4	TRIACs	三端双向可控硅

19）热离子真空管（Thermionic Valves）

热离子真空管共有 4 个子类，各子类及其含义如表 4.3.20 所示。

表 4.3.20　热离子真空管子类

序　号	子类名称	含　义
1	Diodes	二极管
2	Pentodes	五极管
3	Tetrodes	四极管
4	Triodes	三极管

20）传感器（Transducers）

传感器共有 2 个子类，各子类及其含义如表 4.3.21 所示。

表 4.3.21　传感器子类

序　号	子类名称	含　义
1	Pressure	压力传感器
2	Temperature	温度传感器

21）晶体管（Transistors）

晶体管共有 8 个子类，各子类及其含义如表 4.3.22 所示。

表 4.3.22　晶体管子类

序　号	子类名称	含　义
1	Bipolar	双极型晶体管
2	Generic	普通晶体管
3	IGBT	绝缘栅双极晶体管
4	JFET	结型场效应管
5	MOSFET	金属氧化物场效应管
6	RF Power LDMOS	射频功率横向扩散金属氧化物晶体管
7	RF Power VDMOS	射频功率垂直扩散金属氧化物晶体管
8	Unijunction	单结晶体管

4.4　Proteus 7.5 的激励源和仪器

Proteus 7.5 的激励源和仪器位于专用工具栏的调试工具栏中。Proteus 7.5 的测量仪器主要有电压探针、电流探针和虚拟仪器。只要在调试工具栏中单击所需激励源或仪器的图标，即可打开库，显示出该库中所有激励源或仪器的列表。

在设计和仿真电路时，激励源或仪器使用步骤如下：

① 激励源或仪器的放置与删除：首先用鼠标选中所需的激励源或仪器，然后双击编辑

区,所选的激励源或仪器就会放至指定地点;选中在编辑区内的仪器,按键盘上的"删除"(Delete)键可将其删除。

② 参数设置:若要设置所选激励源或仪器的参数,只需用鼠标双击该激励源或仪器,显示出参数设置对话框,即可进行参数修改和设定。

4.4.1　激励源

单击激励源库(GENERATORS)的图标,显示的激励源库列表如图 4.4.1 所示。

图 4.4.1　激励源库列表　　　　　图 4.4.2　激励源参数设置对话框

在编辑区内双击被选中激励源,显示参数设置对话框,即可对其参数进行修改和设定,激励源参数设置对话框如图4.4.2所示。

图 4.4.2 中显示的是正弦交流电源属性对话框,其主要参数含义如下:

(1) Offset(Volts):补偿电压,即正弦波的振荡中心电平。

(2) Amplitude(Volts):正弦波的 3 种幅值标记方法,其中 Amplitude 为振幅,即半波峰值电压,Peak 为峰值电压,RMS 为有效值电压,以上 3 个电压值选填一项即可。

(3) 时间(Timing):正弦波频率的 3 种定义方法,其中:Frequency(Hz)为频率,单位为Hz(赫);Period(Secs)为周期,单位为 s(秒);这 2 项填一项即可;Cycles/Graph 为占空比,输出信号为方波信号时需设置。

(4) 延时(Delay)指正弦波的相位,有 2 个选项,选填一个即可。其中:Time Delay(Secs)是时间轴的延时,单位为 s;Phase(Degrees)为相位,单位为"°"(度)。

模拟电路中常用激励源的含义及所需设置参数如表 4.4.1 所示。

表 4.1.1　激励源库

激励名称	参　数	初设值	说　明
DC	幅值	1 V	直流电压源
SINE	幅度 频率 相位	1 V 1 Hz 0°	交流电压源
PULSE	输出电平 开始时间 输出上升时间 输出下降时间 占空比 频率	0 V~1 V 0 s 1 μs 1 μs 50% 1 Hz	脉冲电压源
EXP	输出电压 输出上升延迟 输出上升时间 输出下降延迟 输出下降时间	0~1 V 0 s 1 s 1 s 1 s	指数电压源
SFFM	幅度 载波频率 调制指数 信号频率	1 V 1 Hz 0.5 1 Hz	单频调频电压源

除表 4.4.1 列出的激励源外,激励源库中还有以下激励源:

(1) Pwlin:任意分段线性脉冲信号发生器。

(2) File:File 信号发生器。数据来源于 ASCII 文件。

(3) Audio:音频信号发生器。

(4) DState:稳态逻辑电平发生器。

(5) DEdge:单边沿信号发生器。

(6) DPulse:单周期数字脉冲发生器。

(7) DClock:数字时钟信号发生器。

(8) DPattern:模式信号发生器。

4.4.2　电压探针和电流探针

Proteus 的仿真方法有基于图表的仿真和交互式仿真两种。探针既可用于基于图表的仿真,也可用于交互式仿真中。

1) 电压探针(Voltage probes)

电压探针可在模拟仿真中使用,用于记录模拟电路中真实的电压值;也可在数字仿真中使用,用于记录数字电路逻辑电平及其强度。

2) 电流探针(Current probes)

电流探针仅可在模拟电路中使用,用于测量电流,且能显示电流方向。

探针的使用方法如下:测电压时,电压探针一端接入被测点(也可以是引出线),另一端默认为接地,显示的测量值即是测量点对地的电压。测量某条支路电流时,电流探针要串入该支路,正确的测量方法是,把电流探针直接放在被测支路上的一点。另外,电流探针有个箭头,串入电路时应调整电流表的角度,使箭头指向电流方向。

4.4.3 仪器库

对电路进行仿真运行,通过对运行结果的分析,判断设计是否正确合理,是 Proteus 软件的一项主要功能。为此,Proteus 为用户提供了类型丰富的虚拟仪器,可以从专用工具的调试栏→"IN-STRUMENTS"(仪器库)调用。仪器库所提供的仪器如图 4.4.3 所示。在选用后,各种虚拟仪器都以面板的方式显示在电路中。

下面简要介绍在模拟电子电路实验中常使用的仪器,这些仪器在仿真过程中若改变其在电路中的接入点,其显示的数据和波形也会相应改变,且不必重新启动仿真,这与实际工作中的情形非常相似,使用十分方便。

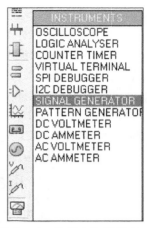

图 4.4.3 仪器库仪器列表

1) 虚拟示波器(OSCILLOSCOPE)

虚拟示波器用于观察电路的工作波形。Proteus 仪器库中提供的是一种可以同时观察 4 路信号波形的四通道示波器。示波器的图标和面板如图 4.4.4 所示。

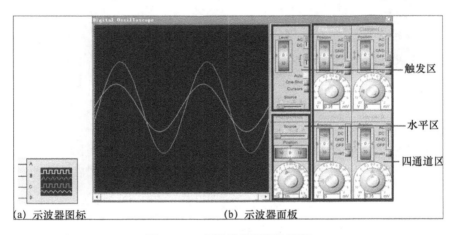

(a) 示波器图标　　　　　　　(b) 示波器面板

图 4.4.4 示波器的图标和面板

示波器的操作区分为以下 3 部分:

(1) 4 个通道区

4 个通道区可同时对 4 路信号进行测量。

① Channel A:A 通道。

② Channel B:B 通道。

③ Channel C:C 通道。

④ Channel D:D 通道。

4 个通道区中的每个区的操作功能都相同。在每个区中均有 2 个旋钮:"Position"用来调整波形的垂直位移;其下面对应的旋钮用来调整波形的 Y 轴增益,内旋钮是微调,外旋钮是粗调。在图形区读波形的电压时,一般将内旋钮顺时针调到底。通道区中每个白色区域的刻度表示该图形区每格对应的电压值。

（2）Trigger（触发区）

触发区可分别对 4 路测量信号进行设置：

① Level：用来调节水平坐标，水平坐标只在调节时才显示。

② Auto：按钮，一般为红色选中状态。

③ Cursors：光标按钮选中后，可以在图标区标注横坐标和纵坐标，从而读波形的电压和周期，如图 4.4.5 所示。单击右键可以出现快捷菜单，选择"清除"可以清除所有的标注坐标、打印及颜色设置。

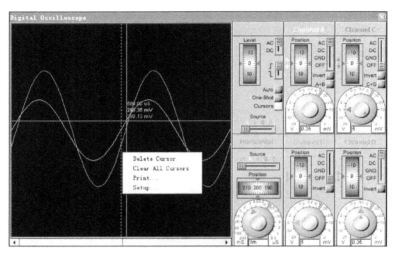

图 4.4.5　清除标注坐标、打印及颜色设置的快捷菜单

（3）Horizontal（水平区）

在水平区选中某个通道，用"Position"调整波形的左右位移，水平区下面的旋钮可调整扫描频率，其中外环是粗调旋钮，内环是微调旋钮，当读周期时，应把内环旋钮顺时针旋转到底。水平区中白色区域的刻度表示图形区每格对应的时间量。

2）信号发生器（SIGNAL GENERATOR）

虚拟信号发生器主要功能可分成两大类：一是输出非调制波，二是输出调制波。虚拟信号发生器的图标如图 4.4.6 所示。用做非调制波发生器时，信号发生器的下面 2 个插头"AM"和"FM"悬空不接，右面 2 个插头"＋"端接至电路的信号输入端，"－"端接地；用做调制波发生器时，调制信号从下面 2 个插头中的一个为输入，调制波从右面的"＋"端输出。

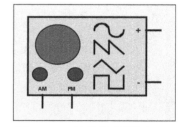

图 4.4.6　信号发生器图标

通常，信号发生器输出的非调制波为正弦波、三角波、方波和锯齿波，非调制波信号频率可在 1 Hz～999 MHz 范围调整，有 8 个可调范围，输出信号幅值范围为 0～12 V，有 4 个可调范围，占空比参数主要用于三角波和方波波形的调整。

此外，信号发生器还具有调幅波（AM）和调频波（FM）输出功能。无论是哪种调制，调制电压都不能超过±12 V，且输入阻抗要足够大。

仿真运行后,信号发生器的界面如图 4.4.7 所示。

图 **4.4.7** 信号发生器仿真运行后的界面

图 4.4.7 右端有 2 个方形按钮,上面一个是波形选择按钮,可用来选择输出信号类型(方波、锯齿波、三角波、正弦波),下面一个按钮用于选择信号电路的极性,即是双极型(Bi)还是单极型(Uni)三极管电路,用以与外电路匹配。

仿真界面左部是输出信号频率设置区,由 2 个旋钮用来设置信号频率,左边是微调,右边是粗调。

仿真界面中部是输出信号幅度设置区,有 2 个旋钮,用来设置信号的幅值,左边是微调,右边是粗调。

如果在运行过程中关闭信号发生器,则需要从主菜单——调试(Debug)中的"恢复弹出窗口"来重现。

选中虚拟信号发生器后,左键点击它,会弹出一个对话框。对话框中各参数含义如下:

(1) FREQV 和 FREQR:设定输出信号频率。前者设置频率数目,后者设置频率单位。FREQR 设置的单位有 8 挡:1,2,3,4,5,6,7,8,分别对应 0.1 Hz,1 Hz,10 Hz,0.1 kHz,1 kHz,10 kHz,0.1 MHz,1 MHz。例如:{FREQV=1},{FREQR=5},则频率为 1 kHz。

(2) AMPLV 和 AMPLR:设置输出信号幅度。AMPLV 为设置输出信号幅度数值,AMPLR 为设置单位,有 4 挡:1,2,3,4,分别对应 1 mV,10 mV,0.1 V,1 V。

(3) WAVEFORM:设置输出信号形式。0 为正弦波,1 为锯齿波,2 为三角波,3 为占空比为 1:1 的方波。

(4) UNIPOLAR:设置输出信号有无极性。0 代表有极性(输出为正,负电平),1 代表无极性(输出为正,零电平)。

例如,参数设置为:{FREQV=1}、{FREQR=5}、{AMPLV=5}、{AMPLR=3}、{WAVEFORM=3}、{UNIPOLAR=0},表示信号源将输出频率为 1 kHz、幅值为 0.5 V 的脉冲方波。

3) 电压表和电流表(AC/DC Voltmeters/Ammeters)

Proteus VSM(虚拟系统模型)提供了 4 种仪器,分别是 AC Voltmeter(交流电压表)、AC Ammeter(交流电流表)、DC Voltmeter(直流电压表)和 DC Ammeter(直流电流表)。

4 种仪器位于虚拟仪器库中,其图标如图 4.4.8 所示。

(a) 交流电压表　　(b) 交流电流表　　(c) 直流电压表　　(d) 直流电流表

图 **4.4.8** 4 种电表的图标

双击仪器的图标符号,出现其属性设置对话框,可对其进行属性设置。图4.4.9所示为交流电压表的属性设置对话框。在图4.4.9中,"元件参考"(Component Referer)项可为该交流电压表命名,如为"V1";"元件值"(Component Value)项可不填。在"Display Range"(显示范围)中有4个选项,用来设置交流电压表是"Volts"(伏特表)、"Millivolts"(毫伏表)或是(微伏表)"Microvolts",缺省是伏特表。选定后,单击确定"OK"按钮即可完成设置。其他3种仪器的属性设置与此类似。

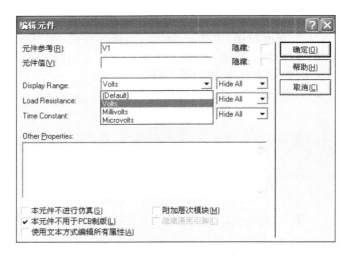

图 4.4.9　交流电压表的属性设置对话框

这4种虚拟仪器的使用方法和实际的交、直流电压表和电流表一样,电压表应并联在被测电压两端,电流表应串接在电路中。直流电压表和电流表显示的分别是直流电压、电流输出,交流电压表和电流表显示的分别是交流电压、电流的有效值。运行仿真时,若直流电压表和电流表出现负值,说明极性接反了。

4.4.4　图表仿真

Proteus VSM 的虚拟仪器为用户提供交互动态仿真功能,但这些仪器的仿真结果和状态随着仿真结束也即消失了,不能满足打印及长时间的分析要求。所以 Proteus ISIS 还提供一种静态的图表仿真(ASF)功能,无须运行仿真,随着电路参数的修改,电路中各点的波形将重新生成,并以图表的形式留在电路图中,供以后分析或打印。Proteus 提供了 13 种图表仿真,分别是:ANALOGUE(模拟图表)、DIGITAL(数字图表)、(MIXED(混合分析图表)、FREQUENCY(频率分析图表)、TRANSFER(转移特性分析图表)、NOISE(噪声分析图表)、DISTORTION(失真分析图表)、FOURIER(傅里叶分析图表)、AUDIO(音频分析图表)、INTERACTIVE(交互分析图表)、CONFORMANCE(一致性分析图表)、DC SWEEP(直流扫描分析图表)、AC SWEEP(交流扫描分析图表)。

为了将电路中某点对地的电压或某条支路的电流相对时间轴的波形自动绘制出来,首先需设置仿真图表的属性参数。图表仿真功能的实现一般包含以下步骤:

(1)在电路的被测点加电压探针,或在被测支路上加电流探针。

(2)选择放置的图表仿真类别,并在原理图中拖放用于生成仿真波形的图表框。

(3)在图表框中添加探针。

（4）设置图表属性。

（5）单击图表仿真按钮，生成所加探针对应的波形。

（6）存盘及打印输出。

下面以单管放大电路为例介绍 Proteus ISIS 图表仿真的使用方法。

1）设置探针

图 4.4.10 为固定偏置的共射放大电路工作原理图。要求测量放大电路的静态基极电流 I_b 和集射电压 V_{ce}，同时绘制 V_{in}（输入端）和 V_{out}（输出端）的电压波形。

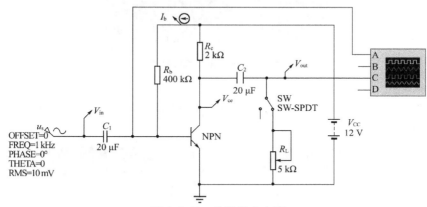

图 4.4.10　共射放大电路

绘制好完整的电路后，在图中观察点放置 4 个探针。在 Proteus ISIS 的左侧工具箱中选择电压探针（Voltage Probe）的按钮"⟨图标⟩"和电流探针（Current Probe）的按钮"⟨图标⟩"，在图 4.4.1中的相应位置双击，放置 4 个探针，然后把探针与被测点连接在一起。探针 V_{in} 和探针 V_{out} 测量放大器的输入、输出信号；探针 I_b 和探针 V_{ce} 测量放大器的静态工作点。

探针的命名方法为：双击电压探针 V_{in}，打开如图 4.4.11 所示的属性设置对话框，把探针名命名为"V_{in}"，单击"确定"按钮，关闭对话框。其他 3 个探针依次命名为"I_b"、"V_{ce}"和"V_{out}"。

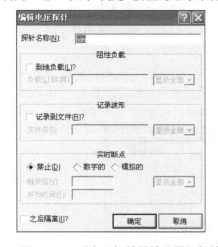

GRAPHS	
ANALOGUE	——模拟图表
DIGITAL	——数字图表
MIXED	——混合分析图表
FREQUENCY	——频率分析图表
TRANSFER	——转移特性分析图表
NOISE	——噪声分析图表
DISTORTION	——失真分析图表
FOURIER	——傅立叶分析图表
AUDIO	——音频分析图表
INTERACTIVE	——交互分析图表
CONFORMANCE	——一致性分析图表
DC SWEEP	——直流扫描分析图表
AC SWEEP	——交流扫描分析图表

图 4.4.11　"电压探针属性设置"对话框　　　**图 4.4.12　仿真图表类别及含义**

2）选择仿真图表

在 Proteus ISIS 的左侧工具箱中选择图形模式（Graph Mode）的按钮图标，在对象选择区列出所有的仿真图表类别。各类别及其含义如图 4.4.12 所示。

在本例中，"V_{in}"和"V_{out}"均是连续时间信号，因此，选定模拟图表。单击图 4.4.12 中的"ANALOGUE"，然后在原理图编辑区用鼠标左键拖出一个方框，如图 4.4.13 所示。

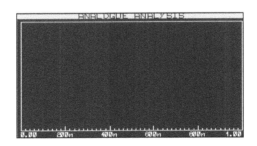

图 4.4.13　模拟图表界面

3）添加探针

在图表框中添加电压探针。选择"主菜单"→"绘图"（Graph）→"添加曲线"（Add Trace）。其操作如图 4.4.14 所示。

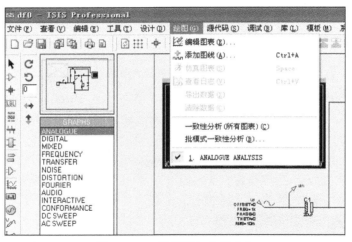

图 4.4.14　选择添加曲线命令

打开如图 4.4.15 所示的轨迹添加对话框，单击"轨迹类型"（Trace Type）下面的"模拟"（Analog），选择模拟波形；单击探针（Probe）P1 边的下拉箭头，出现如图 4.4.15 所示的所有探针名称，选中"V_{in}"，则该探针自动添加到"名称"（Name）栏中。

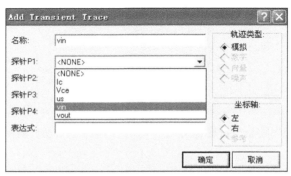

图 4.4.15　"添加轨迹"对话框

　　接着,用相同的方法将电压探针"V_{out}"添加到右边轴上,添加完成后,出现如图 4.4.16 所示的图表框,图中多出了刚添加的探针的名称。

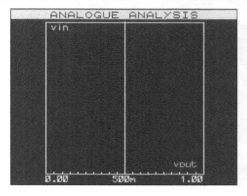

图 4.4.16　添加探针后的图表框　　　　图 4.4.17　"编辑图形属性"对话框

　　选中探针并将其拖入图表仿真框内,是添加探针的另一种方法。

4) 图表属性设置

　　图表框的时间轴缺省值为 1 s,为了观察大小合适的波形,首先要修改显示波形的时间轴。双击图表框,打开图 4.4.17 所示的对话框,因本例中输入信号为 1 kHz 正弦波,把停止时间(Stop time)改为 2 ms,便可显示 2 个周期的波形。在图中的"Graph tittle"栏还可以修改或设置图表的名称,缺省名为"TRANSIENT ANALYSIS"(瞬态分析)。

　　把鼠标指向原理图中的"TRANSIENT ANALYSIS",双击绿色区,出现图 4.4.18 所示的对话框。在该对话框中可设定背景及图形颜色等,本例将默认的黑色背景改为白色。

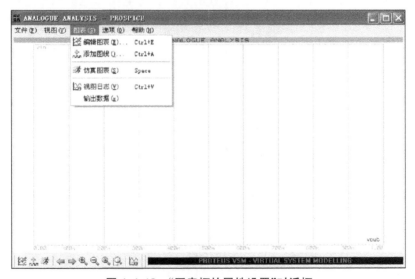

图 4.4.18　"图表框的属性设置"对话框

　　图表属性对话框还可通过菜单中"绘图"(Graph)→"编辑图表"(Edit Graph)选项打开。

5) 生成波形

　　按空格键或选择"绘图"(Graph)→"仿真图表"(Simulate Graph)命令即可生成波形。

放大电路的输入、输出波形如图 4.4.19 所示。

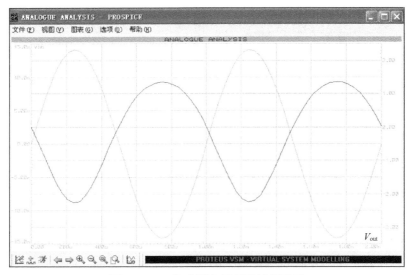

图 4.4.19　仿真图表显示的模拟波形

6）监测电压和电流

在电路中放置的用来监测静态电压的探针"V_{ce}"和监测静态电流的探针"I_b"并没有添加在图表中，因为不需要绘制它们的波形，只是观察这两点的电压和电流变化情况。其作用就像电压表和电流表，仿真运行时可看到测量值的变化或显示，仿真停止则显示也结束。

图 4.4.20 所示用电压探针和电流探针分别监测静态电压和电流信号，其中，基极电流 I_b 为 28 μA、集射电压 V_{ce} 为 6.6 V。虚拟示波器显示的输入、输出波形如图 4.4.21 所示。

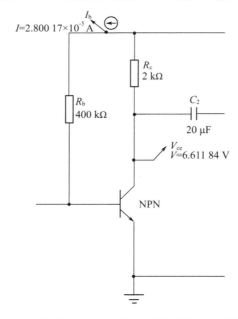

图 4.4.20　用电压探针和电流探针分别监测静态电压和电流信号

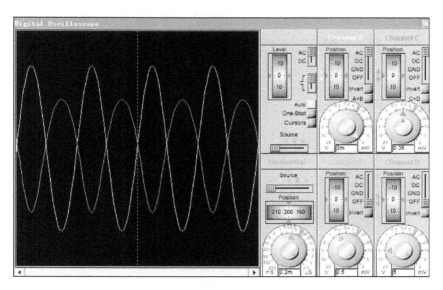

图 4.4.21 虚拟示波器观察的输入、输出波形

4.5 Proteus 7.5 的基本操作方法

4.5.1 电路的创建和运行

双击 Proteus 7.5 图标""，即可启动进入其主窗口，创建电路，并进行仿真。

Proteus 7.5 对电子电路进行仿真运行的步骤如下。

1）电路创建

在 Proteus ISIS 窗口中，选择"文件"(File)→"新建设计"(New Design)菜单项，弹出如图 4.5.1 所示对话框。

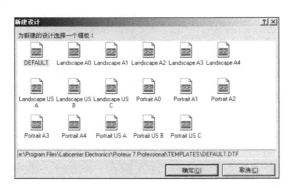

图 4.5.1 "新建设计文件"对话框

选择合适的模板（通常选择 DEFAULT 模板），单击"确定"(OK)按钮，即可完成新设计文件的创建。

选择"文件"(File)→"保存设计"(Save Design)菜单项,弹出如图 4.5.2 所示对话框。

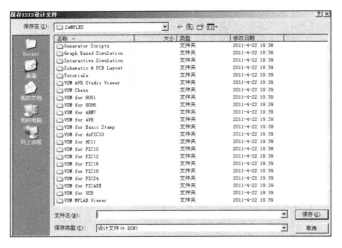

图 4.5.2　"保存 Proteus ISIS 设计文件"对话框

在"保存在"下拉列表框中选择目标存放路径,并在"文件名"框中输入设计的文档名称。保存的文件类型默认为"设计文件"(Design File),即文档自动加扩展名".DSN",单击"保存"按钮即可。

2) 打开和保存设计文件

选择"文件"→"打开设计文件"(Open Design)菜单项,弹出如图 4.5.3 所示对话框。

图 4.5.3　"加载 Proteus ISIS 设计文件"对话框

在"查找范围"下拉列表框中选择目标查找路径,单击列表框中对应的设计选项,然后单击"打开"按钮,即可打开相应的设计文件方式。

保存打开的设计文件的方式与上述一致。注意,在出现的保存对话框中,用户可以更改设计文件的名称及路径,也可使用默认保存文件。

4.5.2　电路原理图的设计流程

基于 Proteus 的原理图设计步骤一般如下。

1）创建一个新的设计文件

选择"文件"→"新建设计"菜单项,在弹出的模板对话框中选择 DEFAULT 模板,并将新建的设计保存在某个盘的根目录下,并为保存文件命名。

2）设置工作环境

根据实际电路的复杂程度设置图纸的大小。在电路图设计的整个过程中,图纸的大小可以不断地调整。设置合适的图纸大小是完成原理图设计的第一步。

3）元器件放置和编辑

首先从添加元器件对话框中选取需要添加的元器件,将其布置到图纸的合适位置,并对元器件的名称、标注进行设定;然后根据元器件之间的走线等情况对元器件在工作平面上的位置进行调整和修改,使原理图美观、易懂。

在原理图中放置元器件的步骤如下：

（1）选择"对象选择器"中的元器件,在 Proteus ISIS 编辑环境主界面的预览窗口将出现该元器件的图标。

（2）在编辑窗口双击鼠标左键,元器件被放置到原理图中。

（3）调整元器件位置：将光标指向编辑窗口的元器件,并单击该对象使其高亮显示,按左键拖动该对象到合适的位置。

（4）调整元器件方向：在预览/编辑窗口,选中元器件,点击旋转键即可。

在原理图中编辑元器件的步骤如下：

（1）单击相应的元器件,将其高亮显示,可打开该元器件的编辑对话框,或双击元器件也可弹出元件属性对话框。

（2）在属性对话框中设置该元器件的参数。

（3）单击确定按钮,结束元器件的编辑。

图 4.5.4 为 BJT 三极管的属性对话框。

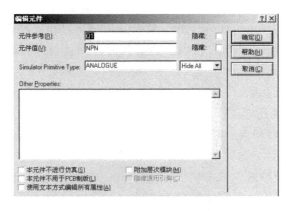

图 4.5.4　"元件属性设置"对话框

其参数含义如下：

(1) 元件参考（Component Referer）：元器件在原理图中的参考号。

(2) 元件值：元件标称值。

(3) 隐藏（Hidden）：选择元器件参考号或元件值是否出现在原理图中。

(4) 仿真基本类型：设置仿真类型。

4) 绘制原理图

根据实际电路的需要，利用 Proteus ISIS 编辑环境所提供的各种工具、命令进行布线，将工作平面上的元器件用导线连接起来，构成一幅完整的电路原理图。

在两个元器件间进行连线的步骤如下：

(1) 单击第一个对象连接点。

(2) 如果想让 Proteus ISIS 自动定出走线路径，只需单击另一个连接点；如果想自己决定走线路径，只需在希望的拐点处单击。

在此过程的任一阶段，都可以按"Esc"键放弃画线。

5) 存盘和输出报表

Proteus 可以对设计好的原理图文件和输出报表进行存盘和输出打印。

4.6 Proteus 的电路分析方法

Proteus 可以对模拟、数字或混合电路进行性能分析和电路仿真。当用户创建好电路图，并按下仿真键，就可从测量仪器上得到电路中的被测数据或曲线。Proteus 除了可提供直流工作点分析、交流频率分析、瞬态分析、噪声分析、失真分析、傅里叶分析等 6 种基本分析方法外，还提供了直流扫描分析、交流扫描分析、传递函数分析、一致性分析和音频分析等多种高级功能分析方法。

Proteus 的电路分析方法很多，下面以固定偏置共射放大电路为例简单介绍在模拟电子技术实验中常用的几种电路分析方法。

4.6.1 直流工作点分析

直流工作点分析（DC Operating Point Analysis）用来分析电路的直流工作点。在进行直流分析时，交流电源被视为零输出，电容器被视为开路，电感器被视为短路，电路中的数字器件被视为高阻接地。

1) 直流工作点分析步骤

(1) 在 Proteus 上创建电路图。

(2) 放置直流电压表和直流电流表或电压探针和电流探针，仿真运行时直接测量电路的直流电压和直流电流。

2) 直流工作点分析举例

创建如图 4.6.1 所示的固定偏置放大电路。创建电路的元器件及所在库的清单如图 4.6.1 所示。

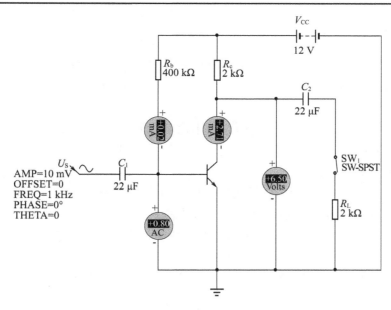

图 4.6.1 固定偏置放大电路

表 4.6.1 元器件及所在库的清单

元件符号	元件名称	元件所在库	说 明
	NPN 晶体管	Transisitor→generic→NPN	通用型
	电阻器	Resistors→generic→RES	通用型,400 kΩ 1个、2 kΩ 1个
	极性电容器	Capacitor→generic→CAP-ELEC	通用型, 22 μF 2个(正端不带填充,负端方框中填充有斜纹)
	单击开关	Switches & Relays→Switches→SW-SPST	1个
	直流电源	Simulator Primitives→Soures→BATTERY	12 V 1个
	正弦信号源	激励源库→SINE	幅度 10 mV、频率1 kHz, 1个
	直流电压表	虚拟仪器库→DC Voltmeter	2个
	直流电流表	虚拟仪器库→DC Ammeter	2个
	接地	终端模式→GROUND	1个

按下仿真键 "▶" 后,电压表和电流表即可显示晶体管输入、输出的直流电压和电流测量值:$I_B = 20\ \mu A$,$V_{BE} = 0.8\ V$,$I_C = 2.7\ mA$,$V_{CE} = 6.5\ V$,见图 4.6.1。

4.6.2 交流频率分析

交流频率分析(AC Frequency Analysis)是分析电路的频率特性。在分析时需选定被分析的节点,电路中的直流源自动置零,信号源、电容器等均处于交流模式,即把电路的响应当做频率的函数来估计。

交流频率分析是以正弦波为输入信号,不论电路的输入端输入何种信号,进行分析时都将自动以正弦波替换,而其信号频率也将被设定的范围替换。

1) 交流频率分析步骤

(1) 在 Proteus 上创建电路图,确定输入信号的幅度和相位。

(2) 在电路图中放置电压探针及频率分析图表。

选择"频率分析图表"→"编辑图表",打开"编辑图表"对话框,如图 4.6.2 所示。该对话框包含的主要设置参数为:图表标题、起始频率(Start Frequency)、结束频率(Stop Frequency)、间隔(间隔取值方式:DECADES(10 倍频程)、VESL(8 倍频程)、INEAR(线性))、显示步幅数。

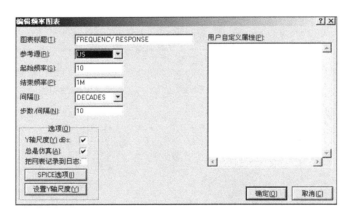

图 4.6.2 "频率分析"对话框

(3) 确定频率分析图表对话框中的分析参数后,选择"绘图"→"仿真图表",即可开始进行仿真。

2) 交流频率分析举例

创建放大电路如图 4.6.3 所示。

图 4.6.3 中交流电压源的参数设置为:频率 1 kHz;有效值 10 mV;初相位 0°。编辑图表对话框,交流频率分析选项设置如下:参考源为 u_s,频率范围为 10 Hz~1 MHz,间隔为 decade;显示步幅数为 10。将 V_{out} 探针拖到图表的左轴处,即幅度轴;再次选中 V_{out} 探针,拖到图表的右轴处,即相位轴。

添加了测量幅频特性和相频特性探针的频率分析图表如图 6.6.4 所示。

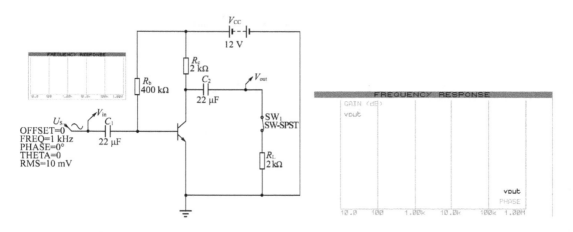

图 4.6.3 放大电路原理   图 4.6.4 放置电压探针后的频率分析图表

对 V_{out}（输出）进行频率特性分析，选择"绘图"→"仿真图表"，放大电路的特性曲线如图 4.6.5 所示。交流频率分析的结果显示为幅频特性曲线和相频特性 2 条曲线。

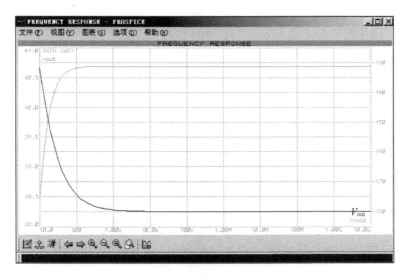

图 4.6.5 频率特性曲线

双击图表表头，图表以图 4.6.6 所示窗口形式出现。在窗口中单击放置测量探针，可以逐点测量电路的频率及其对应的增益和相位。在图 4.6.6 中，探针测量点处的频率为 26.1 Hz，放大电路在该点处的增益为 40.3 dB。

4.6.3 瞬态分析

瞬态分析（Transient Analysis），也称时域暂态分析，是指对所选定电路某个节点的时域响应进行分析，即观察该节点在整个周期中任一时刻的电压波形。Proteus 瞬态分析方法可采用图表仿真中的"模拟图表"（ANALOGUE）、"数字图表"（DIGITAL）、"混合分析图表"（MIXED）进行，也可用示波器直接观察分析。

瞬态分析举例可见第 4.4.4 节。

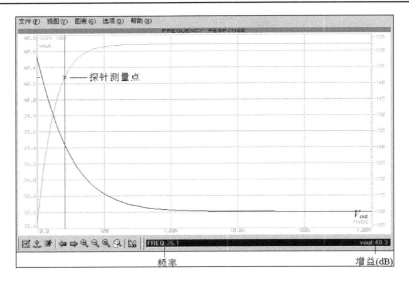

图 4.6.6　用探针测量放大电路频率特性

4.6.4　噪声分析

噪声分析(Noise Analysis)可以检测电路输出信号的噪声功率幅度,用于计算和分析电阻器或晶体管的噪声对电路的影响。在分析时,各噪声源互不相关,因此它们的数值可分开各自计算,总噪声是各噪声在该节点之和(用有效值表示)。

1) 噪声分析步骤

(1) 在 Proteus 上创建电路图。

(2) 在电路图中放置电压探针及噪声分析图表。

选择"噪声分析图表"→"编辑图表",打开编辑噪声图表对话框。该对话框包含如下设置内容:图表标题、起始频率(Start Frequency)、结束频率(Stop Frequency)、间隔(间隔取值方式:DECADES(10 倍频程)、VESL(8 倍频程)、INEAR(线性))、显示步幅数。

(3) 确定噪声分析图表对话框中的分析参数后,选择"绘图"→"仿真图表",即可进行仿真。

2) 噪声分析举例

放大电路如图 4.6.7 所示。在电路图中放置电压探针 V_{out} 及噪声分析图表,噪声图表对话框设置同频率分析图表。

将电路中的交流电压源作为噪声源,V_{out} 作为噪声输出。在电路图选中 V_{out} 电压探针,分别将其拖放到噪声图表的左轴和右轴,其中左纵轴表示输出噪声值,右纵轴表示输入噪声值。

选择"绘图"→"仿真图表",电路仿真结果如图 4.6.7 所示。

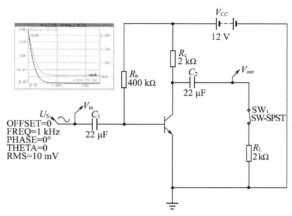

图 4.6.7 噪声分析电路和噪声曲线

4.6.5 失真分析

失真分析(Distortion Analysis)用于分析电路中的谐波失真(Harmonic Distortion)(增益的非线性)和调制失真(Intermodulation Distortion,IMD)(相位不一致)。若电路中只有一个交流信号源,该分析能确定电路中每一节点的二次和三次谐波的复变值;若线路中有频率分别为 F_1 和 F_2 的两个不同频率的交流电源(设 $F_1 > F_2$),则该分析能确定电路变量在 3 个特定频率处的复变值,即电路变量在 $(F_1 + F_2)$,$(F_1 - F_2)$ 及 $(2F_1 - F_2)$ 这 3 个不同频率上的谐波失真。

1) 失真分析步骤

(1) 在 Proteus 上创建电路图。

(2) 在电路图中放置电压探针及失真分析图表。

选择"失真分析图表"→"编辑图表",打开编辑失真图表对话框,如图 4.6.8 所示,该对话框包含如下设置内容:图表标题、F_1 起始频率、F_1 结束频率、间隔(间隔取值方式:DE-CADES(10 倍频程)、VESL(8 倍频程)、INEAR(线性))、显示步幅数、I_M(F_2 与 F_1 的比率,取 0~1,设为 0 时,进行谐波分析)。

图 4.6.8 失真分析图表设置对话框

(3) 确定失真分析图表对话框中的分析参数后,选择"绘图"→"仿真图表",即可进行仿真。

2）失真分析举例

放大电路如图 4.6.9 所示。在电路图中放置电压探针 V_{out} 及失真分析图表,失真图表对话框设置如图 4.6.8 所示,I_M 设为 0,因此进行的是谐波分析。

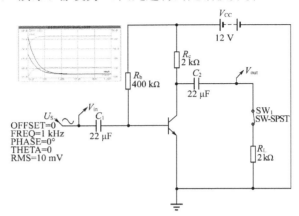

图 4.6.9　放大电路和失真分析曲线

在电路图选中 V_{out} 电压探针,分别将其拖放到真图表的左轴和右轴。选择"绘图"→"仿真图表",电路仿真结果如图 4.6.9 所示,为输出信号的二次谐波和三次谐波。

4.6.6　傅里叶分析

傅里叶分析(Fourier Analysis)是分析周期性非正弦波信号的一种数学方法,它将周期性的非正弦波信号转换成一系列正弦波及余弦波,即直流、基频和谐波分量。也就是将信号从时域变换到频域,并求其在频域中的变化规律。这些分量对电路的性能有重要影响。进行傅里叶分析时,一般将电路中交流电压源的频率设定为基频,还须选择被分析的节点。傅里叶分析的结果可以是被分析节点的电压幅频特性曲线,也可是相频特性曲线。

1）傅里叶分析步骤

（1）在 Proteus 上创建电路图。

（2）在电路图中放置电压探针及傅里叶分析图表。

选择"傅里叶分析图表"→"编辑图表",打开编辑傅里叶分析图表对话框,如图 4.6.10 所示。该对话框包含如下设置内容:图表标题、起始时间、结束时间、最大频率、分辨率、加窗函数等。

图 4.6.10　"傅里叶分析图表"对话框

（3）确定"傅里叶分析图表"对话框中的分析参数后，选择"绘图"→"仿真图表"，即可开始进行仿真。

2）傅里叶分析举例

放大电路如图 4.6.11 所示。输入信号 u_s 为频率 1 kHz、有效值 10 mV 的正弦波。在电路图中放置电压探针 V_{out} 及失真分析图表，失真图表对话框设置如图 4.6.10 所示。

将电压探针 V_{out} 拖放到傅里叶分析图表中。选择"绘图"→"仿真图表"，电路开始仿真，仿真结果如图 4.6.11 所示。从仿真图中可知，输出信号中除了含有基频 1 kHz 的信号外，还包含基波的二次谐波和三次谐波分量。

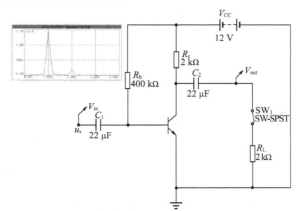

图 4.6.11 放大电路及其输出的幅度频谱

4.6.7 交流扫描分析

交流扫描分析（AC Sweep Analysis）主要用于分析某个元件的某个参数在一定范围内变化时对电路的影响，可快速地校验电路的运行情况。

1）交流扫描分析步骤

（1）在 Proteus 上创建电路图。

（2）在电路图中放置电压探针及交流扫描分析图表。

选择"交流扫描分析图表"→"编辑图表"，打开编辑交流扫描图表对话框，如图 4.6.12 所示。该对话框包含如下设置内容：图表标题、起始频率、结束频率、间隔（间隔取值方式：DECADES（10 倍频程）、VESL（8 倍频程）、INEAR（线性））、显示步幅数、扫描变量、扫描变量起始值、扫描变量终止值、扫描变量标称值、扫描变量间隔等。

图 4.6.12 "交流扫描分析"对话框

（3）确定对话框中的分析参数后，选择"绘图"→"仿真图表"，即可开始进行仿真。

2）交流扫描分析举例

放大电路如图 4.6.13 所示。图中输入信号 u_s 为频率 1 kHz、有效值 10 mV 的正弦波，输出信号为 V_{out}。在本例中，将集电极电阻 R_c 的阻值作为扫描参数，即将其阻值设置为图 4.6.12 中与扫描变量 X 相关的参数表达式。对 R_c 的编辑情况如图 4.6.14 所示。

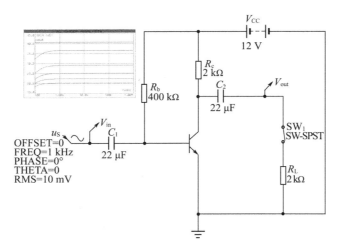

图 4.6.13 放大电路及其交流扫描分析曲线

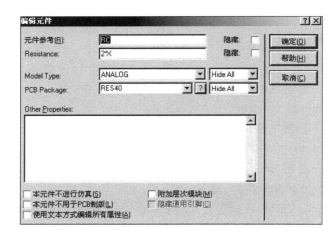

图 4.6.14 "电阻元件编辑"对话框

在电路图中放置电压探针 V_{out} 及交流扫描分析图表，设置图表对话框如图 4.6.12 所示。选择"绘图"→"仿真图表"，开始进行仿真，分析结果如图 4.6.13 所示。从曲线图中可看出集电极电阻 R_c 的变化对电路性能的影响很大。

4.6.8 直流扫描分析

直流扫描分析（DC Sweep Analysis）主要用于观察元件参数对电路工作状态的影响，可通过直流扫描图表实现。

图 4.6.15 为晶体管输入特性曲线测量电路。图中的直流激励电压源设置方法如

图 4.6.16所示，激励源名称为"V"，选择手动编辑模式，且其 VALUE＝V。

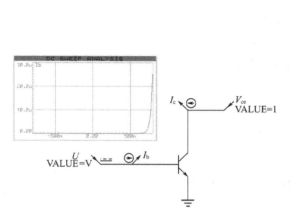

图 4.6.15 晶体管输入特性曲线测量电路　　图 4.6.16 设置"直流激励电压源属性"对话框

在电路中放置电流探针 I_b 和直流扫描图表，设置图表对话框如图 4.6.17 所示。

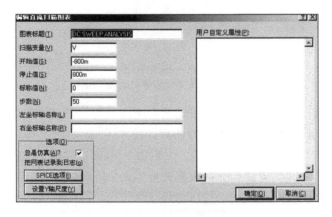

图 4.6.17 设置"直流扫描图表"对话框

将探针 I_b 拖放到直流扫描图表框，完成图表属性设置后，选择"绘图"→"仿真图表"，进行仿真，分析结果如图 4.6.15 所示。从输入曲线图中可看出，该晶体管的死区电压约为 0.5 V，当输入电压大于 0.6 V 后，晶体管导通，产生较大电流，且管压降基本恒定。

4.6.9　转移特性分析

在模拟电子电路中，转移特性分析(Transfer Analysis)可用于分析晶体管的输出特性，该功能可通过转移函数图表实现。

图 4.6.18 为晶体管输出特性曲线测量电路。图中，I_s 为 1 mA 直流电流源，V_{ce} 为5 V 直流电压源。

在电路中放置电流探针 I_c 和转移函数图表，设置转移函数图表的属性对话框如图 4.6.19所示。

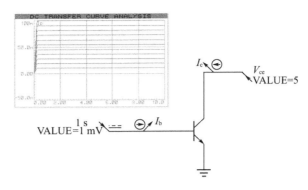

图 4.6.18　晶体管输入特性曲线测量电路

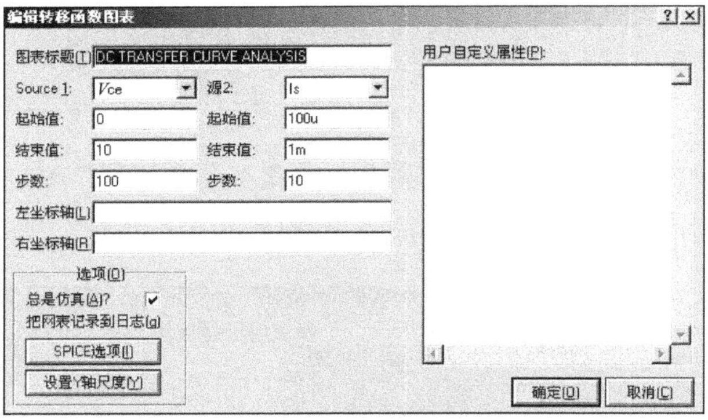

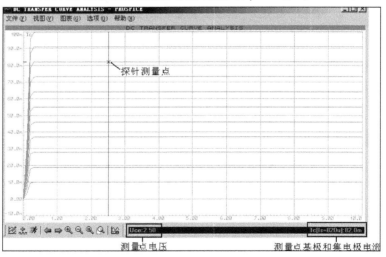

图 4.6.19　设置转移函数图表对话框

将探针 I_c 拖放到转移函数图表框，完成图表属性设置后，选择"绘图"→"仿真图表"，进行仿真，双击图表表头，以窗口形式出现的图表如图 4.6.20 所示。在窗口中单击放置测量探针，图示测量探针指示：晶体管集射电压 V_{ce} 为 2.5 V，基极电流 $I_b(I_s)$ 为 820 μA，集电极电流 I_c 为 82 mA，可得出该测量点的直流电流增益为：$\beta = I_c/I_b = 100$。

图 4.6.20　设置"转移函数图表"对话框

4.7 基于 Proteus 的模拟电路综合实验

本节给出 2 个基于 Proteus 的模拟电路综合实验:方波-三角波、矩形波-锯齿波信号发生电路实验和直流稳压电源实验。

4.7.1 方波-三角波、矩形波-锯齿波信号发生电路实验

1) 实验目的
(1) 学习用集成运算放大器设计方波-三角波和矩形波-锯齿波发生器的方法;
(2) 学习测量非正弦信号的幅度、频率的方法。

2) 实验原理
实验电路原理图如图 4.7.1 所示。运放 A_1 组成滞回电压比较器,运放 A_2 组成积分器。

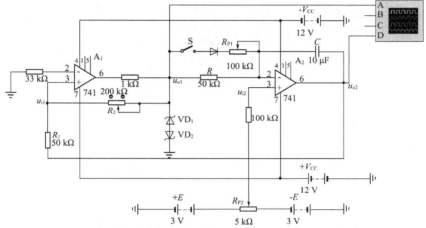

图 4.7.1 集成运算放大器组成的方波-三角波和矩形波-锯齿波发生电路

在图 4.7.1 中,方波-三角波发生器是由滞回电压比较器和积分器连在一起组成的正反馈自激振荡电路,比较器输出方波,积分器输出三角波,方波发生器由三角波触发,积分器对方波发生器的输出信号进行积分,两者相辅相成,形成统一体。其输出波形如图 4.7.2 所示。

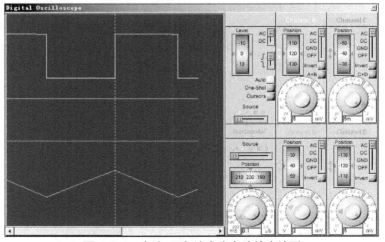

图 4.7.2 方波-三角波发生电路输出波形

　　如果合上开关 S,则上述电路就形成矩形波-锯齿波发生器,比较器输出矩形波,积分器输出锯齿波,输出波形如图 4.7.3 所示。

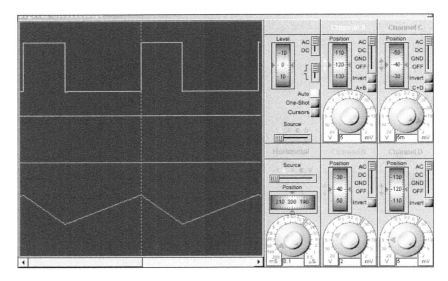

图 4.7.3　矩形波-锯齿波发生电路输出波形

　　设定电位器 R_{P2} 的滑动端居中。各参数的计算式如下:

（1）滞回电压比较器的上下门限电压

$$U_{T+} = -U_{T-} = \frac{R_1}{R_2}U_Z$$

式中:U_Z 为稳压管 VD_1 和 VD_2 的稳定电压。

（2）回差电压

$$\Delta U_T = \frac{2R_1}{R_2}U_Z$$

（3）滞回电压比较器输出电压值

$$u_{o1} = |U_Z|$$

（4）积分器充放电时间常数

$$\tau = RC　　　　　（开关 S 打开）$$
$$\tau \approx (R /\!/ R_{P1})C　　（开关 S 闭合,C 充电）$$
$$\tau = RC　　　　　（开关 S 闭合,C 放电）$$

（5）积分器输出电压

$$u_{o2} = |\frac{R_1}{R_2}U_Z|$$

（6）开关 S 打开时三角波输出信号的周期

$$T_B = 2T_1 = 2T_2 = \frac{4R_1}{R_2}RC$$

（7）开关 S 闭合时锯齿波输出信号的周期

$$T_A = T_1 + T_2 = \frac{2R_1}{R_2}RC + \frac{2R_1}{R_2}(R /\!/ R_{P1})C$$

（8）输出信号的占空比

$$D = T_1/T \qquad （开关 S 打开时为 50\%）$$

3）实验器材

实验器材和元器件清单如表 4.7.1 所示。

表 4.7.1 元器件及所在库的清单

元件名称	元件所在库	说 明
集成运算放大器	Operational Amplifiers →single →741	2 个
电阻器	Resistors→ generic → RES	通用型,100 kΩ 1 个、50 kΩ 1 个、33 kΩ 2 个、1 kΩ 1 个
可调电阻器	Resistors→Variables→POT-HG	200 kΩ 1 个、100 kΩ 1 个、5 kΩ 1 个
二极管	Diodes→Generic→DIODE	通用型,1 个
稳压管	Diodes→Generic→DIODE-ZEN	通用型,2 个
电容器	Capacitor→Generic→CAP	通用型,10 μF 1 个
开关	Switches & Relays→ Switches→SW-SPST	1 个
直流电源	Simulator Primitives→ Sources→ BATTERY	±12 V、± 3 V
示波器	虚拟仪器库→OSCILLOSCOPE	1 个
接地	终端模式→GROUND	

4）实验内容和步骤

（1）创建电路

按图 4.7.1 所示原理图创建电路,并将电路文件命名、存盘。

（2）方波-三角波发生器的测量

电位器 R_{P2} 的滑动端居中,断开开关 S,然后进行仿真。在示波器中观察方波与三角波的发生过程,待其稳定后,在图 4.7.4 中画出输出波形,完成表 4.7.2 的测量,并与理论值比较。根据测量值,稳压管的稳定电压值为:_____V。

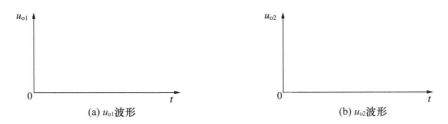

(a) u_{o1} 波形   (b) u_{o2} 波形

图 4.7.4 方波-三角波发生器输出波形 1

表 4.7.2 理论和实验数据

项 目	幅值 U_{o1m}	幅值 U_{o2m}	频率 f	占空比 D
理论值				
测量值				

进行仿真时,调节电路中的电位器 R_{P2} 为 80%,观察并在图 4.7.5 中记录示波器中方波及三角波波形的变化。

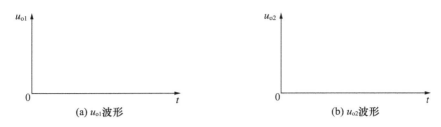

图 4.7.5　方波-三角波发生器输出波形 2

（3）矩形波-锯齿波发生器的测量

电位器 R_{P2}、R_{P1} 的滑动端居中，合上开关 S 后进行仿真。用示波器观察矩形波与锯齿波的发生过程，待其稳定后记录波形于图 4.7.6 中，完成表 4.7.3 的测量，并与理论值比较。

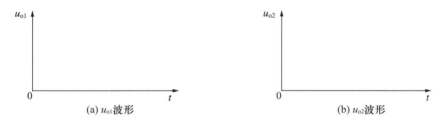

图 4.7.6　矩形波-锯齿波发生器输出波形

表 4.7.3　矩形波-锯齿波理论和实验数据表

项　　目	幅值 U_{o1m}	幅值 U_{o2m}	频率 f	占空比 D
理论值				
测量值				

在仿真进行的情况下，调节电路中的电位器 R_{P1}，用示波器观察锯齿波的形状的变化。

5）实验报告要求

（1）分析电路工作原理。

（2）整理各项理论和实验数据，分析实验结果，得出结论，并画出相关的曲线图。

（3）根据测量值与理论值的比较，验证电路的正确性。如存在问题，提出相应的改进措施。

（4）回答思考题。

6）思考题

（1）电位器 R_{P2} 对输出波形有何影响？并用理论分析证明。

（2）电位器 R_{P1} 对输出波形有何影响？并用理论分析证明。

（3）为什么电路中的开关 S 断开时，积分器的输出波形为三角波，而当开关 S 合上时，积分器的输出波形则为锯齿波？试简述原因。

（4）设计一个方波-三角波发生器。要求电路输出信号的周期 $T=1$ s，输出 $u_{o2}=4$ V。试设计电路参数，并对所设计的电路进行验证。

（5）设计一个矩形波与锯齿波发生器。要求电路输出信号的周期 $T=2$ s，输出 $u_{o2}=3$ V，占空比 $D=0.4$。试设计电路参数，并对所设计的电路进行验证。

4.7.2　直流稳压电源实验

1）实验目的

（1）了解设计变压器时的参数选择。

（2）加深对桥式整流滤波原理的理解。

（3）加深对串联型稳压电路的理解。

（4）掌握电路参数的调节方法。

2）实验原理

实验原理图如图 4.7.7 所示。220 V、50 Hz 的交流电压经变压、整流、滤波和稳压后，在输出端得到一个稳定的直流电压。

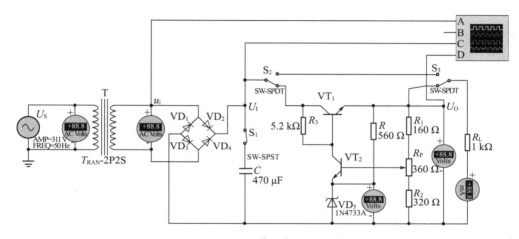

图 4.7.7　直流稳压电源电路原理

变压器 T 的作用是将 220 V 电压降压到所需要的电压值；整流电路的作用是利用二极管单向导电性，将交变的电压变成单一方向的脉动电压，图 4.7.7 中 4 个二极管 $VD_1 \sim VD_4$ 组成桥式整流电路；滤波电容 C 的作用是滤去较大的波纹，使输出的直流电压平滑；稳压电路的作用是当电网电压波动、负载和温度变化时，稳定输出的直流电压。串联型稳压电路由 4 部分电路组成：组成比较放大环节、限流电阻 R 和稳压管 VD_5 组成基准电压环节、电阻 R_1、R_2、R_P 组成取样环节、调整管 VT_1 组成调整环节（在实际电路中，为保证调整管的安全，一般还设有保护电路）。

稳压电源的技术指标分为两种：一种是特性指标，包括允许的输入电压、输出电压、输出电流以及输出电压的调节范围；另一种是用于衡量输出直流电压稳定程度的质量指标，包括稳压系数、温度系数、纹波系数等。

（1）在图 4.7.7 中，开关 S_1 打开，开关 S_2 和 S_3 向上扳，构成单相桥式整流电路。

输出的直流电压为：$U_o = 0.9U$，其中，U 为变压器副边电压的有效值。

（2）在图 4.7.7 中，开关 S_1 闭合，开关 S_2 和 S_3 向上扳，构成单相桥式整流、电容滤波电路。输出的直流电压为：$U_o = 1.2U$。

（3）在图 4.7.7 中，开关 S_1 闭合，开关 S_2 和 S_3 向下扳，构成串联型稳压电路。输出电压的调节范围为：

$$U_O = \frac{R_1 + R_2 + R_P}{R_2 + R_P}U_Z \sim \frac{R_1 + R_2 + R_P}{R_2}U_Z$$

式中：U_Z 为稳压管 VD_5 的稳定电压。

3）实验器材

实验器材和元器件清单如表 4.7.4 所示。

表 4.7.4　元器件及所在库的清单

元件名称	元件所在库	说　明
NPN 晶体管	Transisitor→ generic →NPN	通用型,2 个
二极管整流桥	Diodes→Generic→BRIDGE	1 个
稳压管	Diodes→ Zener→IN4733A	稳定电压 5.12 V
电阻器	Resistors→ generic → RES	通用型,1 kΩ 1 个、5.2 kΩ 1 个、160 Ω 1 个、320 Ω 1 个
可调电阻器	Resistors→ Variables→POT-HG	360 Ω 1 个
极性电容器	Capacitor→ generic→CAP-ELEC	470 μF(正端不带填充,负端方框中填充有斜纹)
单向开关	Switches & Relays→ Switches→SW-SPST	1 个
双向开关	Switches & Relays→ Switches→SW-SPDT	2 个
变压器	Inductors→ Transformers →TRAN-2P2S	1 个
接地	终端模式→ GROUND	
交流信号源	Simulator Primitives→ ALTEERNATOR	幅度 311 V、频率 50 Hz
示波器	虚拟仪器库→ OSCILLOSCOPE	1 个
交流电压表	虚拟仪器库→ AC Voltmeter	2 个
直流电压表	虚拟仪器库→ DC Voltmeter	2 个
直流电流表	虚拟仪器库→ DC Ammeter	1 个

4）实验内容和步骤

（1）按图 4.7.8 所示原理图创建电路,并将电路文件命名、存盘。

（2）进行仿真,分别用示波器观察单相桥式整流、单相桥式整流电容滤波、串联型稳压电路 3 种情况下输入电压和输出电压的波形,用电压表和电流表分别测量 3 种情况下输出端的直流电压和电流,将测量值和理论值填入表 4.7.5 中。

表 4.7.5　理论和实验数据

项　目	单相桥式整流	单相桥式整流电容滤波	串联型稳压电路
U_O 理论值			
U_O 测量值			
I_O 测量值			

（3）将滤波电容 C 的值分别改为 10 μF、100 μF 和 1 000 μF 时,用示波器观察滤波后的信号,并比较信号的变化情况,说明滤波电容 C 对电路滤波效果的影响。

（4）在串联型稳压电路情况下,调节电位器 R_P 的滑动端,使其在 2 个极限位置下,观察输出电压的变化情况,完成有关表 4.7.6 的测量和计算,并比较测量值与理论值的大小。

表 4.7.6 理论和实验数据

项　目	U_{Omin}	U_{Omax}
理论值		
测量值		

5) 实验报告要求

（1）分析电路工作原理。

（2）整理各项理论和实验数据，分析实验结果，得出结论，并画出相关的曲线图。

（3）回答思考题。

6) 思考题

（1）考虑如何选取变压器次级电压有效值、整流二极管桥的参数、滤波电容 C 的值和耐压值、调整管 VT_1 的主要参数、采样电阻 R_1、R_2、R_P 的值、稳压管 VD_5 及其限流电阻 R 的参数。

（2）滤波电容 C 的值与好坏对电路稳定效果有何影响？

（3）可调电阻 R_P 调节的位置对电路输出电压有何影响？

（4）设计一个直流稳压电源，其性能指标要求为：输入为 220 V、50 Hz 的交流电源；输出电压为 5 V～10 V 连续可调；输出电流的最大值为 1 A。试设计电路参数。

5 可编程模拟电路实验

5.1 可编程模拟电路芯片

在系统可编程模拟器件 ispPAC(In - System Programmable Analog Circuits)是美国 Lattice 半导体公司于 1999 年底推出的。到目前为止已推出了 5 种芯片：ispPAC10、ispPAC20、ispPAC30、ispPAC80、ispPAC81。这 5 种芯片应用的侧重点不同：ispPAC10 适合于信号的放大和滤波；ispPAC20 适合于信号的转换和监视；ispPAC30 适合于做通用的模拟前端；ispPAC80 与 ispPAC81 可以方便地实现多种类型的五阶滤波器电路。

ispPAC 芯片包含有可编程模拟电路（PAC）块（PAC Block）、模拟布线池（Analog Rouring Pool，ARP）、电擦除存储器及参考电压、自动校正电路、串行外部设备接口（SPI）。PAC 块代替传统的模拟器件，可以是仪表放大器、求和放大器或其他功能单元，主要承担模拟信号处理的任务。ARP 为 PAC 块的输入、输出与器件的引脚之间提供一个可编程的线路网络，不需外部连接就可以实现 PAC 块之间的级联。电擦除存储器可以重复使用 10 000 次。

本部分着重介绍 ispPAC10、ispPAC20、ispPAC80 这 3 种芯片。

1) ispPAC10 芯片

（1）ispPAC10 芯片的引脚

ispPAC10 芯片的引脚如图 5.1.1 所示，各引脚说明列于表 5.1.1 中。

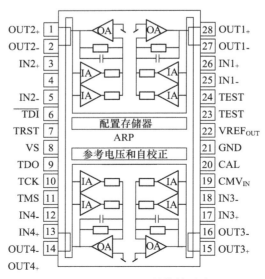

图 5.1.1 ispPAC10 芯片的引脚图

表 5.1.1　ispPAC10 芯片引脚说明

引脚号	符　号	说　　　明
1	OUT2+	PAC2 差分输出正端,差分输出 OUT2＝OUT2+－OUT2-
2	OUT2-	PAC2 差分输出负端,差分输出 OUT2＝OUT2+－OUT2-
3	IN2+	PAC2 差分输入正端,差分输入 IN2＝IN2+－IN2-
4	IN2-	PAC2 差分输入负端,差分输入 IN2＝IN2+－IN2-
5	TDI	JTAG＊接口状态机数据输入脚,在 TCK 上升沿时输入数据有效
6	$\overline{\text{TRST}}$	JATG 接口状态机复位脚,低电平时,复位 JTAG 状态机
7	VS	＋5 V 电源,与 GND 端之间应连接 0.1 μF 和 1 μF 的旁路电容
8	TDO	JTAG 接口状态机数据输出脚,在 TCK 下降沿时输出数据有效
9	TCK	JTAG 接口状态机时钟输入脚
10	TMS	JTAG 接口状态机模式选择输入脚
11	IN4+	PAC4 差分输入正端,差分输入 IN4＝IN4+－IN4-
12	IN4-	PAC4 差分输入负端,差分输入 IN4＝IN4+－IN4-
13	OUT4-	PAC4 差分输出负端,差分输出 OUT4＝OUT4+－OUT4-
14	OUT4+	PAC4 差分输出正端,差分输出 OUT4＝OUT4+－OUT4-
15	OUT3+	PAC3 差分输出正端,差分输出 OUT3＝OUT3+－OUT3-
16	OUT3-	PAC3 差分输出负端,差分输出 OUT3＝OUT3+－OUT3-
17	IN3+	PAC3 差分输入正端,差分输入 IN3＝IN3+－IN3-
18	IN3-	PAC3 差分输入负端,差分输入 IN3＝IN3+－IN3-
19	CMVIN	共模电压输入端,用于替换 VREF$_{\text{OUT}}$(2.5 V)
20	CAL	自动校准外部控制端,上升沿启动自动校准序列
21	GND	电源地与模拟地相连
22	VREF$_{\text{OUT}}$	共模参考电压输出端(2.5 V),与 GND 端之间应连接 0.1 μF 旁路电容
23	TEST	厂家测试端,正常工作时接地
24	TEST	厂家测试端,正常工作时接地
25	IN1-	PAC1 差分输入负端,差分输入 IN1＝IN1+－IN1-
26	IN1+	PAC1 差分输入正端,差分输入 IN1＝IN1+－IN1-
27	OUT1-	PAC1 差分输出负端,差分输出 OUT1＝OUT1+－OUT1-
28	OUT1+	PAC1 差分输出正端,差分输出 OUT1＝OUT1+－OUT1-

　　注：ispPAC 器件的硬件编程接口电路是 IEEE 1149.1－1990 定义的 JTAG 测试接口。对 ispPAC 器件编程仅需要一个标准的＋5 V 电源和四芯的 JTAG 串行接口。有关 JTAG 操作的细节可查看 IEEE 的有关说明。

　　(2) ispPAC10 的内部结构

　　ispPAC10 的内部结构框图如图 5.1.2 所示。

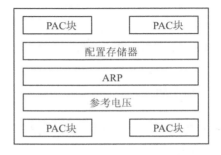

图 5.1.2　ispPAC10 芯片的内部结构框图

（3）ispPAC10 芯片的内部电路

ispPAC10 芯片的内部电路图如图 5.1.3 所示。

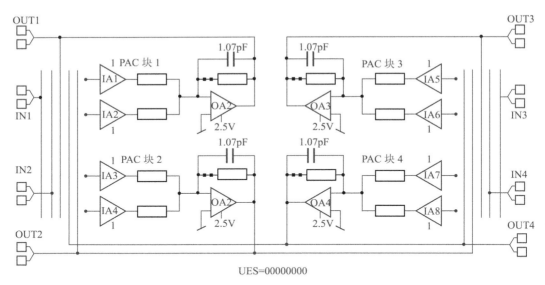

UES=00000000

图 5.1.3   ispPAC10 芯片的内部电路

ispPAC10 芯片的结构由 4 个基本单元电路——PAC 模块、ARP、配置存储器、参考电压及 SPI 所组成。器件用 5 V 单电源供电。其中，基本单元电路称为 PAC 块，它由 2 个仪表放大器和 1 个输出放大器组成，配以电阻、电容构成一个真正的差分输入、差分输出的基本单元电路，如图 5.1.4 所示。差分输入、差分输出是指每个仪表放大器有 2 个输入端，输出放大器也有 2 个输出端。电路的增益调整范围为 $-10 \sim +10$。PAC 块中电路的增益和特性都可以用可编程的方法来改变，采用一定的方法（可通过编程调整增益及适当的组合），器件可配置成 1

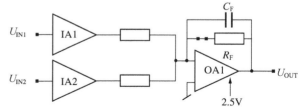

图 5.1.4   ispPAC 芯片中的 PAC 块

$\sim 10\ 000$ 倍的各种增益。输出放大器中的电容 C_F 有 128 种值可供选择。反馈电阻 R_F 可断开或连通。器件中的基本单元可通过 ARP 实现互连，以便实现各种电路的组合。

（4）PAC 块的线性范围和特点

① 输入

a. PAC 块的输入均为差分型，其输入信号等于施加于输入放大器正、负两端的信号 U_{IN+} 和 U_{IN-} 的差值。

b. 共模输入信号不能产生输出信号。

② 输出

a. PAC 块的输出也为差分形式，其值等于输出放大器的正、负输出 U_{OUT+} 和 U_{OUT-} 之差，其输出范围约为 0.1 V～4.9 V。

b．PAC 块输出具有短路保护。

c. 输出的共模电压始终为 VREF$_{OUT}$,而与输入共模电平无关。这一特性使得可以将独立(输入空置)的 PAC 块作为替代 VREF$_{OUT}$ 的参考源。

电路中的 VREF$_{OUT}$ 可以用两种方法给出:一种是直接与器件的 VREF$_{OUT}$ 引脚相连,由于 VREF$_{OUT}$ 为高阻抗输出,因此,当需要 VREF$_{OUT}$ 作为参考源,且需一定电流时应加缓冲驱动电路;另一种方法是利用 PAC 块作为 VREF$_{OUT}$ 使用,其线路原理图如图 5.1.5 所示,OUT1 输出 2.5 V 作为 VREF$_{OUT}$ 使用。从图中可以看出,其输入端开路,而其反馈通路闭合,此时,输出放大器的输出固定为 VREF$_{OUT}$,即 2.5 V。PAC 块的任意一个输出端都可作为 VREF$_{OUT}$ 参考源,两者也有相同的驱动能力。然而,这两个输出之间最好不要短接,因为两者之间存在一个很小的电位差,这将产生一个固定的电流,会产生不必要的功率损耗,影响电路的稳定性。

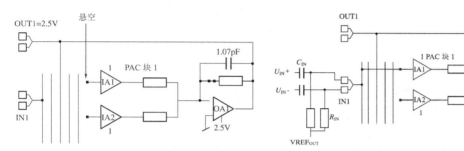

图 5.1.5　用 ispPAC10 芯片产生 VREF$_{OUT}$　　　　图 5.1.6　信号交流耦合输入加直流偏置

当要求参考源提供的电流小于 10 μA 时,可以直接使用 VREF$_{OUT}$ 引脚输出而不需要加缓冲驱动。例如,当仅对 PAC 块的输入信号作 DC 电平移位时,信号通过电容 C_{IN} 耦合到 PAC 块的输入端,VREF$_{OUT}$ 通过电阻 R_{IN} 耦合到 PAC 块的输入端,如图 5.1.6 所示。R_{IN} 应大于 200 kΩ。

当要求的参考源提供的电流大于 10 μA、小于输出电流能力最大值(10mA)时,则可以利用 PAC 块作为 VREF$_{OUT}$ 使用。如图 5.1.5 所示。

每个 PAC 块都可以独立地构成电路,也可以采用级联的方式构成电路,以实现复杂的模拟电路功能。图 5.1.7 表示了两种不同的连接方法。

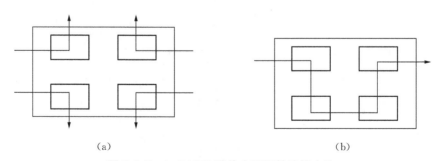

(a)　　　　　　　　　　　　　　　　(b)

图 5.1.7　ispPAC10 芯片中不同的连接方法

利用基本单元电路的组合可进行放大、求和、积分、滤波。可以构成低通、带通双二阶有源滤波器,且无需在器件外部连接电阻、电容元件。

2) ispPAC20 芯片

(1) ispPAC20 芯片的引脚

ispPAC20 芯片的引脚图如图 5.1.8 所示,引脚说明如表 5.1.2 所示。

(2) ispPAC20 芯片的内部结构

ispPAC20 芯片的内部结构框图如图 5.1.9 所示。

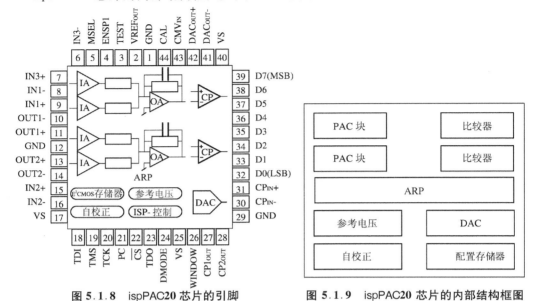

图 5.1.8　ispPAC20 芯片的引脚　　　　　图 5.1.9　ispPAC20 芯片的内部结构框图

表 5.1.2　ispPAC20 芯片引脚说明

引脚号	符　号	作　用	描　述
1,12,29	GND	模拟地	电源地
2	VREF$_{OUT}$	参考电压输出	2.5 V 参考电压输出端,需接 1 μF 旁路电容到地
4	ENSPI	SPI 模式允许	SPI 模式输入端,高电平有效,内部下拉
5	MSEL	多路开关选择	IA1 输入选择端,内部下拉到地电平
3	TEST	测试端	工厂测试端,正常工作时接地
6,7,8,9,15,16	IN	输入端	模拟信号输入端,$U_{IN}=U_{IN+}-U_{IN-}$
10,11,13,14	OUT	输出端	模拟信号输出端,$U_{OUT}=U_{OUT+}-U_{OUT-}$,$U_{OUT+}$ 和 U_{OUT-} 对称于 VREF$_{OUT}$
17,25,40	VS	电源	电源端,通常接 +5 V
18	TDI	串行数据输入	JTAG 和 SPI 模式数据输入。TCK 上升沿时输入数据有效,内部上拉
19	TMS	JTAG 模式选择	JTAG 模式选择端。只对 JTAG 有效,内部上拉
20	TCK	串行时钟输入	串行时钟输入端,对 JTAG 和 SPI 均有效
21	PC	极性控制	IA4 输入极性控制,内部下拉
22	/CS	片选	SPI 和 DAC 接口时钟,内部上拉
23	TDO	串行数据输出	JTAG 和 SPI 模式数据输出。TCK 下降沿时输出数据有效
24	DMODE	DAC 模式选择	DAC 模式选择端。高电平时,DAC 由数据输入端 D0～D7 装载,CS 作锁存信号,内部下拉到低电平
26	WINDOW	窗口比较输出	窗口比较输出端。功能由用户配置决定
27,28	CP$_{OUT}$	比较器输出	比较器输出端
30,31	CP$_{IN}$	比较器输入	比较器输入端。$CP_{IN}=CP_{IN+}-CP_{IN-}$
32～39	D0～D7	DAC 数据输入端	DAC 数据输入端
41,42	DAC$_{OUT}$	DAC 输出	DAC 输出端。$D_{OUT}=D_{OUT+}-D_{OUT-}$
43	CMV$_{IN}$	外部共模电压输入	外部共模电压输入端。代替 VREF$_{OUT}$(2.5 V)
44	CAL	外部校准控制	外部校准控制端。高电平启动,内部下拉

（3）ispPAC20 芯片的内部电路

ispPAC20 芯片由 2 个基本单元电路 PAC 块、2 个比较器、1 个 8 位 D/A 转换器、配置存储器、参考电压、自动校正单元和 SPI 组成。其内部电路如图 5.1.10 所示。

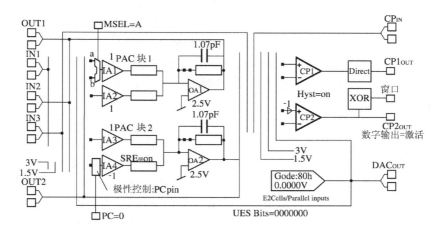

图 5.1.10　ispPAC20 芯片内部电路

（1）DAC 块

这是一个 8 位电压输出的 D/A 转换器（DAC）块。接口方式可自由选择为：8 位并行方式；JTAG 寻址方式；SPI 寻址方式。在串行方式中，数据总长度为 8 位，D0 处于数据流的首位，D7 为最末位。DAC 的输出是完全差分形式，可以与器件内部的比较器或仪表放大器相连，也可以直接输出。

（2）PAC 块

① PAC 块 1 中 IA1 的多路输入选项 MSEL

从图 5.1.11 中可以看出，IA1 的输入有 a 和 b，具体选择哪一个作为输入，则由外部引脚 MSEL 控制。当 MSEL=0 时，由 a 端输入；若 MSEL=1 则由 b 端输入。这样就扩展了 IA1 的应用范围，在使用上也将更加灵活。例如，将 a 端接输入 IN1，b 端接输入 IN2，再将 IN1 接电压传感器的输出，IN2 接温度传感器的输出。如果以 OUT1 作为监控系统的输出，则可同时监控电压和温度的变化：当 MSEL=0 时，监控电压的变化；当 MSEL=1 时，监控温度的变化。

图 5.1.11　ispPAC20 芯片中的 PAC 块

② PAC 块 2 中 IA4 的极性控制

通常情况下，PAC 系列中 PAC 块的仪表放大器的增益在 −10～+10 之间，它可直接利用 PAC-Designer 软件的增益对话框来设定。在 ispPAC20 芯片中，IA1、IA2 和 IA3 的情况也是这样，但 IA4 则有所不同，它的增益对话框中增益范围限制为 $-10 \sim -1$，没有正增益，要想得到正增益，可以通过将 IA4 的输入信号反相来实现。其输入信号是否反相，由一个外部输入端 PC、CP1 的输出 $CP1_{OUT}$ 共同控制。当该电路设置为 PC 引脚控制方式时，仅当 PC 引脚接低电平时，输入信号才改变极性后送给 IA4，当 PC 引脚接高电平时，输入信号不改变极性直接送给 IA4。是否改变极性，由设计者自己编程决定。IA4 的增益只能设置为 $-1 \sim -10$ 之间的整数。但配合极性控制，仍可得到正的增益。如 IA4 的增益设置为 -7，令 PC 为低电平，改变输入信号的极性，这时 IA4 的等效增益相当于 7。

（3）比较器

ispPAC20 芯片内包含 2 个可编程的双差分比较器。此比较器具有许多编程选项，这些选项可用于优化比较器的性能，以便适应各种不同的应用场合。比较器的工作方式与其他比较器相同，即当正输入端比负输入端电位高时，输出为高，反之，则输出为低。但是，此比较器与传统比较器在输入方式上仍有差别，ispPAC20 芯片的比较器输入端为全差分型，无论是比较器的正输入端还是负输入端均有正输入 U_{IN+} 和负输入 U_{IN-}，而其差分输入则定义为 $[U_{IN+} - U_{IN-}]$。这就是说，只有当正输入端的差分电压大于负输入端的差分电压时，比较器才输出为高电平。

① 比较器输入

由 ispPAC20 芯片的内部电路图可以看出，比较器的输入具有多种选择，其中包括：内部参考源 $+1.5$ V、$+3$ V，外部输入端 IN3、CP_{IN}，模拟单元 OA2 的输出 OUT2、DAC 的输出。

当比较器的某个输入端空置（即未与其他电路连接）时，意味着 $U_{IN+} = U_{IN-} = 2.5$ V，这时这个输入端的电压则为 $U_{IN+} - U_{IN-} = 0$ V。假设比较器负输入端空置，则意味着负输入端差分电压为 0，当正输入端差分电压为正时，比较器输出逻辑 1 电平，为负时则输出逻辑 0 电平。当 OA2 的输出用做比较器 CP1 或 CP2 的输入时，其用法与外部引脚 IN3 完全相同。

实际上，最常用做比较器输入的是内部 8 bit DAC 的输出，该电压共有 256 级分层。

注意到第 2 个比较器 CP2 的正输入端有一个反相符号，这表示真正输入到比较器输入端的信号需先经过反相。根据该特点很容易用 CP1 和 CP2 构成一个窗口比较器：将某一个固定差分信号同时加于 2 个比较器 CP1 和 CP2 的正输入端，负输入端外接输入信号，则在窗口（WINDOW）端得到窗口比较器输出。例如，如果将 $+1.5$ V 加于 CP1 和 CP2 的正输入端，则实际施加于 CP1 正输入端的为 $+1.5$ V 的差分信号，而施加于 CP2 正输入端的为 -1.5 V 的差分信号。此时，如果将比较器外部输入脚 CP_{IN} 接于 2 个比较器的负输入端，则有下列情况发生：当 CP_{IN} 小于 $+1.5$ V 时，CP1 输出 1，当 CP_{IN} 大于 -1.5 V 时，CP2 输出 0，而窗口端输出则可以选择为 CP1 和 CP2 各自输出的异或结果。此时，如果 CP_{IN} 在 ± 1.5 V 之内，则窗口输出为 1，若在 ± 1.5 V 之外，则窗口输出为 0。这样就构成了一个窗口比较器，如图 5.1.12 所示。

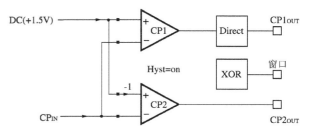

图 5.1.12　CP1、CP2 实现窗口比较

② 比较器迟滞回归选项(Option Comparator Hysteresis)

为了增加比较电路的抗干扰能力,通常采用滞回比较器,ispPAC20 芯片的比较器也加入了滞回选项。迟滞信号的回差已定为 47 mV,迟滞作用是否有效,可利用 PAC-Designer 软件来选择。一旦迟滞作用设定为有效,则 2 个比较器 CP1 和 CP2 均为滞回比较器。这意味着当某个时刻比较器发生跳变之后,只有当 2 个输入信号差的绝对值变化大于 47 mV 时,其输出才可能改变。

3) ispPAC80 芯片

ispPAC80 芯片可实现五阶、连续时间的低通模拟滤波器,无需外部元件或时钟。在 PAC-Designer 软件的集成滤波器数据库中提供了数千个模拟滤波器,频率范围从 50 kHz 到 500 kHz。可以对任意一个五阶低通滤波器执行仿真和编程,滤波器类型分为:高斯(Gaussian)滤波器、贝塞尔(Bessel)滤波器、巴特沃斯(Butterworth)滤波器、勒让德(Legendre)滤波器、2 个线性相位等纹波延迟误差滤波器、3 个切比雪夫(Chebyshev)滤波器、12 个有不同脉动系数的椭圆滤波器。ispPAC80 芯片的引脚图如图 5.1.13 所示。

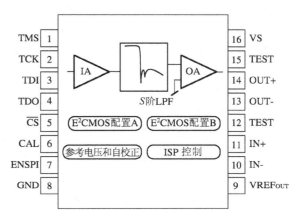

图 5.1.13 ispPAC 80 芯片的引脚

ispPAC80 芯片内含一个增益为 1、2、5 或 10 可选的差分输入仪表放大器(IA)和一个多放大器差分滤波器 PAC 块,此 PAC 块包括一个差分输出求和放大器(OA)。通过片内非易失 E^2CMOS 可配置增益设置和电容值。器件配置由 PAC-Designer 软件设定,经由 JTAG 下载电缆下载到 ispPAC80 芯片。ispPAC80芯片的引脚说明列于表 5.1.3 中。

表 5.1.3 ispPAC80 芯片的引脚说明

引脚号	符 号	引脚名称	描 述
1	TMS	JTAG 模式选择	JTAG 模式选择端。只对 JTAG 有效
2	TCK	JTAG 时钟	
3	TDI	串行数据输入	JTAG 和 SPI 模式数据输入。JTAG 方式时在 TCK 上升沿输入数据有效;SPI 方式时在$\overline{CS}$上升沿输入数据有效
4	TDO	JTAG 数据输出	JTAG 和 SPI 模式数据输出。JTAG 方式时在 TCK 下降沿输出数据有效;SPI 方式时在$\overline{CS}$下降沿输出数据有效
5	$\overline{CS}$	片选	片选逻辑控制。用于 SPI 数据锁存
6	CAL	自动校准	外部控制端(数字信号),上升沿产生自校准序列
7	ENSPI	SPI 模式使能	数字信号,高电平时使串口工作于 SPI 模式
8	GND	地	通常连接系统模拟地
9	$VREF_{OUT}$	模拟参考输出	共模参考输出(2.5 V)。应接 1 μF 旁路电容到地
10,11	IN	模拟输入端	差分输入脚。有 +、一两端,记为 U_{IN+}、U_{IN-},输入电压为 $U_{IN} = U_{IN+} - U_{IN-}$
12,15	TEST	测试端	

引脚号	符 号	引脚名称	描 述
13,14	OUT	模拟输出端	差分输出脚。有＋、—两端，记为 U_{OUT+}、U_{OUT-}，输出电压为 U_{OUT} $=U_{OUT+}-U_{OUT-}$
16	VS	电源	5 V 电源，应接 $1\,\mu F$ 和 $0.1\,\mu F$ 旁路电容到地

5.2 可编程模拟电路软件

isp PAC 的开发软件为 PAC‑Designer。

1) PAC‑Designer 对计算机的要求

PAC‑Designer，对计算机的软、硬件配置要求如下：

(1) Windows 95、98、NT。

(2) 64MB RAM。

(3) 1GB 硬盘。

(4) Pentium CPU。

2) PAC‑Designer 的特点

(1) 设计输入方式——原理图输入。

(2) 可观测电路的幅频和相频特性。

(3) 支持的器件：ispPAC10、ispPAC20、ispPAC80。

(4) 内含用于低通滤波器设计的宏。

(5) 能将设计直接下载。

3) PAC‑Designer 软件的安装（略）

4) PAC‑Designer 软件的使用方法

在 Windows 中，选择"开始"→"程序"→"Lattice Semiconductor"→"PAC‑Designer"菜单，进入 PAC 软件集成开发环境（主窗口），如图 5.2.1 所示。

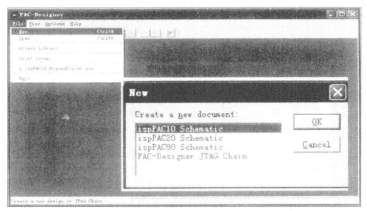

图 5.2.1 PAC-Designer 主界面

(1) 为所要输入的电路图建立一个新文档

点击 PAC-Designer 主界面菜单条上的"File"，在其下拉菜单中选择"New"并单击它，

就会弹出一个名为 New 的小窗口,如图 5.2.1 所示。在"New"窗口中选择一种与所采用的
器件型号相对应的 Schematic 文档(本例选择 ispPAC10),然后点击"OK",就弹出一个电路
图设计输入窗口,这是一张 ispPAC10 芯片的内部电路图,如图 5.2.2 所示。

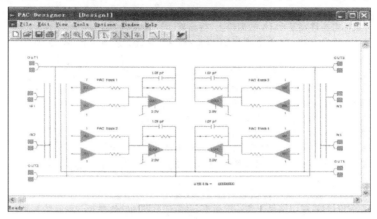

图 5.2.2　电路图设计输入界面

(2) 编辑电路图连线

一开始所显示的电路图中各个 PAC 块均处于无任何连接的状态,现在根据所设计电
路的要求,将电路中所需要的连线连接起来。方法如下:移动鼠标箭头到某个 IA 输入端,
这时在输入端附近出现"[　]"状态,双击"[　]"一次,就会弹出一个名为 Interconnect 的小
窗口,见图 5.2.3 所示。从该窗口列出的各引脚名中选择一个(图中选择 IN1),点击"OK"
确认后,在输入端与外引脚 IN1 之间就出现了一根连线,也可以用鼠标拖放的方式进行连
接。重复上述过程直到完成整个电路图的连接。

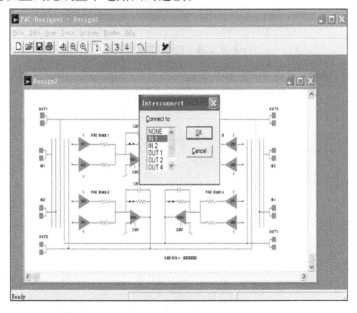

图 5.2.3　在电路图设计输入界面中编辑连线

（3）增益选择

将鼠标箭头移到某个 IA 的图符上，待出现"[　]"状态符时，双击一次，就会弹出一个"Polarity & gain Level"小窗口，其中显示－10～＋10 所有整数值的增益，选择其中的一个并点击"OK"确认，该 PAC 块的增益就设置好了。重复上述过程直到完成整个电路图的增益设置。仿照上述方法，还可以对输出放大器 OA 的反馈电容值进行设置。顺便指出，这种设置方式不是唯一的，也可以在主菜单中选择"Edit"→"Symbol"→选择参数设置的对象。

当所设计的电路都完成了连线和参数设置后，选择主菜单的"File"→"Save"。

5）PAC－Designer 软件仿真操作步骤

如果所设计的是一个低通滤波器或带通滤波器电路，当完成设计后，可以对设计作一次仿真，以验证电路的特性是否与设计的初衷相吻合。PAC-Designer 软件的仿真结果是以幅频和相频曲线的形式给出的。仿真的操作步骤如下：

（1）设置仿真参数

选择"Options"→"Simulator"，产生如图 5.2.4 所示的对话框。

图 5.2.4　仿真参数设置

对话框中各选项的含义如表 5.2.1 所示。

表 5.2.1　图 5.2.4 对话框各选项的含义

选　项	含　义
Curve 1～Curve 4	仿真输出的幅频/相频特性曲线，可同时显示 4 条不同的曲线。Curve 1 至 Curve 4 这 4 个菜单分别设定 4 条曲线的参数
F start	仿真的初始频率（Hz）
F stop	仿真的截止频率（Hz）
Points/Decade	绘制幅频/相频特性曲线时每 10 倍频率间隔所要计算的点数
Input	输入节点名。默认值为 IN1
Output	输出节点名。默认值为 OUT1
General	设置是否要每修改一次原理图就自动仿真的菜单
Run Simulator ...	该选项在 General 菜单中。设置是否要每修改一次原理图就自动仿真

（2）执行仿真操作

完成仿真参数设置后，点击电路图编辑窗口的主菜单命令"Tools"→"Run Simulator"菜单进行仿真操作。

（3）器件编程

完成了设计输入和模拟验证以后，最后一步就是对器件进行下载编程。首先要检查下载编程电缆是否将 PC 机（并行口）与下载板（26 针插座）连接，下载板上的器件是否安装，5 V 电源加了没有，一切准备就绪后可以下载。

点击电路图编辑窗口的主菜单命令"Tools"。在 Tools 下拉菜单中，若点击"Download"，即可完成下载；若点击"Verify"，可对器件中下载的内容与原始电路图进行校验；若点击"Upload"，可将 ispPAC 芯片中的内容（在没有加密码的情况下）读出并显示在电路图中。

ispPAC 芯片设有一个加密保护区，如果所设计的电路需要加密，在下载后要选择器件内容是否允许被读出，起加密保护作用。具体操作为选择："Edit"→"Security"。

6）ispPAC20 芯片的软件设计方法

点击主界面菜单条上的"File"→"New"，在如图 5.2.5 所示的 New 小窗口，点击"ispPAC20 Schematic"文档，如图 5.2.5 所示。点击"OK"，打开 ispPAC20 芯片的编辑界面，如图 5.2.6 所示。

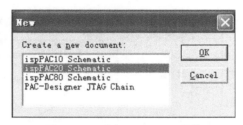

图 5.2.5　选择 ispPAC20 芯片

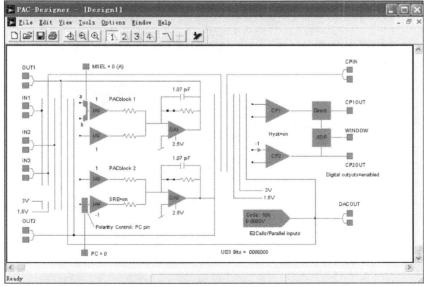

图 5.2.6　ispPAC20 芯片电路图设计输入界面

可以看到 ispPAC20 芯片有 2 个基本单元电路 PAC 块。IA1 模块增加了模拟二选一多路器,由引脚 MSEL 控制,当 MSEL 为 0 时,a 通道选通;为 1 时,b 通道选通。IA4 也增加一个极性增益控制端 PC,可以通过外面的信号来控制,也可在内部软件控制极性进行模拟仿真。方法如下:双击 PC=0/1 处,可弹出一画面,如图 5.2.7 所示。

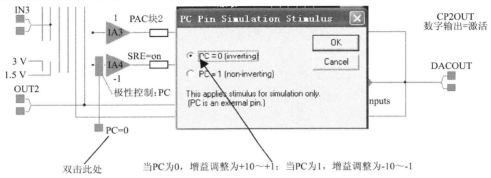

图 5.2.7　极性控制端 PC 的设置

在 PC=0/1 之间进行选择,点击"OK"。

ispPAC20 芯片中有一对高速比较器 CP1、CP2,如图 5.2.8 所示。其输出方式有多种,可以直接输出,异或输出,还可以是以 RS 触发器的方式输出。

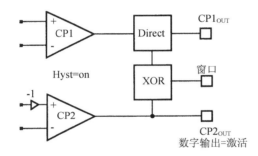

图 5.2.8　ispPAC20 芯片中的 2 个比较器

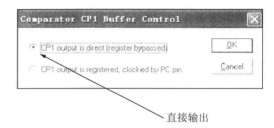

图 5.2.9　CP1$_{OUT}$ 的选择

CP1$_{OUT}$ 有两种输出选择。双击"Direct"(直接输出),可弹出选择窗口,如图 5.2.9 所示。

如果选定 CP1 output is registered,应在 IA4 中选定。方法如下:双击图 5.2.6 中的"Polarity Control: PC pin 处",弹出如图 5.2.10 中所示窗口,按图示操作即可。

窗口(WINDOW)输出口有两种选择模式。双击"XOR"(异或输出),可弹出图 5.2.11 所示窗口。选择"XOR mode"表示 CP1 与 CP2 是相异或的方式输出;选择"Flip-Flop mode"表示是以 RS 触发器的方式输

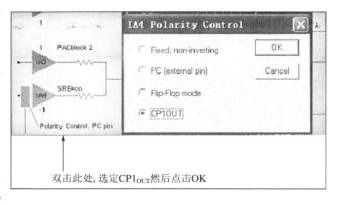

图 5.2.10　IA4 极性控制

出,功能由用户配置决定。

为了得到抗干扰能力比较强的比较器,在 ispPAC20 芯片中设有一个迟滞控制的比较器,可以通过双击"Hyst=on/off"弹出图 5.2.12 的界面,通过使能的选择,点击"OK"。

回差电压为 ±47 mV,已经存放在 E^2CMOS 中,不可以设定。

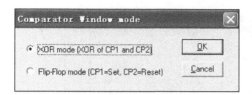

图 5.2.11　比较器输出选择

图 5.2.12　比较器的迟滞控制

此外,ispPAC20 芯片有一个 8 位 DAC 模块,如图 5.2.13 所示。当 D0 ~D7 输入为 00H ~ FFH 时,转换电压为 -3 V ~ +3 V 的线性转换。

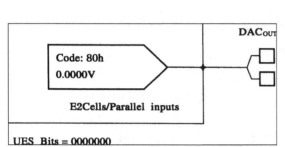

图 5.2.13　ispPAC20 芯片的 DAC 模块

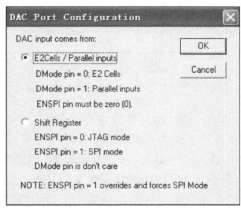

图 5.2.14　DAC 输入方式的选择

双击"E2Cells/Parallel inputs",弹出如图 5.2.14 所示的控制界面,选择适当的数据输入方式,点击"OK"。

D0 ~D7 数据输入可以是外部输入数据、也可以是内部数据库,可以是串行输入、也可以是并行输入。如果选择 E2Cells/Parallel inputs(此时的 ENSPI 引脚必须为 0),当 DMODE 引脚为 1 时,外部输入数据;当 DMODE 管脚为 0 时,由内部数据库输入。如果选择"Shift Register",此时 DMODE 引脚不起作用,ENSPI 为 1 时,数据输入为 JTAG 模式,ENSPI 为 0 时,数据输入为 SPI 模式。

7) ispPAC80 芯片的软件设计方法

在 设 计 输 入 处 选 择 ispPAC80 芯片,如图 5.2.15 所示。点击"OK",出现图 5.1.29 所示的 ispPAC80芯片电路设计输入界面。

ispPAC80 芯片是一种专门用来实现高性能连续低通滤波器的可编程模拟器件。内含 2 个同时存储不同参数的五阶滤波器的配置(CfgA 和

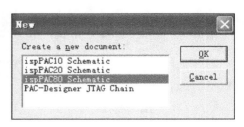

图 5.2.15　选择 ispPAC80 芯片

CfgB)，如图 5.2.16 所示。

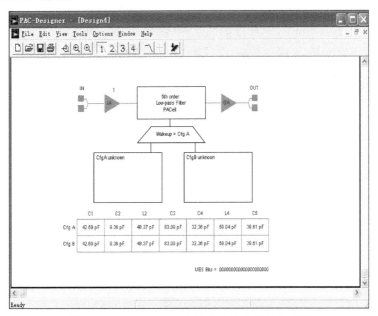

图 5.2.16　ispPAC80 芯片的电路设计输入界面

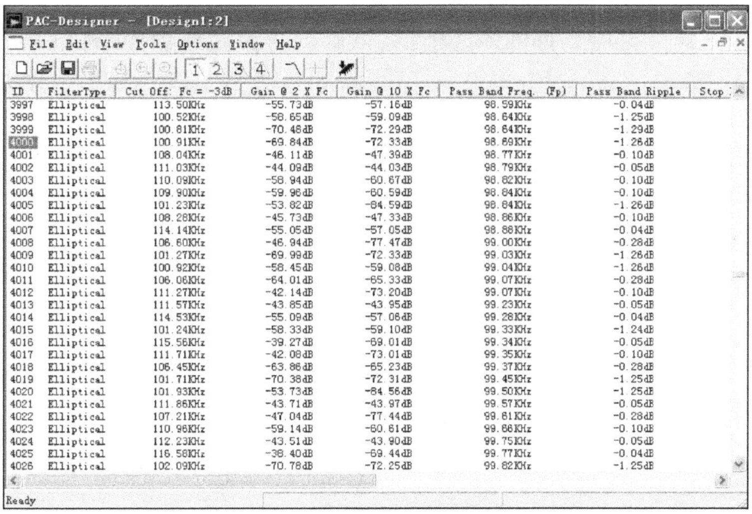

PAC Designer 软件含有 8 000 多种不同类型和参数的五阶低通滤波器数据库，该库中含有各种不同类型的滤波器，如巴塞尔(Bessel)滤波器、高斯(Gaussian)滤波器、巴特沃斯(Butterworth)滤波器、线性滤波器、椭圆滤波器等。每种类型的滤波器根据其参数值的不同，又分为不同的型号，共计 8 244 种。设计者可以任意调用该库，极大地方便了低通滤波器的设计。用户只需具备关于低通滤波器的技术参数知识，根据所要设计的滤波器的目标数据，从数据库中挑选出与目标数据相接近的方案，将其复制到 CfgA 或 CfgB 中即可。具体方法如下：先设计第 1 个配置(CfgA)，双击 CfgA unknown 所在的矩形框，产生如图 5.2.17所示的五阶低通滤波器库。

ID	FilterType	Cut Off: Fc = -3dB	Gain @ 2 X Fc	Gain @ 10 X Fc	Pass Band Freq. (Fp)	Pass Band Ripple	Stop
3997	Elliptical	113.50KHz	-55.73dB	-57.16dB	98.59KHz	-0.04dB	
3998	Elliptical	100.52KHz	-58.65dB	-59.09dB	98.64KHz	-1.25dB	
3999	Elliptical	100.81KHz	-70.48dB	-72.29dB	98.64KHz	-1.29dB	
4000	Elliptical	100.91KHz	-69.84dB	-72.33dB	98.69KHz	-1.28dB	
4001	Elliptical	108.04KHz	-46.11dB	-47.39dB	98.77KHz	-0.10dB	
4002	Elliptical	111.03KHz	-44.09dB	-44.03dB	98.79KHz	-0.05dB	
4003	Elliptical	110.09KHz	-58.94dB	-60.67dB	98.82KHz	-0.10dB	
4004	Elliptical	109.90KHz	-59.96dB	-60.59dB	98.84KHz	-0.10dB	
4005	Elliptical	101.23KHz	-53.82dB	-84.59dB	98.84KHz	-1.26dB	
4006	Elliptical	108.28KHz	-45.73dB	-47.33dB	98.86KHz	-0.10dB	
4007	Elliptical	114.14KHz	-55.05dB	-57.05dB	98.88KHz	-0.04dB	
4008	Elliptical	106.60KHz	-46.94dB	-77.47dB	99.00KHz	-0.28dB	
4009	Elliptical	101.27KHz	-69.99dB	-72.33dB	99.03KHz	-1.28dB	
4010	Elliptical	100.92KHz	-58.45dB	-59.08dB	99.04KHz	-1.26dB	
4011	Elliptical	106.06KHz	-64.01dB	-65.33dB	99.07KHz	-0.28dB	
4012	Elliptical	111.27KHz	-42.14dB	-73.20dB	99.07KHz	-0.10dB	
4013	Elliptical	111.57KHz	-43.85dB	-43.95dB	99.23KHz	-0.05dB	
4014	Elliptical	114.53KHz	-55.09dB	-57.06dB	99.28KHz	-0.04dB	
4015	Elliptical	101.24KHz	-58.33dB	-59.10dB	99.33KHz	-1.24dB	
4016	Elliptical	115.56KHz	-39.27dB	-69.01dB	99.34KHz	-0.05dB	
4017	Elliptical	111.71KHz	-42.08dB	-73.01dB	99.35KHz	-0.10dB	
4018	Elliptical	106.45KHz	-63.86dB	-65.23dB	99.37KHz	-0.28dB	
4019	Elliptical	101.71KHz	-70.38dB	-72.31dB	99.45KHz	-1.25dB	
4020	Elliptical	101.93KHz	-53.73dB	-84.56dB	99.50KHz	-1.25dB	
4021	Elliptical	111.86KHz	-43.71dB	-43.97dB	99.57KHz	-0.05dB	
4022	Elliptical	107.21KHz	-47.04dB	-77.44dB	99.61KHz	-0.28dB	
4023	Elliptical	110.96KHz	-59.14dB	-60.61dB	99.66KHz	-0.10dB	
4024	Elliptical	112.23KHz	-43.51dB	-43.90dB	99.75KHz	-0.05dB	
4025	Elliptical	116.58KHz	-38.40dB	-69.44dB	99.77KHz	-0.04dB	
4026	Elliptical	102.09KHz	-70.78dB	-72.25dB	99.82KHz	-1.25dB	

图 5.2.17　五阶低通滤波器库

根据设计要求选定一种滤波器,如第 4001 种(ID 号为 4000)的椭圆滤波器,双击该 ID 号,将该种滤波器复制进 ispPAC80 芯片的第 1 组配置 Cfg A 中。同样,可再选一种滤波器并将其复制进 Cfg B 中。这时,图 5.2.16 中的 ispPAC80 图形设计输入环境变成图 5.2.18 所示。

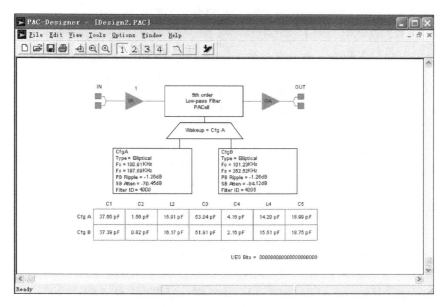

图 5.2.18 调入滤波器库后的 ispPAC80 图形设计输入环境

在图 5.2.18 中,双击输入仪表运放 IA 图标,可以调整输入增益倍数(1,2,5 或 10)。同样,双击 Wakeup=Cfg A 的梯形图标,可以设置激活配置 Cfg A 或 Cfg B。

在上述设计输入完毕后,接着可以进行仿真。选择"Tools"→"Run Simulator"菜单执行。如果模拟出来的幅频、相频特性满足要求,就可以对 ispPAC80 芯片下载编程,一个高性能的低通滤波器就被制作成功。

若仿真结果仍与设计要求有所偏差,则可以调整图中的滤波器参数 C1、C2、L2、C3、C4、L4 和 C5(双击该处即可进入参数调整状态)。这些参数的含义如图 5.2.19 所示。

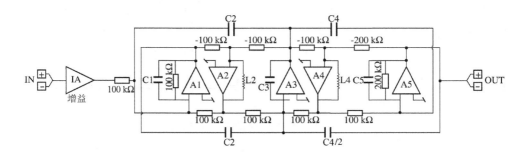

图 5.2.19 ispPAC80 芯片内部的五阶滤波器简化结构示意图

5.3 可编程模拟电路设计举例

1）增益的设置

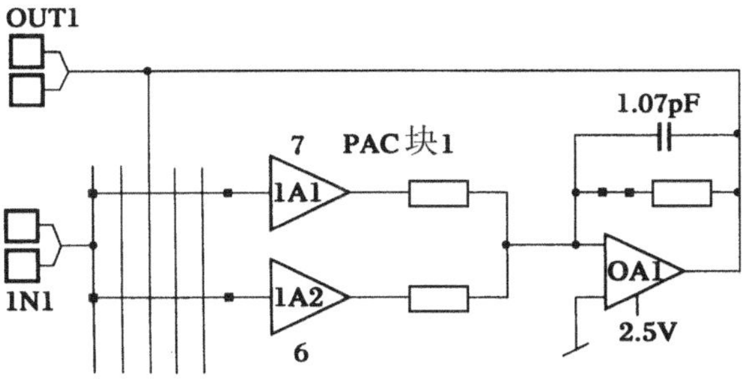

图 5.3.1 所示的 PAC 块由 1 个差分输出的求和放大器 OA 和 2 个具有差分输入、增益为－10 ～ ＋10、按整数步长可调的仪表放大器 IA 组成。OA 的反馈回路由电阻和电容并联构成，其中电阻回路有一个可编程的开关控制其通断，电容回路提供了 120 多个可编程电容值供选择。

图 5.3.1 增益为 13 的 PAC 块连线

（1）整数增益的设置

图 5.3.2 是增益为 13 的放大电路，其中 IA1 的增益设置为 7，IA2 的增益设置为 6，经 OA1 求和放大器后，OUT1 输出增益为 13。很显然，单个 PAC 块的最大增益为±20。

如果要得到增益大于±20 的放大电路，就要将几个 PAC 块级联，如图 5.3.2 所示。

图 5.3.2(a)为 2 个 PAC 块构成的增益为 39 的级联放大器。PAC 块 1 仍然构成增益为 13 的放大电路，其输出 OUT1 连到 PAC 块 2 的 IA3 输入，将 IA3 的增益设置到 3，IA4 悬空，于是 PAC 块 2 的增益为 3，这样总的增益就是 13×3＝39，从 OUT2 输出。

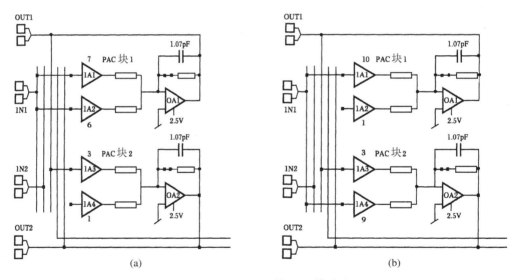

(a)   (b)

图 5.3.2 增益为 39 的 PAC 块连线

当然，级联的方法并不是唯一的，增益为 39 的放大电路也可以用如图 5.3.2(b)的方式级联。总的增益是 10×3 ＋ 9＝39，从 OUT2 输出。

（2）整数比增益设置

运用整数比技术，ispPAC 芯片提供给用户一种无需外接电阻而获得某些整数比增益的电路，如增益为 1/10、7/9 等。图5.3.3 是整数比增益设置示意图。

图 5.3.3 中,输出放大器 OA1 的电阻反馈回路必须开路。输入放大器 IA2 的输入端接 OA1 的输出端 OUT1,此时,由输入放大器 IA2 引入新的反馈通路,并且 IA2 的增益需设置为负值以保持整个电路工作稳定。在整数比增益电路中,假定 IA1 的增益为 G_{IA1},IA2 的增益为 G_{IA2},整个电路的增益为 $G = -G_{IA1} / G_{IA2}$。若图 5.3.3 中选取 $G_{IA1} = 7$,$G_{IA2} = -8$,整个电路增益为 $G = 7/8 = 0.875$。表 5.3.1 列出了所有的整数比增益值。

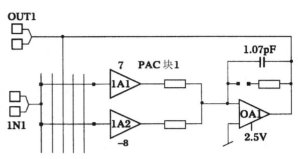

图 5.3.3 整数比增益设置示意图

表 5.3.1 IA2 作为反馈单元的整数比增益

IA2	IA1									
	1	2	3	4	5	6	7	8	9	10
−1	1	2	3	4	5	6	7	8	9	10
−2	0.5	1	1.5	2	2.5	3	3.5	4	4.5	5
−3	1/3	2/3	1	4/3	5/3	2	7/3	8/3	3	10/3
−4	0.25	0.5	0.75	1	1.25	1.5	1.75	2	2.25	2.5
−5	0.2	0.4	0.6	0.8	1	1.2	1.4	1.6	1.8	2
−6	1/6	1/3	0.5	2/3	5/6	1	7/6	4/3	1.5	5/3
−7	1/7	2/7	3/7	4/7	5/7	6/7	1	8/7	9/7	10/7
−8	0.125	0.25	0.375	0.5	0.625	0.75	0.875	0.1	1.125	1.25
−9	1/9	2/9	1/3	4/9	5/9	2/3	7/9	8/9	1	10/9
−10	0.1	0.2	0.3	0.4	0.5	0.6	0.7	0.8	0.9	1

(3) 分数增益的设置

除了各种整数倍及各种整数比增益外,配合适当的外接电阻,ispPAC 芯片也可以提供任意分数倍增益的放大电路。

若想得到增益为 0.1~0.9 之间变化放大电路,如增益为 4.3,可以按图 5.3.4 进行设计。

图 5.3.4 中,通过外接 2 个 50 kΩ 和 1 个 11.1 kΩ 的电阻分压,得到输入电压:

$$U_{IN2} = \left(\frac{11.1}{50 + 50 + 11.1} \right) U_{IN} = 0.099\,9 U_{IN} \approx \frac{U_{IN}}{10}$$

这样就相当于芯片之外接一个 1:10 的电阻衰减,

$$U_{OUT1} = 4U_{IN} + 3U_{IN2} = 4U_{IN} + 3\left(\frac{U_{IN}}{10} \right) = 4.3 U_{IN}$$

因此,

$$G = \frac{U_{OUT1}}{U_{IN}} = 4.3$$

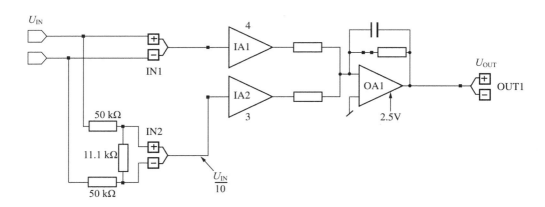

图 5.3.4　增益为 4.3 的 PAC 块电路

若想得到增益在 0.01～0.09 变化的放大电路,可将外接的电阻衰减接成 1∶100,如要得到 0.43 的增益,可按图 5.3.5 设计。此时,$U_{IN1} \approx U_{IN}/10$,$U_{IN2} \approx U_{IN}/100$,因此,增益为 0.43。

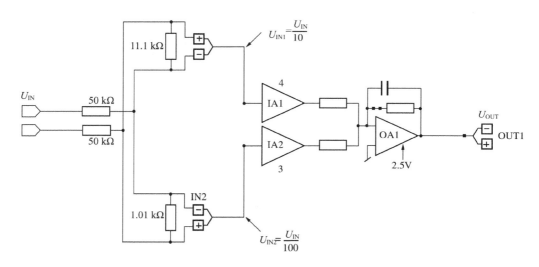

图 5.3.5　增益为 0.43 的 PAC 块电路

2) 滤波器的设计

ispPAC 芯片可以实现各种双二阶滤波器,包括低通、高通、带通、带阻滤波器。双二阶滤波器的传递函数的一般表达式如下:

$$T(s) = K \frac{ms^2 + cs + d}{ns^2 + ps + b}$$

式中:$c = d = 0$,为高通滤波器;$m = c = 0$,为低通滤波器;$m = d = 0$,为带通滤波器;$c = 0$,$m = d$,为带阻滤波器。

改变上式不同的分子,可以得到各种滤波器。事实上,只要用 2 个 PAC 块就可以实现各种双二阶滤波器。理论推导参见有关 ispPAC 芯片使用说明。现给出一个实际使用电路如图 5.3.6 所示。

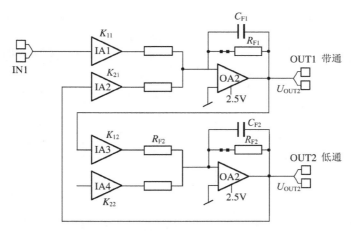

图 5.3.6　用 PAC 块构成的双二阶滤波器的实际电路

带通滤波器的传递函数为：

$$T_{BP}(s)=\frac{U_{OUT}}{U_{IN1}}=\frac{\dfrac{-K_{11}s}{C_{F1}R_{F1}}}{s^2+\dfrac{s}{C_{F1}R_{F1}}-\dfrac{K_{12}K_{21}}{C_{F1}R_{F1}\,C_{F2}R_{F2}}}$$

低通滤波器的传递函数为：

$$T_{LP}(s)=\frac{U_{OUT2}}{U_{IN1}}=\frac{\dfrac{K_{11}K_{12}}{C_{F1}R_{F1}C_{F2}R_{F2}}}{s^2+\dfrac{s}{C_{F1}R_{F1}}-\dfrac{K_{12}K_{21}}{C_{F1}R_{F1}\,C_{F2}R_{F2}}}$$

适当调节电容的数值和放大器的增益，可以调整滤波器的有关参数。

PAC-Designer 软件中含有一个宏（Macro），专门用于滤波器的设计，只要输入截止频率（或中心频率）f_0，品质因数 Q 等参数，即可通过宏程序自动实现电路的连接以及电路参数的配置。利用开发软件中的一个模拟器，可以模拟滤波器的幅频特性和相频特性。

具体操作方法如下：

（1）运行 File→New→ispPAC10 Schematic，进入电路图设计窗口。

（2）运行 Tools→Run Macro，得到如图 5.3.7 所示对话框。该对话框中有 3 种宏可运行：

① ispPAC10_Biquad.exe：产生适用于 ispPAC10 芯片的双二阶滤波器。

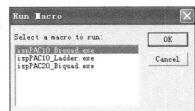

图 5.3.7　"Run Macro"对话框

② ispPAC10_Ladder.exe：产生适用于 ispPAC10 芯片的巴特沃斯（Butterworth）、切比雪夫（Chebyshev）等类型的滤波器。

③ ispPAC20_Biquad.exe：产生适用于 ispPAC20 芯片的双二阶滤波器。

选择"ispPAC10 Biquad.exe"，点击"OK"。出现滤波器宏设计输入窗口，在这个窗口下设置参数，如频率 $f_0=100$ kHz，f_0 选成"Optimize"（优化），PAC 块选择"1&2"或"3&4"。如图5.3.8所示。

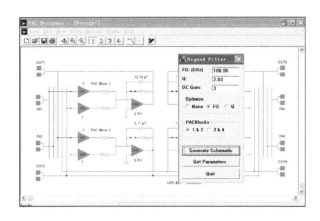

图 5.3.8　滤波器的宏设计设置　　　　　图 5.3.9　电路的连接和参数

点击"Generate Schematic",便完成了线路的连接与参数的设置。同时,将所设计的滤波器电路的实际参数返回到输入窗口,如图 5.3.9 所示。可以看到 $f_0 = 100.95$ kHz,与设计的频率有微小的差别,这是因为影响频率的电容 C_{F1} 与 C_{F2} 不连续可调所致。宏设计时,已经尽量将差别降到最小。至此,已完成了电路设计。退出参数设置窗口,只留下设计好的电路图。

（3）模拟仿真

设计好的滤波器电路可以直接下载到 ispPAC10 芯片,也可以先模拟仿真,看看是否与设计的要求相符。

运行 Options→Simulator,出现模拟设置参数窗口,选择 F start,F stop,Input,Output（如果 Output 选择 Vout1,则得到带通滤波器的特性,如果 Output 选择 Vout2,则得到低通滤波器的特性)等,如图 5.3.10 所示。

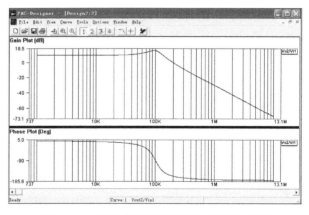

图 5.3.10　模拟参数设置　　　　　图 5.3.11　低通滤波器的幅频特性和相频特性

点击 Tools→Run Simulator,即启动模拟仿真,得到所设计电路的频率特性。如图 5.3.11 和图 5.3.12 所示。

3）比较器的应用

在 ispPAC20 芯片中有 2 个比较器和 1 个 DAC,利用这两种器件可以构成过压或欠压控制电路,具体方法如下。

U_{IN} 是被监控电压,送入 CP_{IN+},参考电压 CP_{IN-} 可以是一个直流稳定电压,也可以是

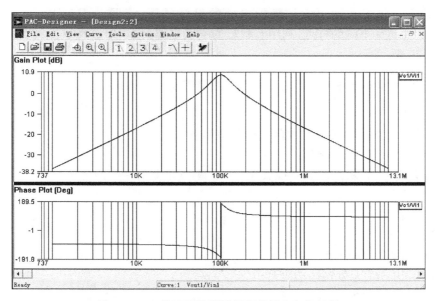

图 5.3.12　带通滤波器的幅频特性和相频特性

VREF$_{OUT}$（pin2）2.5 V，将 CP$_{IN}$ 连接到比较器 CP1 的正输入端，CP1 的负输入端连接 DAC 的输出，双击 DAC 框，可以改变 DAC 的输出使之接近 CP1 的正端值，一旦 U_{IN} 超过监控值，CP1 的正端值大于负端值，CP1 输出高电位，产生告警信号。

　图 5.3.13 中，给定的被监控电压是 3 V，即如果监控电压超过 3 V，则产生告警信号。将 U_{in} = 3 V 接到 CP$_{IN+}$，CP$_{IN-}$ 接到 VREF$_{OUT}$（2.5 V），这时 CP$_{IN}$ 输入为 0.5 V，将 CP$_{IN}$ 接到 CP1 的正输入端，CP1 的负输入端连接 DAC，DAC 设定为 0.492 2 V（在 DAC 中，这个电压最接近 0.5 V），注意，此时引脚 DMODE 为 0。当 U_{IN} 超过 3 V 时，CP1 的输出为高电平，告警。

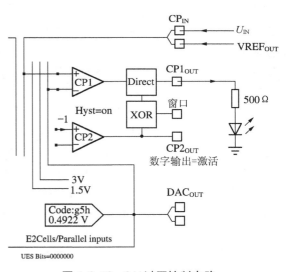

图 5.3.13　3 V 过压控制电路

5.4　可编程模拟电路实验的目的、要求和方法

　在系统可编程模拟电路的推出，翻开了模拟电路设计的新篇章，为 EDA 的应用开拓了更广阔的前景。它允许设计者使用开发软件在计算机中设计、修改，进行电路特性模拟，最后通过编程电缆将设计电路下载到芯片，缩短了电路的设计调试过程，而且加强了设计方案的保密性，保护了开发者的利益。

下面的实验要求熟悉可编程模拟电路的设计过程,掌握 ispPAC10、ispPAC20、isp-PAC80 这 3 种芯片不同的特点,利用实验箱的下载电路、接口电路在这 3 种芯片上设计出不同功能的电路。

5.4.1　实验 1:用 ispPAC10 芯片设计增益为 N 的放大电路

1) 实验目的
(1) 了解 ispPAC10 芯片的内部结构和使用方法。
(2) 学会 PAC-Designer 软件的使用。
(3) 学会用 PAC 块的级联实现放大器任意整数增益的调整。

2) 实验仪器
信号发生器、示波器、实验箱、PC 机。

3) 实验原理

图 5.4.1 所示为用 ispPAC10 芯片构成的 PAC 块,由 1 个差分输出的求和放大器 OA 和 2 个具有差分输入、增益为 −10 ～ +10、按整数步长可调的仪表放大器 IA 组成。OA 的反馈回路由电阻和电容并联构成,其中电阻回路有一个可编程的开关控制其通断,电容回路提供了 120 多个可编程电容值供选择。整数增益的设置方法如下。

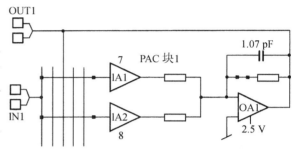

图 5.4.1　增益为 15 的 PAC 块连线

图 5.4.1 是增益为 15 的放大电路,其中 IA1 的增益设置为 7,IA2 的增益设置为 8,经 OA1 求和放大器后,OUT1 输出增益为 15。显然,单个 PAC 块的最大增益为 ±20。

如果要得到增益大于 ±20 的放大电路,就要将几个 PAC 块级联,如图 5.4.2(a)所示,由 2 个 PAC 块构成增益为 45 的级联图。PAC 块 1 仍然构成增益为 15 的放大电路,其输出 OUT1 接到 PAC 块 2 的 IA3 输入,将 IA3 的增益设置到 3,IA4 悬空,于是 PAC 块 2 的增益为 3,这样总的增益就是 15 × 3＝45,从 OUT2 输出。

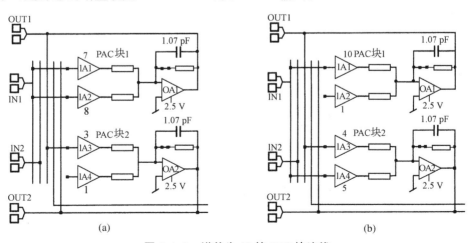

(a)　　　　　　　　　　　　　(b)

图 5.4.2　增益为 45 的 PAC 块连线

当然,级联的方法并不是唯一的,增益为 45 的放大电路也可以用如图 5.4.2(b)的方式级联,总的增益就是 $10 \times 4 + 5 = 45$,从 OUT2 输出。

4)实验内容

(1)用双踪示波器的 2 个通道观察比较输入信号与 ispPAC10 芯片输出信号的关系(增益为 1 时)。

(2)设计出增益为 40 的放大电路原理图。

(3)设计出增益为 47 的放大电路原理图。

5)实验步骤

(1)连接好实验箱的电源线和下载线。

(2)将信号发生器接到 ispPAC10 芯片的输入口,示波器接到 ispPAC10 芯片的输出口。

(3)在 PC 机上运行 PAC-Designer 软件,设计增益为 40 和 47 的放大电路。

(4)打开实验箱电源,用导线给芯片加+5 V 单电源,下载。

(5)观察、验证所设计电路的正确性。

6)实验报告要求

(1)简述 ispPAC10 芯片的内部结构和实验原理。

(2)详述增益为 47 的放大电路的设计过程。

(3)给出实验结论,并分析结果。

(4)写出存在的不足之处和改进方法。

5.4.2　实验 2:用 ispPAC10 芯片设计增益为非整数倍的放大电路

1)实验目的

(1)了解 ispPAC10 芯片的内部结构和使用方法。

(2)学会 PAC-Designer 软件的使用。

(3)学会用 PAC 块的级联实现放大器非整数倍增益的调整。

2)实验仪器

信号发生器、示波器、实验箱、PC 机。

3)实验原理

运用整数比技术,ispPAC 芯片提供给用户一种无需外接电阻而获得某些整数比增益的电路,如增益为 1/10,7/9 等。图 5.4.3 是整数比增益设置示意图。

在图 5.4.3 中,输出放大器 OA1 的电阻反馈回路必须开路。输入放大器 IA2 的输入端接 OA1 的输出端 OUT1,此时,由输入放大器 IA2 引入新的反馈通路,并且 IA2 的增益需设置为负值以保持整个电路工作稳定。在整数比增益电路中,假定 IA1 的增益为 G_{IA1},IA2 的增益为 G_{IA2},整个电路的增益为 $G = -G_{IA1} / G_{IA2}$。若如图 5.4.3 中选取 $G_{IA1} = 9$,$G_{IA2} = -4$,整个电路的增益为 $G = 9/4 = 2.25$。

4)实验内容

设计出增益为 6.3 的放大电路原理图。

5)实验步骤

(1)连接好实验箱的电源线和下载线。

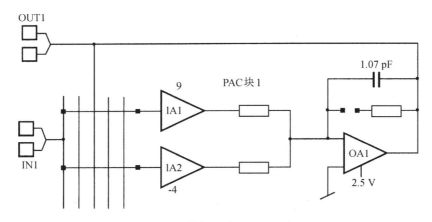

图 5.4.3 整数比增益设置示意图

（2）将信号发生器接到 ispPAC10 芯片的输入口，示波器接到 ispPAC10 芯片的输出口。

（3）在 PC 机上运行 PAC-Designer 软件，设计增益为 6.3 的放大电路。

（4）打开实验箱电源，用导线给芯片加＋5 V 单电源，下载。

（5）观察、验证所设计电路的正确性。

6）实验报告要求

（1）简述 ispPAC10 芯片的内部结构和实验原理。

（2）详述增益为 6.3 的放大电路的设计过程。

（3）写出详细的实验过程。

（4）写出存在的不足之处和改进方法。

5.4.3 实验 3：用 ispPAC20 芯片设计 3 V 过压监控电路

1）实验目的

（1）了解 ispPAC20 芯片的内部结构和实验原理。

（2）学会使用 PAC 块内部的比较器 CP1 和 DAC 模块。

（3）理解电压监控的原理。

2）实验仪器

可调直流稳压电源、万用表、实验箱、PC 机、发光二极管。

3）实验原理

ispPAC20 芯片中有 2 个比较器和 1 个 DAC，利用这两种器件可以构成过压或欠压控制电路，具体方法如下。

U_{IN}是被监控电压，送入 CP$_{IN+}$，参考比电压 CP$_{IN-}$ 可以是一个直流稳定电压，也可以是 VREFout(pin2)2.5 V，将 CP$_{IN}$连接到比较器 CP1 的正输入端，CP1 的负输入端连接 DAC 的输出，双击 DAC 框，可以改变 DAC 的输出使之接近 CP1 的正端值，一旦 U_{IN}超过监控值，CP1 的正端值大于负端值，CP1 输出高电位，产生告警信号。

图 5.4.4 中,给定的被监控电压是3.5 V,即如果监控电压超过 3.5 V,则产生告警信号。将 $U_{IN} = 3.5$ V 接到 CP_{IN+},CP_{IN-} 接到 $VREF_{OUT}$(2.5 V),这时 CP_{IN} 输入为 1 V,将 CP_{IN} 接到 CP1 的正输入端,CP1 的负输入端连接 DAC,DAC 设定为 1.007 8 V(在 DAC 中,这个电压最接近 1 V),注意,此时引脚 DMODE 为 0,当 U_{IN} 超过 3.5 V 时,CP1 的输出为高电平,告警。

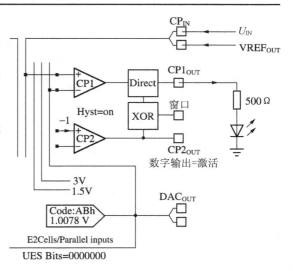

图 5.4.4　3.5 V 过压控制电路

4) 实验内容

用 ispPAC20 芯片设计 3 V 过压监控电路。

5) 实验步骤

(1) 连接好实验箱的电源线和下载线。

(2) 将 ispPAC20 芯片的 CP_{IN} 接至 U_{IN} 和 $VREF_{OUT}$,CP1 输出端接至发光二极管的正端。

(3) 按照实验原理接好 ispPAC20 芯片的内部连线。

(4) 打开实验箱电源,用导线给芯片加+5 V 单电源,下载。

(5) 调整输入信号 U_{IN},观察发光二极管的变化,当发光二极管亮时,测出此时的 U_{IN} 值。

6) 实验报告要求

(1) 简述 ispPAC20 芯片的内部结构和实验原理。

(2) 详述 3 V 过压检测的设计过程。

(3) 写出详细的实验过程。

(4) 写出欠压电路的实现方法。

5.4.4　实验 4:ispPAC20 芯片二阶滤波器的实现

1) 实验目的

(1) 了解 ispPAC20 芯片的内部结构。

(2) 了解二阶滤波器的实现原理。

(3) 学会使用 ispPAC20 芯片的宏设计来实现二阶滤波器。

2) 实验仪器

频谱分析仪、实验箱、PC 机。

3) 实验原理

ispPAC 芯片实现各种滤波器,通常用 2 个 PAC 块实现双二阶型函数的电路。双二阶型函数能实现所有的滤波器函数,即低通、高通、带通、带阻滤波器。双二阶函数的传递函数的一般表达式如下:

$$T(s)=K\frac{ms^2+cs+d}{ns^2+ps+b}$$

式中：$m=c=0$，为低通滤波器；$m=d=0$，为带通滤波器。

　　利用 ispPAC 芯片可以很方便地实现此滤波器。图 5.4.5 为一个用 ispPAC 芯片构成的双二阶滤波器的实际电路。

　　PAC-Designer 中含有一个宏，专门用于滤波器的设计，只要输入 f_0，Q 等参数，即可通过宏程序自动实现电路的连接以及电路参数的配置。PAC - Designer 软件中还有一个模拟器，用于模拟滤波器的幅频特性和相频特性。

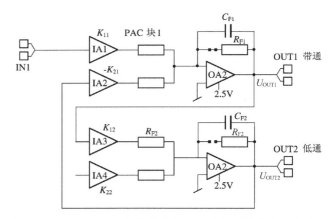

　　4）实验内容

　　用 ispPAC20 芯片的宏设计低通（截止频率 $f_H=50$ kHz）和带通滤波器（中心频率 $f_0=20$ kHz）。

图 5.4.5　用 ispPAC 芯片构成的双二阶滤波器的实际电路

　　5）实验步骤

　　（1）连接好实验箱的电源线和下载线。

　　（2）用 ispPAC20 芯片的宏分别设计低通滤波器和带通滤波器。

　　（3）保存所设计的滤波器在 ispPAC20 芯片的内部连线。

　　（4）打开实验箱电源，用导线给芯片加 +5 V 单电源，下载。

　　（5）用频谱分析仪观察设计电路的正确性。

　　注：如果没有频谱分析仪，可直接用计算机仿真观察。

　　6）实验报告要求

　　（1）通过计算推导出低通滤波器和带通滤波器的数学表达式。

　　（2）详述滤波器的设计过程。

　　（3）画出（打印出）与电路相应的频率特性。

5.4.5　实验 5：ispPAC80 芯片低通可编程滤波器的实现

　　1）实验目的

　　（1）了解 ispPAC80 芯片的内部结构。

　　（2）学会调用 ispPAC80 芯片中各种滤波器的方法。

　　（3）学会调整滤波器参数的方法。

　　2）实验仪器

　　频谱分析仪、实验箱、PC 机。

　　3）实验内容

　　（1）实现巴特沃斯滤波器（$f_H=150$ kHz）。

　　（2）实现贝塞尔滤波器（$f_H=75$ kHz）。

(3) 实现切比雪夫滤波器($f_H = 400\text{ kHz}$)。

(4) 通过幅频特性和相频特性分析各自的特点。

4) 实验步骤

(1) 连接好实验箱的电源线和下载线。

(2) 选定要实现的滤波器的种类，下载。

(3) 用频谱分析仪观察滤波器电路的正确性。

注：如果没有频谱分析仪，可直接用计算机仿真观察。

5) 实验报告要求

(1) 通过幅频特性和相频特性分析各种滤波器的特点。

(2) 改变参数对滤波器特性的影响。

6 模拟电子技术课程设计

6.1 模拟电子技术课程设计的目的和要求

模拟电子技术课程设计是在学生基本学习完模拟电路课程之后,针对课程的要求,对学生进行综合性训练的一个实践教学环节。主要目的是培养学生综合运用理论知识、联系实际要求进行独立设计并进行安装调试实验的实际工作能力。

通过本教学环节,学生应达到如下基本要求:

(1) 综合运用模拟电子技术课程中所学到的理论知识,结合课程设计任务要求,适当自学某些新知识,独立完成一个课题的理论设计。

(2) 学会运用 EDA 工具,例如 Multisim、Proteus 等,对所完成的理论设计进行模拟仿真测试,进一步完善理论设计。

(3) 通过查阅手册和文献资料,熟悉常用电子器件的类型和特性,并掌握合理选用元器件的原则。

(4) 掌握模拟电路的安装、测量与调试的基本技能,熟悉电子仪器的正确使用方法,能独立分析实验中出现的正常或不正常现象(或数据),独立解决调试中所遇到的问题。

(5) 学会撰写课程设计报告。

(6) 培养实事求是、严谨的工作态度和严肃认真的工作作风。

6.2 模拟电子技术课程设计的一般教学过程

6.2.1 教学阶段安排

模拟电子技术课程设计的教学流程如图 6.2.1 所示。

6.2.2 各教学阶段基本要求

1) 理论设计

电子系统的设计方法有 3 种:自顶向下(Top Down)、自底向上(Bottom Up)、自顶向下与自底向上相结合。自顶向下方法按照"系统—子系统—功能模块—单元电路—元器件—布线图"的过程来设计一个系统;自底向上的方法按照相反的过程进行设计。

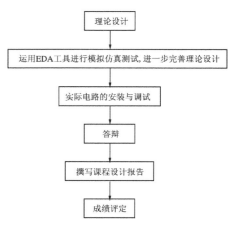

图 6.2.1 模拟电子技术课程设计的教学流程

在现代电子系统设计中,一般采用自顶向下设计方法,因为这种设计方法使设计者的设计思路具有大局观,从实现系统功能出发,概念清晰易懂。实际上,由于电子技术的发展,尤其是 IP(Intellectual Property)技术的发展,有很多通用功能模块(甚至某些成熟的子系统)可以选用,也就是说,采用自顶向下的设计方法,有时只需设计到功能模块,再附加适当的元器件并加以合理布线即可。应该说,这是一种自顶向下与自底向上相结合的方法。但在以 IP 核为基础的 VLSI 片上系统的设计中,自底向上的方法得到重视和应用。

但是,在学校的实验室中,往往受到客观条件的限制,也就是说,一般只能根据实验室给出的元器件或某些功能模块进行选择。另外,为了使学生能牢固掌握基础知识和基本技能,一般的课程设计课题都要求学生设计到元器件级。

在理论设计阶段,要求学生按照课程设计任务要求,在教师的指导下,运用模拟电路课程中所学过的理论知识,适当自学某些新知识,独立完成包括下列内容的理论设计。

(1)总体设计方案的比较、选择与确定

对于一个课程设计课题,可能有各种不同的设计方案可以实现。因此,首先应根据课题的任务和要求,进行仔细分析研究,找到关键问题,确定设计原理;接着应广开思路,利用所学过的理论知识,并查阅有关资料,提出尽可能多的设计方案进行比较;最后,根据原理正确、易于实现且实验室有条件实现的原则确定最终设计方案,画出总体设计功能块框图。

(2)功能块的设计

根据功能和技术指标要求,确定每个功能块应选择的单元电路,并注意功能块之间的耦合方式的合理选择。

(3)单元电路的设计

对各功能块选择的单元电路,分别设计出满足功能及技术指标要求的电路,包括元器件选择和电路静态和动态参数的计算等,并对单元电路之间的适配进行设计与核算,主要是考虑阻抗匹配,以便提高输出功率、效率、信噪比等。

元器件的选择很关键。在条件允许的情况下,应尽量选择通用性强、新型、调试容易、性价比高、集成度高的元器件。例如,设计一个模拟信号发生器,其主要电路元器件可以有3 种选择:晶体管;运算放大器;专用集成电路。显然,选择专用集成电路最理想,但实验室可能没有,那只好退而求其次,选择运算放大器。

近年来一些公司生产的可编程模拟器件为模拟电路的设计工作开辟了广阔的空间。Lattice 公司推出了在系统可编程模拟电路(In - System Programmability Programmable Analog Circuits, ispPAC)器件,目前有 ispPAC10、ispPAC20、ispPAC30、ispPAC80 和 ispPAC81等芯片,以及相应的开发软件 PAC-Designer,可使设计者在 PC 机上通过运用开发软件,实现对 ispPAC 芯片内部电路的连线、参数设置等原理图设计,再进行模拟仿真,观察所设计电路的幅频特性和相频特性。若仿真结果符合设计要求,即可通过连接于 PC 机并行口和实验板上的 ispPAC 芯片的 JTAG 串行接口的下载编程电缆,对 ispPAC 芯片进行编程设计。

IspPAC 芯片集高集成度、精确的设计于一个芯片中,反复编程的次数可达 10 000 次,可取代许多独立标准器件所实现的电路。例如:ispPAC80 可实现五阶低通模拟滤波器而无须外部元件和时钟;IspPAC20 有 3 种功能(对模拟信号进行放大、衰减和滤波,对信号进行求和、求差和积分运算,把数字信号转换为模拟信号(ispPAC20 中有一个 8 位电压输出的

DAC))。

Zetex 公司也推出了可再配置模拟万用电路 TRAC 系列。例如,TRAC020CH 芯片中有 20 个模拟处理单元,工作频率为 0～1 MHz,利用该公司提供的配套工具(一套运行于 PC 机 Windows 下的设计软件,另一套有 4 组 TRAC 芯片和 EEPROM 的仿真板),通过编程可以使各单元和操作对象实现开路、短路、加、求反、对数、反对数、微分、积分、放大、整流和衰减等配置。

因此,有条件的情况下可选择可编程模拟器件进行设计。

(4) 确定总体电路

最后画出完整的电路原理图,必要时画出总体布线图。

2) 运用 EDA 工具进行模拟仿真测试并进一步完善理论设计

如果按设计好的总体电路原理图直接进行安装调试,一般很难做到一次成功,可能要进行反复实验、调试,颇为费时费力,甚至由于工作场地、实验仪器或元器件品种数量的限制,无法及时完成实验。因此,运用 EDA 工具进行模拟仿真测试,是确定设计的正确性和进一步修改完善设计的最好途径。目前流行的电子电路仿真软件有 PSPICE、Multisim、Systemviem、Proteus 等,例如 Multisim 界面直观,操作方便,学习和使用都很方便,它的元器件库提供了数千种元器件(及其参数)供选用;它的仪器库中有十几种模拟电子仪器,将所设计的电路原理图在 Multisim 界面下创建并用其仪器库中的模拟仪器进行仿真测试,若发现问题,可立即修改参数,重新调试直至得到满意的设计。如果需要,软件可将设计结果直接输出至常见的印制电路板(PCB)排版软件,如 PROTEL、ORCAD 和 TANGO 等形成 PCB 图。

3) 实际电路的安装与调试

根据设计好的总体电路原理图,经指导教师审查通过后,可以向实验室领取所需元器件、材料等,进行电路组装和调试。安装调试的步骤如下:

(1) 检查所领取的元器件及材料等,确定无损坏、型号及参数正确。

(2) 根据所领取的实验装置(如实验板或面包板),初步设计总体电路的安装布局,一般采取与设计电路图尽可能一致、从左至右从输入到输出的原则,电源从上方引入,参考地在下方。

(3) 先按各单元电路分别进行安装并调试,在调试过程中要仔细观察所出现的各种现象,判断是否正常,若不正常需及时查找故障原因,并及时记录测试结果,例如测试波形、数据等。各部分都测试成功后再连起来进行总调。

(4) 测试时一定要遵守安全操作规程,安装或更换元器件时要关断电源,发现打火、冒烟、有异味等不正常现象要及时关断电源,然后再查找原因。此外,使用仪器时要注意其安全操作事项,电源与信号源不能短路,使用万用表和示波器时要注意选用合适的挡位,以免损坏仪器。

(5) 调试成功并请指导教师验收、确定合格后方可拆卸电路。将所领取的元器件、材料、实验装置及使用的仪器按要求整理好后归还实验室。

4) 答辩

教师可就方案的可改进性、EDA 的应用、安装、调试和测试结果、数据分析等方面的问题要求学生进行答辩,以便进一步了解学生在设计中掌握所学理论知识和实践能力的全面情况,以及学生的总体素质。

5) 撰写课程设计报告

课程设计报告是对设计全过程的系统总结,也是培养学生综合科研素质的一个重要环节。课程设计报告的主要内容如下:

(1) 课题名称。

(2) 设计任务、技术指标和要求。

(3) 设计方案选择和论证。

(4) 总体电路的功能框图及其说明。

(5) 功能块及单元电路的设计、计算和说明。

(6) 总体电路原理图(必要时提供布线图)和说明。

(7) 运用 EDA(例如 Multisim 10)工具进行模拟仿真测试并进一步完善理论设计的过程说明以及原始数据记录、仿真波形打印结果等。

(8) 所用的全部元器件型号、参数等。

(9) 实际调试方法和所用仪器,实际调试中出现的问题或故障分析和解决措施,实际测试结果和原始数据的记录、分析。

(10) 收获体会和改进想法等。

6) 成绩评定

课程设计的成绩主要根据以下几方面来评定:

(1) 设计方案的正确性、先进性和创新性。

(2) 关键电路设计和计算的正确性。

(3) 应用 EDA 工具的能力。

(4) 安装和调试能力,分析和解决问题的能力。

(5) 课题的完成情况。

(6) 答辩能力(方案的论述、基本理论知识的掌握情况、解答问题的能力等)。

(7) 课程设计报告的撰写水平。

(8) 课程设计全过程中的学习态度和工作作风。

6.2.3 模拟电子技术课程设计中应注意的问题

1) 模拟电子电路的应用场合

电子系统中,有数字电路和模拟电路两大类型,目前较大的实用电子系统更多地采用数模混合型。

自然界中的各类物理量,例如声音、温度、速度、压力、流量等,大多为非电量的物理量,将它们通过传感器转换为电信号(电压或电流),通常也是模拟电信号,如果不需要对模拟信号进行复杂处理和远距离传送,而最终的执行机构(例如扬声器、电机、指针式仪表、示波器等)所需要的输入信号也是模拟信号,就可以选择模拟电路进行设计和实现。本章给出的模拟电子技术课程设计题选所涉及的输入输出信号一般为低频模拟信号。如果输入信号为数字信号,要经过 D/A 转换器转换成模拟信号后方能送入模拟电路进行处理;如果输出的模拟信号后面的执行机构为数字系统或部件(例如单片机、数字显示器等),则要经过 A/D 转换器转换成数字信号后再送给执行机构。

2）组成功能模块的单元电路选择

在模拟电子技术课程中学到很多基本单元电路,例如 OCL、OTL、集成运放构成的各种运算电路、有源滤波器电路、各种波形(正弦波、方波、三角波、锯齿波等)产生电路、电源电路等,功能模块的设计通常就是合理选用这些基本单元电路。

3）单元电路中集成芯片的选择

单元电路有的有专用集成芯片可直接选用,有的需要用某些通用集成芯片加一些外围器件构成所需的单元电路。对模拟单元电路的要求不仅是能实现原理功能,还要根据课题要求实现规定的技术指标(例如频率范围、电压、电流、输出功率、精度等),因此,在选择集成芯片和元器件时要注意其产品性能参数能否满足要求,根据系统技术指标要求划分各单元电路设计指标时还要留有一定的裕度。

4）元器件的选择

在课程设计的实际安装调试阶段,经常有烧坏元器件的现象,主要是因为学生在选择电阻器、电容器、二极管、晶体管等元器件时,经常会忽略对于这些元器件的一些重要参数的设计计算和选择,例如忽略了电阻器的额定功率、电容器的耐压、二极管的最大正向电流和最大反向电压、晶体管的最大集电极电流、最大耗散功率等参数,只考虑了电阻器的阻值、电容器的容量、二极管的材料(硅管或锗管)、晶体管的基本组成类型(NPN 或 PNP),这就很容易造成元器件损坏。

5）单元电路间的耦合

模拟电路的输入单元要考虑与信号源之间的阻抗匹配,例如:为了从小信号源获得尽可能小的电流,可选择电压跟随器作为输入单元;为抑制共模干扰,可采用差分输入。模拟电路的工作情况与其直流工作点密切相关,直接耦合会使其前后单元电路的直流工作点互相影响,甚至造成系统工作不正常。此外,后级单元的输入阻抗也会影响前级单元的性能指标,直至影响整个系统指标。输出单元与负载的匹配也应重视,例如功率输出单元要能提供与扬声器匹配的输出功率,还要提高效率。

6）系统整体的仿真调试和实际安装调试

Multisim 等 EDA 软件给电子系统的设计带来了极大的方便,使得对所设计的电子系统可以先进行仿真调试,待仿真结果正确并进一步完善设计后再进行实际安装调试,从而大大节约人力物力。但是要注意,Multisim 等 EDA 软件所提供的是理想器件和理想环境,与实际器件和环境不完全相同。模拟电路的实际安装调试难度较大,经常需要细致甚至反复的安装调试才能成功。特别是对于高频、高精度、小信号模拟电路,系统的元器件布置、连线,系统的接地、供电、去耦等对性能指标影响很大。因此,在安装元器件时一定要遵循从左到右、从输入到输出布置元器件,接线尽可能短,合理安排好地线和电源端。此外,在模拟电路的调试中用到的电子仪器种类较多,应正确使用这些电子仪器。

7）故障的处理

模拟电路的安装调试很难做到一次成功,对此必须有充分思想准备,要把检查排除故障作为锻炼和提高能力的机会。有时在实际调试中会遇到一些常见问题,例如接触不良、仪器连接线损坏、元器件损坏等,这就需要耐心查清故障点后加以排除。有时还会遇到系统不稳定、电源纹波干扰等故障,这可能还需要人为加入校正网络、在适当的地点加入滤波电路等手段。

8) 课程设计报告中应有系统测试的原始数据

很多学生的课程设计报告中没有课题调试的原始数据(包括图形)。衡量一个课程设计课题是否完成,要看最终安装调试的电子系统的全部技术指标是否达到课题规定的技术指标要求。因此,设计报告中应有 EDA 软件仿真测试和实际调试的原始数据(包括图形),前者表示课题设计的理论正确性,后者是课题完成的最终衡量依据,是必不可少的。

6.3　模拟电子技术课程设计举例

6.3.1　音频信号发生器设计

1) 概述

音频信号发生器是电子测量中不可缺少的设备之一。完成一个音频信号发生器的设计和安装调试,可以达到对模拟电路理论知识较全面的运用和掌握。模拟电路的实际安装调试技术也有一定实用价值。

音频信号一般是指频率为几百赫至几十千赫的正弦信号。

2) 设计任务、技术指标和要求

完成一个音频信号发生器的理论设计,并用 EDA(Multisim 或 Proteus)软件进行模拟仿真测试,符合技术指标要求后再进行安装调试。

技术指标要求为:

(1) 频率范围(带宽):200 Hz~20 kHz。

(2) 输出电压:$U_o \geqslant 2$ V(连续可调)。

(3) 非线性失真:$\gamma < 0.5\%$(在频率范围内)。

(4) 负载电阻:$R_L = 30$ Ω。

3) 方案选择和论证

根据课题任务及技术指标要求,所要设计的音频信号发生器有音频信号的频率调节范围要求,也就是要有一个能够在指定频率范围内的正弦信号发生部分;同时,对输出信号的电压和所带负载也有规定,也就是说,对输出功率有一定要求,因此要有一个输出电路。设计课题的总体功能框图如图 6.3.1 所示。

(1) 正弦信号发生电路设计方案

① 以晶体管为核心加上 RC(文式电桥或移相式)或 LC(变压器反馈式、电感三点式、电容三点式、晶振等)选频网络以及稳幅电路等构成的分立元件正弦信号发生电路。这种电路的

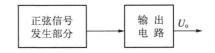

图 6.3.1　音频信号发生器总体功能框图

优点是简单、廉价,但由于采用分立元件,稳定性较差,元件较多时调节较麻烦。

② 以集成运放为核心加上 RC(文式电桥或移相式)或 LC(变压器反馈式、电感三点式、电容三点式、晶振等)选频网络以及稳幅电路等构成的集成正弦信号发生电路。这种电路的优点是更为简单,性价比较高,但频率精度和稳定性较差。

③ 以集成函数发生器为核心加上适当的外围元件构成正弦信号发生电路。例如函数发生器 ICL8038 芯片加电阻、电容元件,在一定电压控制下,可以产生一定频率的方波、三角波和正弦波。图 6.3.2 所示为 ICL8038 的引脚图及其构成的压控振荡器(VCO)原理图。改变引脚 8 的电位(即调节 R_{P1})就可以改变输出的方波、三角波和正弦波的频

率。该电路的输出信号频率为 20 Hz～20 kHz。该电路的优点是调节方便,在所采用的外围元件稳定性良好的情况下,可以得到频率范围较宽,且稳定性、失真度和线性度很好的正弦信号。

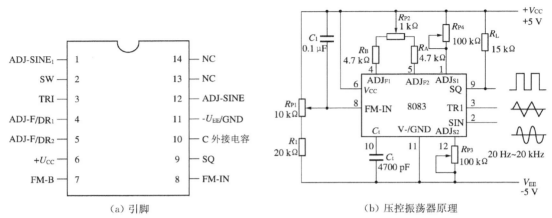

(a) 引脚　　　　　　　　　　　　　　(b) 压控振荡器原理

图 6.3.2　ICL8038 芯片及其组成的压控振荡器

④ 利用锁相环(PLL)技术构成的高频率精度频率合成器,其框图如图 6.3.3 所示。

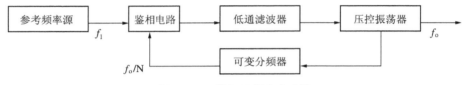

图 6.3.3　锁相环频率合成器

该电路主要采用锁相技术,即实现相位同步来获得高频率稳定度且频率可步进变化的振荡源。参考频率源可用晶振实现,产生频率为 f_1 的信号,通过鉴相电路获得 f_1 与 f_o/N 的相位差,再通过低通滤波器变换为相应的控制电压,来控制压控振荡器的输出频率 f_o。可变分频器是为了获得输出信号的不同频率,当分频系数为 N 时,输出 f_o 为 f_1 的 N 倍。该闭环系统只有在 f_1 和 f_o/N 的频率、相位都达到一致时,系统才达到稳定,因此,可以实现很精确的频率控制。

现在已有集成锁相环电路芯片,例如 CC4046,辅以参考频率源、分频器等外围电路后,即可构成频率合成器,如图 6.3.4 所示。图中,74LS04 和晶振电路提供 32 kHz 的基准频率 f_R,4 位二进制计数器 74LS161 组成 M 分频电路,当 S 分别置于 Q_3、Q_2、Q_1、Q_0 时,获得的分频比为 16、8、4、2;4 位二进制计数器 74LS191 组成可预置数的 N 分频器,改变 D_3、D_2、D_1、D_0 可改变分频比 N。输出信号频率变化范围为:

$$f_o = f_R \frac{N}{M} = \frac{N}{M} \times 32 \text{ kHz}$$

由于 M 有 4 种不同取值,N 有 16 种取值,所以电路可提供 4×16 种不同的频率输出,即输出频率间隔有 4 种,每种间隔又各有 16 种不同频率的信号。

⑤ 由直接数字频率合成器(DDS)构成的正弦信号源。图 6.3.5 为 DDS 的原理框图。

由图 6.3.5 可知,这是一种数字系统。其工作原理是:将所需正弦信号的一个周期的离散采样点的幅值数字量存于数字波形存储器(ROM 或 RAM)中,按一定的地址间隔(即相位增量)读出,再经 D/A 转换器转换成模拟正弦信号,低通滤波器用来滤去 D/A 转换带来的小台阶以及其他杂波信号。改变地址间隔的步长,可改变输出正弦信号的频率。地址间隔由相位增量寄存器、累加器、相位寄存器及可编程时钟等数字电路系统产生,当相位增量 M 为 1,累加器的字宽为 16 位时,输出地址对应于波形的相位分辨率为 $1/2^{16}$。当相位增量不为常数,而是随时间增加,则输出正弦信号的频率也由低变高。

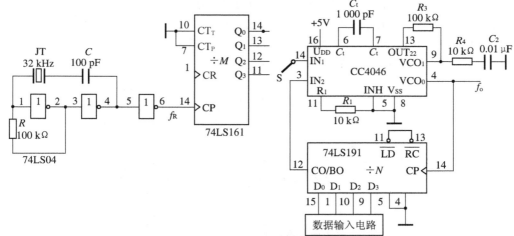

图 6.3.4　CC4046 组成的频率合成器

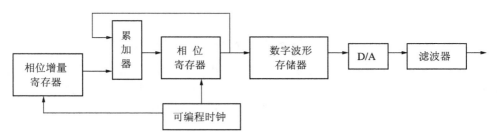

图 6.3.5　DDS 的原理框图

DDS 的频率精度和稳定度由系统的时钟决定。DDS 可合成产生任意波形的信号,只要把所需波形预先计算好并存于数字波形存储器中,DDS 就可以合成出方波、三角波、各种调制波和任意形状的波形。目前有专用的 DDS 集成电路芯片,其时钟频率最高可达 1 GHz 以上,产生的正弦信号频率可达数百兆赫。

本课题对所产生的正弦信号的频率精度没有要求,并考虑模拟电路课程的基本内容和课程设计的目的,选择方案①和方案②较为合适。因为课题要求的振荡频率在几十千赫以下,所以选择 RC 选频网络的正弦振荡电路(LC 选频网络适合于振荡频率在 1 MHz 以上的高频,RC 选频网络适合于几百千赫以下的低频)。

(2)输出电路设计方案

① 射极输出器。这种电路的特点是:电路简单,输出波形好,输入电阻高,输出电阻低,可对前级电路和负载起到隔离作用,同时带负载能力也强,虽然电压放大倍数近似为 1,但电流放大倍数大,因此有一定的功率输出能力。这种电路的缺点是:由于晶体管工作在甲类状态,因此效率低(低于 50%),在要求高功率、高效率的情况下,不能满足要求,一般用于输出功率和效率要求较低的场合。

② BJT 管 OCL 或 OTL 功率放大电路。这两种功率输出电路在选择合适的元器件和电源电压后可以设计出有较大功率输出、效率低于 75% 的技术指标。这两种电路的缺点是调整比较费事,BJT 功率管及电路的对称性不容易做到,因此,在要求高功率、高效率的情况下,波形很难达到理想。

③ MOSFET 功放电路。这种电路的优点是:MOSFET 功率管要求激励功率小,因此可直接由前置级驱动而无须再加推动级;输出功率大,输出漏极电流具有负温度系数,工作安全可靠,无须加保护措施,因此电路简单。例如图 6.3.6 所示的用大功率 MOSFET 配对管模块 TN9NP10 构成的 OCL 功放电路,可实现:最大输出功率 $P_{\text{o}} \geqslant 25$ W,效率 $\eta \geqslant 65\%$,带宽为 20 Hz~200 kHz,失真系数 $\gamma \leqslant 0.2\%$。

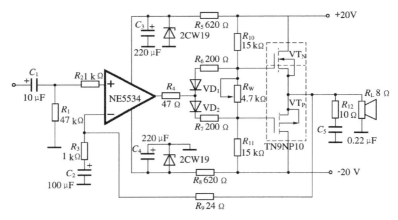

图 6.3.6　MOSFET 配对管模块 TN9NP10 构成的 OCL 功放电路

④ 集成功率放大器。目前已有很多公司生产出各种技术指标的集成功率放大器。只要根据课题技术指标要求选择合适的芯片,按照其手册给出的典型应用电路连接相应的外围电路即可。因此,在条件允许的情况下,选择合适的集成功放芯片来组建电路,一般都能达到功率、效率等技术指标要求。例如 D2006 是一种内部有输出短路保护和过热自动闭锁的音频大功率集成电路,其主要参数为:电源电压 ±6~±12 V;输入阻抗 5 MΩ;开环电压增益 75 dB;当电源为 ±12 V,在 OCL 工作时,最大输出功率 $P_{\text{o}} \geqslant 8$ W(负载 8 Ω)(或在 4 Ω 负载上获得 12 W 的功率);失真系数 γ 为 0.1%~0.2%。图 6.3.7 所示为用 D2006 构成的 OTL 功放电路。

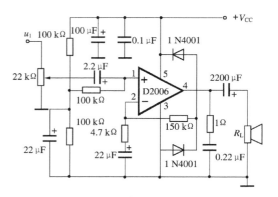

图 6.3.7　用 D2006 构成的 OTL 功放电路

4) 功能块设计

根据以上分析,正弦信号发生电路功能块选用以通用型集成运算放大器 F007 (μA741)为核心元件的文氏电桥正弦振荡单元电路,因为该电路可做到频率调节范围较宽、波形较好。为了改善振荡波形,并使输出幅度稳定,拟选择场效应管组成的稳幅电路。

为了提高电路的带负载能力,并使负载与振荡电路更好地隔离,输出电路采用射极输出器,并用恒流源做射极输出器的射极负载,以便使其工作更稳定,同时可进一步降低电路的输出电阻。

5) 单元电路的设计和元器件参数计算

（1）正弦振荡电路设计

电路原理图如图 6.3.8 所示。

① RC 选频网络计算

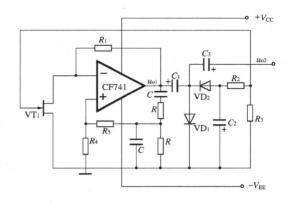

图 6.3.8 中,电阻 R 和电容 C 的取值决定了振荡频率,即 $f = 1/(2\pi RC)$。本课题指标要求 $f = 200 \text{ Hz} \sim 20 \text{ kHz}$,为了提高调节精度,把 f 分为 $200 \text{ Hz} \sim 2 \text{ kHz}$ 和 $2 \text{ kHz} \sim 20 \text{ kHz}$ 两个频段,所以,选择 2 个电容作为粗调,分别为 $0.1 \mu\text{F}$ 和 $0.01 \mu\text{F}$,分别对应于 $200 \text{ Hz} \sim 2 \text{ kHz}$ 和 $2 \text{ kHz} \sim$

图 6.3.8 正弦振荡电路原理

20 kHz 频段。根据 C 的值(如 $0.01 \mu\text{F}$)和各频段 $f_{\min}$(如 2 kHz)和 $f_{\max}$(如 20 kHz)求出 R 的最小值和最大值为:

$$R_{\min} = \frac{1}{2\pi f_{\max} C} = \frac{1}{2\pi \times 20 \times 10^3 \times 0.01 \times 10^{-6}} = 0.796 (\text{k}\Omega)$$

$$R_{\max} = \frac{1}{2\pi f_{\min} C} = \frac{1}{2\pi \times 2 \times 10^3 \times 0.01 \times 10^{-6}} = 7.96 (\text{k}\Omega)$$

选取 680Ω 电阻和 $10 \text{ k}\Omega$ 双连电位器串联作为 R。

② 集成运放选择

选择集成运放时,主要考虑其闭环带宽是否满足技术指标要求。常用集成运放及其主要参数如表 6.3.1 所示。

表 6.3.1 常用集成运放及其主要参数

型 号	电源电压范围 (V)	开环差模电压增益 (dB)	共膜抑制比 (dB)	差模输入电阻 (MΩ)	转换速率 (V/μs)	功 耗 (mW)	运放 类型
CF741	$\leqslant \pm 22$	$\geqslant 94$	$\geqslant 70$	2	0.5	50	通用型
CF324	$3 \sim 30$ 或 ± 1.5 $\sim \pm 15$	$\geqslant 87$	$\geqslant 70$	$\geqslant 0.3$	0.5	< 120	通用型
CF347	$\leqslant \pm 22$	$\geqslant 70$	$\geqslant 70$	10^6	30		高阻型
CF318	$\leqslant \pm 22$	$\geqslant 70$	$\geqslant 70$	3	70	5	宽带型
CF253	$\pm 3 \sim \pm 18$	$\geqslant 80$	$\geqslant 80$	6	> 50	$\leqslant 0.6$	低功耗型
CF715	$\leqslant \pm 22$	$\geqslant 74$	$\geqslant 74$	1	18	165	高速型
CF143	$\pm 4 \sim \pm 40$	$\geqslant 100$	$\geqslant 80$		2.5		高压型
CF4250	$\pm 1 \sim \pm 18$	$\geqslant 94$	$\geqslant 70$		0.16		程控型
CF7650	$\pm 3 \sim \pm 18$	$\geqslant 120$	$\geqslant 120$	10^6	2.5		高精度型

选择 CF741(μA741)为振荡器的放大器件,因其转换速率 r_S 和带宽应满足下列要求:

$$r_S \geqslant 2\pi f_{\max} U_{op}$$

$$f_h \geqslant 3 f_{\max}$$

式中:U_{op} 为运放输出正弦电压的峰值,$U_{op} = \sqrt{2} U_o / A_o \approx 3.53 \text{ V}$,$U_o = 2 \text{ V}$,$A_o$ 为射极输出器的电压放大倍数,此处取 $A_o = 0.8$;f_h 为运放闭环后带宽;本课题中 $f_{\max} = 20 \text{ kHz}$。计算得到 $r_S \approx 0.44 \text{ V}/\mu\text{s}$,$f_h \geqslant 60 \text{ kHz}$。

③ 稳幅电路设计和计算

一般文氏电桥正弦振荡电路的稳幅电路——负反馈支路中集成运放反相输入端与地之间的电阻采用热敏电阻,图 6.3.7 所示的电路用 N 沟道结型场效应管 VT_1 形成的压敏电阻 R_{ds} 来代替热敏电阻,由于场效应管的漏源电阻 R_{ds} 在漏源电压较小时,工作于可变电阻区,此时的 R_{ds} 可以看做一个线性电阻,而且,此时 U_{gs} 控制 R_{ds} 变化非常灵敏,U_{gs} 越负(对于 N 沟道结型场效应管,要求 $U_{gs} \leqslant 0$),R_{ds} 就越大,所以其稳幅作用比热敏电阻好得多。

a. 工作原理

在电路刚通电时,输出电压 $U_o = 0$,所以 $U_{gs} = 0$,R_{ds} 最小,由集成运放组成的同相比例放大电路(对选频网络送回的振荡信号放大)的电压放大倍数 $A = 1 + (R_F/R_{ds})$ 最大,电路容易起振。随着 U_o 的逐渐上升,VD_1、VD_2、C_2 组成的倍压检波电路在 R_2 两端形成一个上负下正且幅值逐渐上升的直流电压,即 U_{gs} 越来越负,R_{ds} 也越来越大,A 也就随着降低,直到 $A = 3$,正弦振荡电路达到振荡平衡状态,输出 U_o 达到稳定。

b. 元件的选择和参数的计算

选用 N 沟道结型场效应管 3DJ7F。由于电路中场效应管的 U_{ds} 由 U_o 通过 R_1 和 R_{ds} 分压后得到,而 U_o 是正弦信号,有正有负,所以应选择在零偏压附近对称性好的场效应管,否则会造成正弦波形不对称。通过查阅手册,可知 3DJ7F 具备此特性,而且,它的 U_{gs} 在 $-0.5 \sim -1.5$ V 时,$R_{ds}(U_{ds} = 1\ V) \approx 1\ k\Omega$。

根据上面计算得知,运放输出电压 $U_{op} = 3.53$ V,而由手册查得 3DJ7F 只有在 $|\Delta U_{DSmax}| < 0.1$ V 时,R_{ds} 才是线性可变电阻,求得负反馈系数:

$$F = \frac{|\Delta U_{ds}|}{U_{op}} = \frac{0.1}{3.53} \approx 0.028 = \frac{R_{ds}}{R_{ds} + R_1} \approx \frac{1}{A}$$

因此,在 $R_{ds}(U_{ds} = 1\ V) \approx 1\ k\Omega$ 时,求得 $R_1 \approx 34.7\ k\Omega$,取 $R_1 = 39\ k\Omega$。

由于电路要求频带较宽,所以检波二极管 VD_1、VD_2 选用开关二极管 2CK13。部分常用开关二极管的主要参数如表 6.3.2 所示。

表 6.3.2　部分常用开关二极管的主要参数

型　号	正向压降 (V)	正向电流 (mA)	最高反向工作电压 (V)	反向击穿电压 (V)	反向恢复时间 (nA)
2AK1	≤1	≥100	10	≥ 30	≤200
2AK2	≤1	≥100	20	≥ 40	≤200
2AK6	≤0.9	≥200	50	≥ 70	≤150
2AK10	≤1	≥ 10	50	70	≤150
2AK14	≤0.7	≥250	50	50	≤150
2AK20	≤0.65	≥250	50	70	≤150
2CK1	≤1	≥100	30	≥ 40	≤150
2CK6	≤1	100	180	≥210	≤150
2CK13	≤1	30	50	75	≤5
2CK20A	≤0.8	50	20	30	≤3
2CK20D	≤0.8	50	50	75	≤3
2CK73E	≤1	≥50	≥60	≥ 90	≤5

为了得到较平滑的 U_{gs},检波电路的时间常数 $\tau = (R_2 + R_3)C_2$ 要大一些,一般取 $\tau > 10T_{max} = 10/f_{min}$。本课题中的 $f_{min} = 200$ Hz,若取 $R_2 + R_3 = 200\ k\Omega$,求得 $C_2 = 0.25\ \mu F$,取 $C_2 = 10\ \mu F$,$R_2 = 160\ k\Omega$,$R_3 = 33\ k\Omega$。C_1 为耦合电容,一般取 $C_1 \geqslant (3 \sim 5)C_2$,所以取 $C_1 = 47\ \mu F$。

④ R_4 和 R_5 选择和计算

当振荡电路处于振荡平衡状态时,应满足 $|\dot{A}\dot{F}| = 1$。图 6.3.8 电路中 $\dot{A} = 1/\dot{F}$,即 $|(1/\dot{F}_-)\dot{F}_+| = 1$。因为

$$\dot{F}_- = \frac{R_{ds}}{R_{ds} + R_1} = \frac{1}{1+39} = \frac{1}{40}$$

所以正反馈部分也必须采用分压电阻 R_4 和 R_5 进行分压。又因为 RC 选频网络的反馈系数为 1/3,所以应满足关系:

$$\dot{F}_+ = \frac{1}{3}\frac{R_4}{R_4 + R_5} = \dot{F}_- = \frac{1}{40}$$

为了使分压器不破坏文氏电桥的对称性,应满足 $R_4 + R_5 > 10R \approx 10 \times 10\ \text{k}\Omega$,取 $R_5 = 100\ \text{k}\Omega$,则取 $R_4 = 8.2\ \text{k}\Omega$。

（2）输出电路设计

输出电路的原理图如图 6.3.9 所示,其中 VT_2、R_6、R_7、R_{10} 组成射极输出电路,VT_3、R_8、R_9、R_{10} 组成 VT_2 管的恒流源负载电路。由于恒流源电路具有直流电阻小、交流电阻大的特点,故可大大提高输出电路的输入电阻。

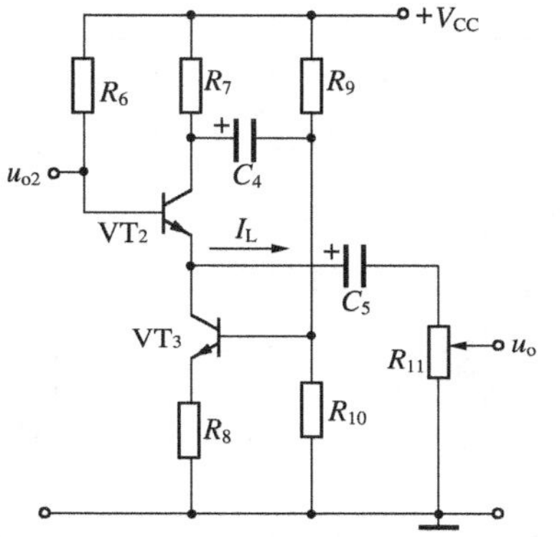

电路中,VT_2 集电极接有 R_7,其集电极交变电压经大电容 C_4 加到 VT_3 基极,所以会有以下规律:$U_{o2} \uparrow \rightarrow I_{E2} \uparrow \rightarrow U_{C2} \downarrow \rightarrow U_{B3} \downarrow \rightarrow I_{C3} \downarrow \rightarrow I_L = (I_{E2} - I_{C3}) \uparrow$,也就是说,采用这样的电路可进一步提高输出电流,即提高输出功率,也使输出电路具有更高的输入电阻和更低的输出电阻。

图 6.3.9　输出电路原理

① VT_2、VT_3 选择和设计

因为技术指标规定 $U_o \geqslant 2\ \text{V}$,所以输出电压峰-峰值至少为 $U_{op-p} = 2\sqrt{2}U_o = 5.64\ \text{V}$,设 VT_2 的饱和压降 U_{CES} 约为 $2\ \text{V}$,则 VT_2 的 U_{CE} 变化范围至少为:$U_{op-p} + U_{CES} = (5.64+2)\text{V} = 7.64\ \text{V} \approx 8\ \text{V}$。所以,选 VT_2 的静态工作点 $U_{CEQ2} \approx 5\ \text{V}$,考虑到 R_7 的压降并留有余地,选电源电压 $V_{CC} = 15\ \text{V}$,这样可以与集成运放的正电源共用。

因为负载电流的最小值 $I_{Lmin} = U_o/R_L = 2/300 = 6.7\ \text{mA}$,流过 VT_2 的电流为:$I_{E2} = I_{E3} + I_L$,取其值为 $2I_{Lmin} = 13.4\ \text{mA}$,所以 VT_2 电流的最小峰-峰值为:$2\sqrt{2}I_{E2} = 37.7\ \text{mA} \approx 40\ \text{mA}$。所以,选 VT_2 的静态工作点 $I_{CQ} = 20\ \text{mA}$。

根据以上分析,选取 VT_2、VT_3 的极限工作值应大于以下各值:$I_{CM} \geqslant 2I_{CQ} = 40\ \text{mA}$;$BU_{CE} \geqslant V_{CC} = 15\ \text{V}$;$P_{CM} \geqslant I_{CQ}U_{CEQ} \approx 20\ \text{mA} \times 5\ \text{V} = 100\ \text{mW}$。

根据表 6.3.3 列出的常用双极型晶体管（BIT）的参数,可选高频小功率管 3DG112D,其参数如下:$P_{CM} = 200\ \text{mW}$;$BU_{CE} = 30\ \text{V}$;$I_{CM} = 60\ \text{mA}$;$\beta_2 = \beta_3 = 50$。

② 偏置电阻 R_6 计算

$$I_{BQ2} = \frac{I_{CQ2}}{\beta_2} = \frac{20\ \text{mA}}{50} = 0.4\ \text{mA}$$

$$R_6 = \frac{V_{CC} - U_{BE} - U_{EQ2}}{I_{BQ2}} \approx \frac{15 - 0.6 - 8}{0.4} = 16(\text{k}\Omega)$$

③ 恒流源电路设计

恒流源电路采用直流分压式射极偏置电路,通过射极反馈电阻 R_8 的作用可使 VT_3 的恒流特性稳定。取 $R_8 = 56\ \Omega$。

因为 $I_{CQ3} \approx I_{CQ2} = 20\ \text{mA}$,设 VT_3 的饱和压降也近似为 2 V,则 U_{CE3} 的变化范围为 2 V ~ 8 V。因此,$U_{E3} = I_{CQ3}R_8 = 20 \times 56 = 1.12\ \text{V}$;$U_{B3} = U_{E3} + U_{BE} = 1.12 + 0.6 = 1.72\ \text{V}$;$I_{BQ3} = I_{CQ3}/\beta_3 = 20/50 = 0.4\ \text{mA}$。

为了使 VT_3 的恒流特性稳定,流过其偏置电阻 R_9 和 R_{10} 的电流应比 I_{B3} 大得多,一般要求 $I_{R9} \geqslant (5 \sim 10)I_{BQ3}$,所以取:$I_{R9} = 5I_{BQ3} = 2\ \text{mA}$;$R_{10} \approx U_{B3}/I_{R9} = 860\ \Omega$。取 $R_{10} = 820\ \Omega$,因此,$R_9 = (V_{CC} - U_{B_3})/I_{R9} = (15 - 1.72)/2 = 6.64\ (\text{k}\Omega)$。取 $R_9 = 6.8\ \text{k}\Omega$。

表 6.3.3　常用 BJT 的主要参数

类　别	型　号	f_T (MHz)	I_{CM} (A)	P_{CM} (W)	$V_{(BR)CEO}$ (V)	2N 类相似器件型号
低频小功率管	3AX52C	5.0	0.125	0.15	20	2N1190,2N115(A)
	3AX55C	0.5	0.300	0.24	65	2M1614,2N2042
	2AX85B	4.5	0.250	0.15	25	2N1128,2N1190
	3BX31A	3.0	0.125	0.15	25	2N1391,2N1302
	3BX85B	7.0	0.400	0.12	25	2N1091,2N1306
	3BX91C	7.0	0.300	0.15	40	2N1000.2N1304
高频小功率管	3AG63	30	0.010	0.12	60	2N1226
	3AG95A	140	0.010	0.08	40	2N1177,2N3323
	3CG110B	100	0.050	0.15	30	2N860,2N2906
	3DG112D	730	0.060	0.20	30	2N4292,2N918
	3DG110A	300	0.030	0.50	45	2N929,2N2484
	3DG130C	200	0.022	0.36	25	2N920,2N834
高频反压管	3DG180B	60	0.05	0.600	80	
	3DG180C	60	0.05	0.600	125	2N1565,2N1890
	3DG161H	100	0.02	0.300	60	2N1573,2N738
	3DG161N	100	0.02	0.300	300	
开关管	3AK32	50	0.1	0.150	12	2N837,2N960
	3CK9D	60	0.6	0.600	50	2N1132,2N5323
	3DK4	150	0.2	0.300	25	2N834,2N2368
低频大功率管	3AD54B	0.22	5	12.5	75	2N2147,2N3618
	3AD56B	0.22	6	30	80	2N1666,2N3615
	3AD57A	1.0	5	106	40	2N3611,2N1544(A)
	3DD53C	1.0	0.5	5	60	2N1067,2N3766
	3DD62C	1.5	4	50	60	2N1070,2N4914
	3DD167E	1.0	7.5	150	30~300	2N1015,2N1016

④ C_3、C_4、C_5、R_7、R_{11} 选择和计算

C_3、C_4、C_5 为极间耦合电容,选取时一般应满足下式:

$$C \geqslant (3 \sim 10)\frac{1}{2\pi f_{\min}R}$$

式中:R 为下一级负载电阻值。按最小值 $R_{10} = 820\ \Omega$ 计算,取系数为 10,本课题中 $f_{\min} = 200\ \text{Hz}$,因此,$C \geqslant 10/(2\pi \times 200 \times 820) = 9.7\ \mu\text{F}$。所以,$C_3$、$C_4$、$C_5$ 均选取容量为 33 μF、耐压为 25 V 的电解电容器。

R_7 的计算如下:$U_{CQ2} = U_{EQ2} + U_{CEQ2} = 8 + 5 = 13\ (\text{V})$;$U_{R7} = V_{CC} - U_{CQ2} = 2\ (\text{V})$;$R_7$

$= U_{R7}/I_{CQ2} = 2/20 = 100(\Omega)$。

R_{11}选取 $5.1\text{ k}\Omega$ 可调电位器,作为调节输出幅度用。

6) 音频信号发生器电路原理

完整的音频信号发生器电路原理图如图 6.3.10 所示。

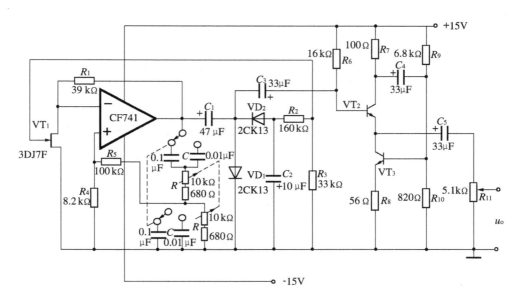

图 6.3.10 完整的音频信号发生器电路

7) Multisim 10 或 Proteus 模拟仿真设计调试

在 Multisim 2001 工作平台上或 Proteus 仿真软件中建立如图 6.3.10 所示电路图并进行模拟仿真。可利用软件提供的虚拟仪器进行模拟仿真测试,观察记录测试结果。调试步骤如下:

(1) 电路粗调

若电路连接无误,接通电源后振荡电路即应起振,亦即输出有正弦波形,可用仿真软件中提供的虚拟仪器——示波器进行观察。若无输出,应先将 C_3 断开,把虚拟示波器改接到振荡电路的输出端,检查振荡电路波形有无输出,若无振荡波形,则一般有两个原因,一是正反馈支路没有连接好,二是闭环放大倍数小,可首先加大 R_1 的值(可串联一个电位器进行调节),正常情况下应能调出正弦振荡波形。

若振荡电路正常,再检查输出电路,用软件提供的虚拟仪器——数字多用表测量 VT_2、VT_3 的静态工作点是否与设计值相符,若有偏离可适当调节 R_6。两部分电路都正常后,再将 C_3 连通,此时输出应有正弦振荡波形。

(2) 幅频特性细调

用仿真软件提供的虚拟仪器——波特图仪(即频率特性测试仪),可以测量和显示所完成的音频信号发生器输出 u_o 的幅频特性和相频特性。改变 R 电位器阻值从最小到最大,输出 U_o 的频率范围应满足 $200\text{ Hz}\sim2\text{ kHz}$ 和 $2\text{ kHz}\sim20\text{ kHz}$。若低频端达不到要求,应适当加大 R_4+R_5 的值;若高频端达不到要求,可适当减小 R 串联电阻 $680\ \Omega$ 的值。

（3）输出幅度调节

用仿真软件提供的虚拟仪器——示波器测量输出 u_o 在规定带宽内的幅度,在 200 Hz～2 kHz 和 2 kHz～20 kHz 频率范围内各选一个中间频率,例如分别选 1 kHz 和 10 kHz 进行测量,测量结果应满足课题要求 $U_o \geqslant 2$ V(连续可调)。输出幅度主要由场效应管偏压 U_{gs}、VD_1 正相压降和分压电阻 R_2、R_3 决定。若输出幅度不够大,可适当减小分压比 $R_3/(R_2+R_3)$。

8）实际电路的安装和调试

模拟仿真完成后,就可以按前面第 6.2.2 节所述的步骤进行实际电路的安装和调试。需要指出,在实际安装和调试中,由于布局布线和元器件参数误差等影响,可能与理论设计有差别,有些元器件参数还要进行一些调节。

（1）元器件清单

首先要向实验室提交所用仪器设备和元器件清单。本课题用到的元器件如下:

① 集成电路

集成运放 F007(μA741)1 片。

② 晶体管

结型场效应管 3DJ7F 1 只,3DG112D 2 只,2CK13 2 只。

③ 电阻器

主要应表明类型、阻值和功率要求。固定电阻器可分为碳膜、金属膜和线绕电阻器 3 类。

a. 碳膜电阻器:高频特性好,阻值稳定性较好,阻值范围在 5.1 Ω～100 MΩ,温度系数较好,成本低,价格便宜,适合课程设计用。

b. 金属膜电阻器:阻值精度高,阻值范围在 30 Ω～30 MΩ,电性能比碳膜电阻器好,温度系数好,最高工作温度可达 155 ℃,但成本较高,价格较贵,适合于要求较高的系统。

c. 线绕电阻器:耐高温(在 300 ℃ 以下均可稳定工作),噪声小,阻值精度高,功率范围大,额定功率标称系列值有：0.05 W、0.125 W、0.25 W、0.5 W、1 W、2 W、4 W、8 W、10 W、16 W、25 W、40 W、50 W、75 W、100 W、150 W、250 W、500 W,适合用于功率要求大的系统,但分布电容和电感大,不宜用于高频电路中。

固定电阻器的阻值和功率都有标称系列,除了上述列出的线绕电阻器额定功率的标称值外,非线绕电阻器的标称系列值(W)为：0.05、0.125、0.25、0.5、1、2、5、10、25、50、100 等。阻值的标称值如表 6.3.4 所示。

表 6.3.4　固定电阻器的阻值标称系列

系列代号	阻值允许偏差（%）	阻值系列值（$10^n\Omega$,n 为整数）
E24	±5	1.1、1.2、1.3、1.5、1.6、1.8、2.0、2.2、2.4、2.7、3.0、3.3、3.6、3.9、4.3、4.7、5.1、5.6、6.2、6.8、7.5、8.2、9.1
E12	±10	1.2、1.5、1.8、2.2、2.7、3.3、3.9、4.7、5.6、6.8、8.2
E6	±20	1.0、1.5、2.2、3.3、4.7、6.8

本课题使用的固定电阻器如下(可选用碳膜电阻器)：R_1 为 39 kΩ/0.125 W,R_2 为 160 kΩ/0.125 W,R_3 为 33k Ω/0.125 W,R_4 为 8.2 kΩ/0.125 W,R_5 为 100 kΩ/0.125 W,R_6 为 16 kΩ/0.125 W,R_7 为 100 Ω/0.5 W,R_8 为 56 Ω/0.5 W,R_9 为 6.8 kΩ/0.125 W,R_{10} 为 820 Ω/0.25 W,R(固定)为 680 Ω/0.25 W。

本课题使用 2 个电位器(即可变电阻器)。常用电位器有两种:

a. 碳膜电位器:阻值范围大(约 100 Ω～4.7 MΩ)且连续可调,分辨率高,工作频率范围宽,但功率较小(额定功率标称系列值有:0.025 W、0.05 W、0.1 W、0.25 W、0.5 W、1 W、2 W、3 W),受湿度和温度影响较大,价格较便宜。

b. 线绕电位器:阻值范围约几 Ω～几十 kΩ,精度高,耐热性好,能承受较大功率(额定功率标称系列值有:0.05 W、0.125 W、0.25 W、0.5 W、1 W、2 W、5 W、10 W、25 W、50 W、100 W),适于低频大功率电路,价格较高。

电位器按结构分为单圈、多圈、多圈微调、双联、多联、带开关、半可调、锁紧、旋转式、直滑式等类型,可以根据不同要求选用。一般课程设计选用价格便宜的碳膜电位器较多。本课题使用下列电位器:R 为 10 kΩ/0.25 W 双联电位器,R_{11} 为 5.1 kΩ/0.5 W 电位器。

④ 电容器

电容器分为固定式和可调式两大类。固定式电容器的种类、特点及容量标称系列值如表 6.3.5 所示。

表 6.3.5　固定式电位器的种类、特点及容量标称系列值

类　型	特　点	允许偏差(%)	容量范围(μF)
纸介 金属化纸介 低频极性有机薄膜介质	容量大,稳定性差,适宜低频电路性能比纸介好 体积小,容量大,稳定性好,适宜做旁路电容	±5 ±10 ±20	100^{-6}～1 $100×10^{-6}$～1 1～100
陶瓷 云母 高频无极性有机薄膜介质	稳定性耐热性好,适宜高频电路 精度高稳定性好,适宜高频电路 稳定性好,适宜高频电路,其中聚四氟乙烯介质可耐高温 250℃,聚苯乙烯介质温度性能较差	±5 ±10 ±20	标准值×10^n 标准值×10^n 标准值×10^n
铝电解	适宜电源滤波和低频电路	±10～20	标称值×10^n

注:n 为整数。

本课题使用以下固定电容器:2 个陶瓷电容器(0.1 μF 和 0.01 μF);5 个铝电解电容器(C_1 为 47 μF,C_3、C_4、C_5 为 33 μF,C_2 为 10 μF,耐压均为25 V)。

(2) 仪器清单

① 双路稳压电源:提供系统电路所用电源。

② 示波器:观察各个测试点的波形,也可以用逐点测试法代替频率特性测试仪测量输出音频信号的幅频特性。

③ 数字频率计:测量输出音频信号的频率。

④ 万用表:测量电路静态工作点。

⑤ 失真度仪:测量输出音频信号的失真度。

⑥ 交流电压表:测量输出音频信号的电压(有效值)。

⑦ 频率特性测试仪:测量输出音频信号的频率特性。

可用失真度仪测量输出音频信号的失真度。减小非线性失真可从以下几方面入手:适当加大检波电路的时间常数、选择 I_{ds}～U_{ds} 曲线对原点对称的场效应管、选择转换速率高和高频响应好的集成运放等。

6.3.2 直流稳压电源设计

1) 概述

直流稳压电源是电子系统中不可缺少的设备之一,也是模拟电路理论知识的基本内容之一。完成一个直流稳压电源的设计、安装和调试,可以达到对模拟电路理论知识较全面的运用,并能掌握模拟电路的实际安装和调试技术,具有很大的实用价值。

2) 设计任务、技术指标和要求

完成一个直流稳压电源的理论设计,并用 EDA(Multisim 或 Protues)软件进行模拟仿真测试,符合技术指标要求后再进行安装和调试(注:主要设计稳压部分)。

技术指标要求为:

① 4 路直流输出:$+15\ \text{V}/1\ \text{A}$、$-15\ \text{V}/1\ \text{A}$、$+12\ \text{V}/100\ \text{mA}$、$-12\ \text{V}/100\ \text{mA}$。

② 电压调整率:$\leqslant 0.2\%$(输入电压为 AC 220 V,$\pm 10\%$,满载)。

③ 负载调整率:$\leqslant 1\%$(输入电压为 AC 220 V,空载到满载)。

④ 纹波抑制比:$\geqslant 35\ \text{dB}$(输入电压为 AC 220 V,满载)。

3) 方案选择和论证

直流稳压电源总体功能框图如图 6.3.11 所示。

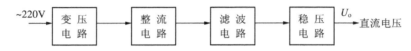

图 6.3.11　直流稳压电源总体功能框图

常用的直流稳压电源有下列方案可供选择:

① 硅稳压管并联式稳压电路:电路结构简单,但输出电压固定,负载能力小。

② 串联反馈式线性稳压电源:输出电压的稳定性、负载能力和可调节性都较好。

③ 三端集成稳压器:实质上是串联反馈式线性稳压电源的集成化和优化。

④ 串联或并联型开关稳压电源:最大的优点是效率 η 高,可达 $75\%\sim 90\%$。

⑤ 直流变换型电源:可以把不稳定的直流高压变换为稳定的直流低压,更多情况是用于把不稳定的直流低压变换为稳定的直流高压,也就是实现 DC—DC 变换。

以上 5 种电源的工作原理在康华光主编的《电子技术基础》中有详细介绍。

根据本课题任务和技术指标要求,对系统效率未做要求,而对电压调整率、负载调整率、纹波电压有一定的要求,可选择方案(1)、(2)或(3);又因要求 4 路输出电源,因此,选择方案(3)更好,这样电路简单,调节容易,性价比高。

4) 功能框电路设计

变压部分通过变压器即可实现。整流部分一般采用桥式整流,可采用 4 个整流二极管接成桥式,也可采用二极管整流桥堆。滤波部分在输出电流不大的情况下一般选用电容滤波即可。三端集成稳压器有固定输出和可调输出两种。因为本课题要求的输出电源电压都是固定的,所以稳压部分选用输出电压固定的三端集成稳压器。

5) 单元电路设计

(1) 稳压电路设计

根据课题任务与技术指标要求,选择 CW7815、CW7915、CW78M12、CW79M12 三端集成稳压器,其性能指标如表 6.3.6 所示。

表 6.3.6 三端集成稳压器性能指标

参 数	CW7815,CW7915	CW78M12,CW79M12
输入电压 U_I	$\pm 18.5\,\text{V} \sim \pm 28.5\,\text{V}$	$\pm 15\,\text{V} \sim \pm 25\,\text{V}$
输出电压 U_O	$\pm 15\,\text{V}$	$\pm 12\,\text{V}$
电压调整率 S_U	$<0.1\%$	$<0.1\%$
电流调整率 S_I	$\leqslant 2\%$	$\leqslant 2\%$
负载电流 I_O	最大 1.5 A	最大 0.5 A
纹波抑制比 R_R	37 dB~53 dB	49 dB~55 dB

电压调整率 S_V 的定义为在保持 I_O 和温度不变的条件下输出电压变化率与输入电压变化率之比,即

$$S_V = \frac{\Delta U_O / U_O}{\Delta U_I / U_I}$$

该参数反映了稳压电源克服输入电压变化影响的能力,越小越好。

电流调整率 S_I 的定义为在规定输入电压下,负载电流从 0(空载)到最大值(满载)变化时,输出电压的相对变化率,即

$$S_I = \frac{\Delta U_O}{U_O}$$

该参数反映了负载变化时,稳压电源维持输出电压稳定的能力。

纹波抑制比 R_R 的定义为:

$$R_R = 20 \lg \frac{U_{\text{Ip-p}}}{U_{\text{Op-p}}}$$

式中,$U_{\text{Ip-p}}$ 和 $U_{\text{Op-p}}$ 分别表示输入纹波电压和输出纹波电压的峰-峰值。

显然,所选三端集成稳压器满足课题技术指标要求。由手册可查得所选集成稳压器的典型应用电路如图 6.3.12(a)、(b)所示。

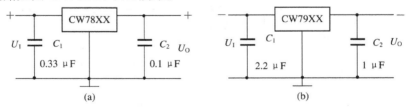

图 6.3.12 三端集成稳压器 CW78xx 和 CW79xx 典型应用电路

再考虑一些常规的滤波和保护电路,可设计出稳压部分的电路原理图如图 6.3.13 所示。图中 $VD_1 \sim VD_8$ 为保护二极管。

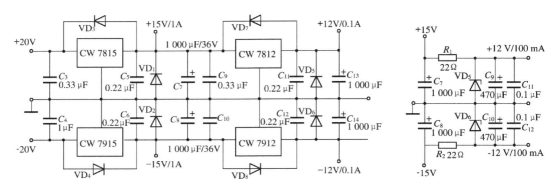

图 6.3.13　稳压电路原理　　　　　　　　　图 6.3.14　稳压管并联稳压
　　　　　　　　　　　　　　　　　　　　　　　　　电路原理

由于±12 V 电源输出部分要求的输出负载电流较小,这部分的稳压电路也可以采用稳压管并联稳压电路,如图 6.3.14 所示。常用稳压二极管的主要参数如表 6.3.7 所示。VD_5、VD_6 可选择 2CW60。电阻 R_1、R_2 为 2CW60 限流电阻,其计算式为:

$$\frac{U_{Imin}-U_z}{I_O+I_{z_{max}}} \leqslant R \leqslant \frac{U_{Imax}-U_z}{I_O+I_z}$$

式中:U_{Imin} 和 U_{Imax} 分别为输入电压波动时的最小值和最大值,此处因为前面有一级集成稳压,所以可近似认为无波动,即均取 15 V;I_O 为稳压源输出电流,此处根据课题技术指标要求为 100 mA。

由表 6.3.7 可知,2CW60 的 U_z 为 11.5~12.5 V,I_z 为 5 mA,$I_{z_{max}}$ 为 19 mA;所以 R_1、R_2 可取 22 Ω/1 W。

表 6.3.7　常用稳压二极管的主要参数

型　　号	稳定电流下稳定电压 U_z (V)	稳定电压下稳定电流 I_z (mA)	环境温度<50 ℃时最大稳定电流 $I_{z_{max}}$ (mA)	稳定电流下		环境温度<50 ℃时最大耗散功率 P(W)
				动态电阻 (Ω)	电压温度系数 $((10^{-4} \cdot ℃)^{-1})$	
2CW51	2.5~3.5	10	71	≤60	≥−9	0.25
2CW52	3.2~4.5	10	55	≤70	≥−8	0.25
2CW53	4~5.8	10	41	≤50	−6~4	0.25
2CW54	5.5~6.5	10	38	≤30	−3~5	0.25
2CW55	6.2~7.5	10	33	≤15	≤6	0.25
2CW56	7~8.8	10	27	≤15	≤7	0.25
2CW57	8.5~9.5	10	26	≤20	≤8	0.25
2CW58	9.2~10.5	5	23	≤25	≤8	0.25
2CW59	10~11.8	5	20	≤30	≤9	0.25
2CW60	11.5~12.5	5	19	≤40	≤9	0.25
2CW78	13.5~17	5	14	≤21	≤9.5	0.25
2CW116	23~26	10	38	≤55	≤11	1
2DW6C	15	30	70	≤8		1
2DW51	42~55	5	18	≤95	≤12	1
2DW60	135~155	3	6	≤700	≤12	1

（2）双路输出变压、整流、滤波电路设计

这部分的电路原理如图 6.3.15 所示。

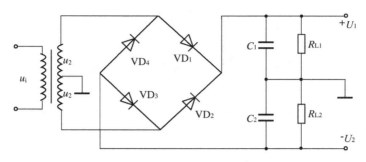

图 6.3.15　双路输出变压、整流、滤波电路原理

变压器的选择主要考虑初、次级的电压、电流要求。由于 CW7815(7915) 要求输入电压为 +18.5 V～+28.5 V（−18.5 V～−28.5 V），设 U_1 取 20 V，则根据电容滤波电路中的电压关系如下：若 $u_2 = \sqrt{2}U_2 \sin \omega t$，则 $U_2 \approx U_1/1.2$，可求得变压器次级电压有效值为 $2U_2 \approx 2 \times 18$ V。根据课题技术指标要求，稳压电源输出负载电流为 1 A＋100 mA，变压器电流应为 $(1.5—2)I_L$，所以取变压器次级电压为 2×18 V/2 A 即可。

整流电路可用 4 个整流二极管组成桥式电路，也可直接选用桥式整流集成电路，只要做到使每只整流管的最大反向电压为 $U_{RM} > \sqrt{2}U_2$、整流电流为 $(1.5～2)I_L$ 即可。例如，这里可选 50 V/2 A 的桥式整流集成电路。

滤波电容 C 应按式 $R_L C \geqslant (3～5)T/2$ 确定。其中，R_L 为电容所带负载，这里为集成稳压电路的等效输入电阻，T 为 u_2 的周期。C 取 1 000 μF/36 V 可满足要求。

6）直流稳压电源电路原理

完整的直流稳压电源电路原理图如图 6.3.16 所示。

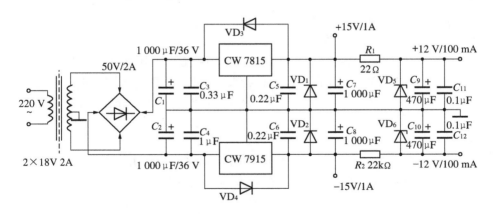

图 6.3.16　完整的直流稳压电源电路

7）Multisim 或 Proteus 模拟仿真设计调试

由于该课题选用集成电路实现，因此，只要所选用的集成电路芯片合适，一般较容易达到指标要求。

8）实际电路的安装和调试

基本步骤同第 6.3.1 节,此处从略。

6.3.3　数控直流稳压电源设计(模数混合型电路)

1）简述

本课题要求稳压电源输出的直流电压值的变换可以通过按钮控制。

2）设计任务、技术指标和要求

完成一个直流稳压电源的理论设计,并用 Multisim 10 进行模拟仿真测试,符合技术指标要求后再进行安装和调试。

技术指标要求为:

(1) 通过按钮可控制 8 挡直流输出电压:3 V、4.5 V、5 V、6 V、7.5 V、9 V、12 V、15 V;输出直流电压误差≤10%。

(2) 最大输出功率为 2 W。

3）设计说明和提示

根据课题任务,可以确定数控直流稳压电源电路由图 6.3.17 所示的功能框图组成。

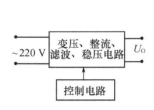

图 6.3.17　数控直流稳压电源电路功能框图

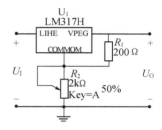

图 6.3.18　输出电源电压调节电路

4）功能框电路设计

根据课题任务,功能框电路设计方案如下:

(1) 变压、整流、滤波、稳压电路

输出电源电压调节电路如图 6.3.18 所示,其中,U_1 采用可调三端集成稳压器 LM317H,其额定功耗为 2 W,可以满足技术指标要求。U_1 为整流滤波后的直流电压,U_O 为经 LM317 稳压后的输出电压,$U_O = (1 + R_2/R_1) \times 1.25$ V,所以调节电阻 R_2 可以改变 U_O 的值。

(2) 控制电路

控制 R_2 变化的参考电路如图 6.3.19 所示。图中,由 $Q_1 \sim Q_8$、$R_4 \sim R_{11}$、$R_{12} \sim R_{19}$ 构成 8 个电子开关电路。当 $Q_1 \sim Q_8$ 依次导通时,$R_4 \sim R_{11}$ 依次接入图 6.3.19 中 R_2 的位置,输出电压 U_O 的值也跟着依次按 3 V、4.5 V、5 V、6 V、7.5 V、9 V、12 V、15 V 变化。例如,当 Q_5 导通时,$U_O = (1 + 1\,000\ \Omega/200\ \Omega) \times 1.25$ V $= 7.5$ V。

(3) 电子开关控制电路

图 6.3.19 中的 $Q_1 \sim Q_8$ 由图 6.3.20 所示的电子开关控制电路的脉冲分配器 4017 输出的顺序脉冲控制依次导通。

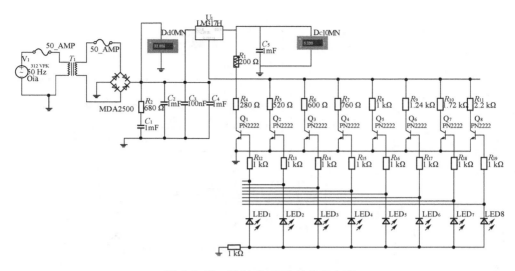

图 6.3.19　控制 R_2 变化的参考电路

图 6.3.20 中，U_5、U_6、R_3、C_6、U_7 构成环形振荡器，74LS04 构成防抖动电路。4017 是一个十进制计数/脉冲分配器，有 10 个译码输出。74LS32 和 J2 构成 4017 的初始化电路，复位按钮 J_1 控制振荡电路，J_1 每按动一次，振荡器输出一个脉冲。4017 的译码输出端顺序输出脉冲信号，则 $LED_1 \sim LED_8$ 顺序发光。其仿真及示波器观测波形如图所示。

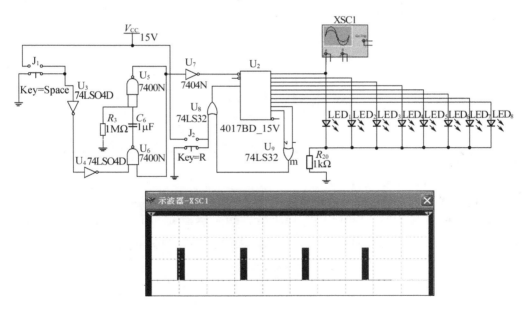

图 6.3.20　电子开关控制电路仿真和波形

将上述电路连接后，构成完整的数控直流稳压电源电路，如图 6.3.21 所示。经过在 Multisim 10 中仿真，在 J_1 按钮控制下依次测试输出的直流电压值，列出表 6.3.8。由表可知，所设计的电路基本满足技术指标要求。

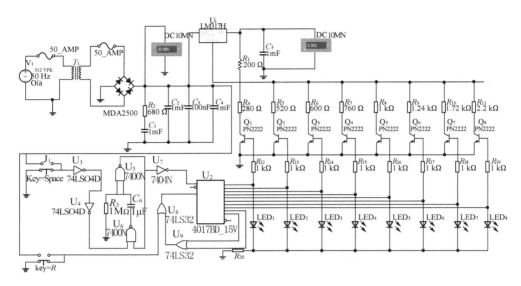

图 6.3.21　完整的数控直流稳压电源电路

表 6.3.8　数控直流稳压电源的输出电压、电阻值、实际测量电压和误差分析

理论输出电压 （V）	R_6 的值 （Ω）	实际测量输出电压值 （V）	误差均值 （%）
3.0	280	3.18	6.00
4.5	520	4.76	5.78
5.5	600	5.29	3.82
6.0	760	6.33	5.50
7.5	1 000	7.89	5.20
9.0	1 240	9.44	4.89
12.0	1 720	12.49	4.08
15.0	2 200	15.48	3.20

注：误差均值为 4.81%。

　　5）选用元器件和测量仪器

　　建议选用下列主要元器件和测量仪器：

　　（1）三端集成稳压器 LM317、十进制计数/脉冲分配器 4017，非门 74LS04，与非门 7400，或门 74LS32，整流桥 HDA2500，变压器（在 Multisim 10 中选 TS-POWER-10-TO-1），晶体管 PN2222，发光二极管、电阻器、电容器等。

　　（2）直流电压表，示波器。

　　6）思考题

　　（1）该电路对变压、整流、滤波电路的输出电压有何要求？

　　（2）LM317H 的功耗为 2 W，试求其在 8 挡直流输出电压：3 V、4.5 V、5 V、6 V、7.5 V、9 V、12 V、15 V 的最小负载电阻值各为多少？

6.3.4 电压超限指示报警电路的设计和调试(模数混合型电路)

1) 简述

由于温度、压力、流量等非电物理量可以通过各种传感器转换为电信号,而电信号又容易传送和控制,所以在各行业常常将某个需要监视或控制的物理量转换为电压信号后进行检测控制,电压超限指示报警器就是这种应用之一。

2) 设计任务、技术指标和要求

完成一个电压超限报警电路的理论设计,并用 Multisim 10 进行模拟仿真测试,符合技术指标要求后再进行安装和调试。

技术指标要求为:

① 上限电压为 2.5 V,下限电压为1.5 V;电压在 1.5 V～2.5 V 时,视为正常,绿灯亮,不发声。

② 电压低于下限时,黄灯亮,且发出断续报警声,间断时间约为 30 ms;电压高于上限时,红灯闪烁,也发出断续报警声,间断时间也为 30 ms。

③ 电路供电电源为单相交流电。

可以选择模数混合型电路设计。

3) 方案选择和论证

根据课题任务,可以确定电压超限报警电路由图 6.3.22 所示的功能框图组成。

4) 功能框电路设计

根据课题任务,功能框电路设计方案如下:

① 直流稳压电源电路:采用变压、整流、滤波、三端集成稳压器稳压。

② 电压比较电路:由于对输入电压有上、下限电压限制,因此电压比较电路选择窗口电压比较电路。

③ 光显示电路:选择发光二极管(LED)比较简单、节能。

④ 声报警电路:选择间歇振荡电路。

5) 单元电路设计

(1) 直流稳压电源电路

直流稳压电源电路由 220 V 市电经变压、整流、滤波、稳压电路输出 5 V 直流电压。电路原理图并在 Multisim 下仿真如图 6.3.23 所示。

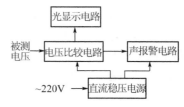

图 6.3.22 电压超限报警电路功能框图

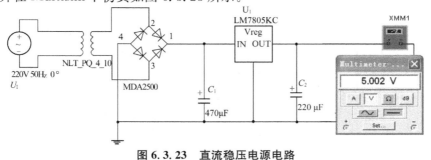

图 6.3.23 直流稳压电源电路

（2）电压比较与光显示电路的设计：

参考电路如图 6.3.24 所示，这是一个模拟电路结合了逻辑门的模数混合电路。主要由集成运放 U_{1A}、U_{2A}、二极管 VD_1、VD_2、电阻 R_1、R_2 组成；光显示电路用绿、红、黄三色发光二极管 LED_1、LED_2、LED_3 和或非门 U_{4A} 组成。

U_H、U_L、U_1 分别为上限、下限和输入电压。当 $U_1 > U_H$ 时，U_{1A} 的同相端高于反相端，输出高电平，VD_1 导通；U_{2A} 的反相端高于同相端，输出低电平，VD_2 截止；所以 U_1 为高电平，而 U_2 为低电平，LED_2（红灯）发光，LED_1、LED_3 不亮。同理可分析，当 $U_1 < U_1$ 时，U_1 为低电平，而 U_2 为高电平，LED_3（黄灯）发光，LED_1、LED_2 不亮。当 $U_H > U_1 > U_L$ 时，U_1、U_2 都为低电平，LED_2、LED_3 不亮，$U_3 = \overline{U_1 + U_2}$，为高电平，$LED_1$（绿灯）亮。

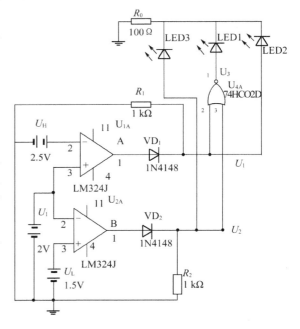

图 6.3.24　电压比较与光显示电路

（3）声报警电路的设计

声报警电路可以有很多设计方案，其核心是信号发生电路。要求电压超限时有断续声报警，最简单的电路可以选择数字集成电路 LM555 定时器构成间歇振荡电路。参考电路如图 6.3.25 所示。

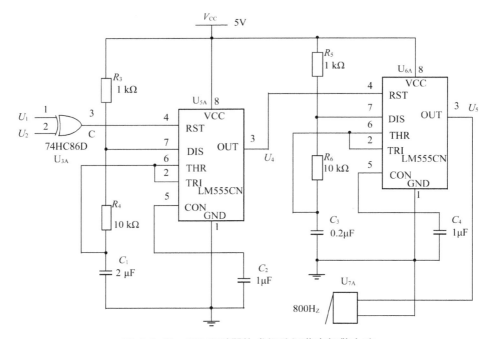

图 6.3.25　555 定时器构成间歇振荡声报警电路

表 6.3.9 所示为 LM555 的功能表。LM555 的静态电流约 $80~\mu A$,输入电流约 $0.1~\mu A$,输入阻抗很高。

表 6.3.9 LM555 功能表

输　入			输　出	
高触发端 THR	低触发端 TRI	复位 RST	输出 OUT	放电端 DIS 状态
$\times$	$\times$	L	L	导通
$>\frac{2}{3}V_{DD}$	$>\frac{1}{3}V_{DD}$	H	L	导通
$<\frac{2}{3}V_{DD}$	$>\frac{1}{3}V_{DD}$	H	保持原状态	保持原状态
$<\frac{2}{3}V_{DD}$	$<\frac{1}{3}V_{DD}$	H	H	截止

下面以图 6.3.25 中 U_{5A}、U_{6A} 构成的间歇振荡电路为例,介绍 555 定时器构成多谐振荡的工作原理。

由表 6.3.11 可知,当 U_{5A} 的 RST 为高电平时,555 定时器才能工作。工作过程如下:设门 U_{3A} 的输出 C 端为高电平,开始时 C_1 的电压为 0,即 THR 和 TRI 端的电位 $u_{C1}=0$,输出 U_4 为高电平,DIS 端截止,之后电源经 R_3、R_4 对 C_1 充电,u_{C1} 逐渐升高。当 $u_{C1} \geqslant 2V_{DD}/3$ 时,输出 U_4 跳变为低电平,DIS 导通,电容 C_1 通过 R_4 及 DIS 放电,u_{C1} 下降,当 $u_{C1} < V_{DD}/3$ 时,输出 U_4 再次跳变到高电平,DIS 截止,C_1 再次充电,……如此周而复始,输出端就得到了矩形脉冲序列。设 C_1 充电时间为 t_{W1},放电时间为 t_{W2},则振荡周期 T、振荡频率 f 为:

$$T = t_{W1} + t_{W2} \approx 0.7(R_3 + 2R_4)C$$

$$f = \frac{1}{T} = \frac{1.43}{(R_3 + 2R_4)C}$$

脉冲宽度与周期之比称为占空比 q,计算如下:

$$q = \frac{t_{W1}}{t_{W1} + t_{W2}} \approx \frac{0.7(R_3 + R_4)C}{0.7(R_3 + 2R_4)C} = \frac{R_3 + R_4}{R_3 + 2R_4}$$

因此,U_{5A} 的振荡周期为 $T_1 \approx 0.7 \times (1 + 2 \times 10) \times 2 \times 10^3 \times 10^{-6} = 29.4(\text{ms})$。其占空比为 $q = (1+10)/(1+20) \approx 0.52$。同理可计算得 U_{6A} 的振荡周期为 2.94 ms。

U_{3A} 是一个异或门,其 C 端接 U_{5A} 的 RST 端,C 为高电平时,U_{5A} 才能工作。C 为 $U_1 \oplus U_2$,亦即当 U_1 和 U_2 只有一个为高电平时,C 才为高电平,U_{5A} 才能振荡。

由于 U_{5A} 的输出 U_4 接 U_{6A} 的 RST 端,所以只有在 U_{5A} 输出正脉冲期间,U_{6A} 才能振荡。在 U_{5A} 输出负脉冲期间,U_{6A} 停止振荡,所以 U_{6A} 输出的是间歇振荡信号。

6) 全电路的设计和仿真

将图 6.3.24 和图 6.3.25 相连,即可得到如图 6.3.26 所示的电压超限报警全电路。当 $U_1 > U_H$ 时,U_1 为高电平,而 U_2 为低电平;当 $U_1 < U_L$ 时,U_1 为低电平,而 U_2 为高电平,这两种情况都可以使 C 为高电平,此时 U_{5A} 输出的是连续脉冲,U_{6A} 输出的是间歇脉冲,蜂鸣器 U_{7A} 发出间歇报警声。

图 6.3.27 为被测电压低于下限电压时的报警仿真图,此时发光二极管 LED_3 亮,U_{5A} 输出周期为 29.4 ms 的脉冲信号,U_{6A} 输出周期约为 3 ms 的间歇脉冲信号。

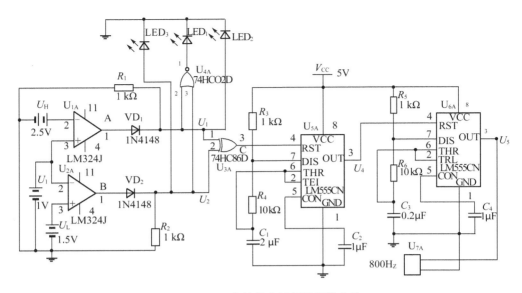

图 6.3.26 完整的电压超限报警电路

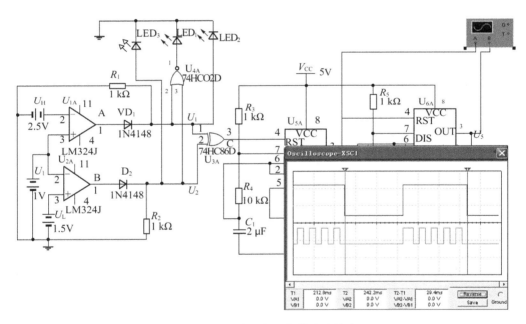

图 6.3.27 电压超限报警电路仿真

6.4 模拟电子技术课程设计题选

建议模拟电子技术课程设计按下列步骤进行(参照第 6.2.2 节内容):

(1) 理论设计(1~2 天)。最后要完成完整电路的原理图,列出所选用的全部元器件的型号及必要参数,请指导教师审核。

(2) 用 EDA 软件模拟仿真设计和测试(1 天)。将最终测试结果和有关测量数据请指导教师检查。

（3）实际安装和调试（1.5 天）。完成后请指导教师验收。

（4）撰写课程设计报告（0.5 天）。

下面给出的设计课题中涉及的是典型的基本模拟电子电路。有的课题中提供了基本电路原理图，但所用元器件及其参数需要设计者根据设计任务和技术指标要求进行逐项计算选择。

6.4.1　课题1：直流电源串联稳压电路设计

1）概述

直流稳压电源是电子电路中必不可少的电路之一，也经常制作成独立的设备作为电子技术中最常使用的仪器。直流稳压电源的总体功能框图如图 6.3.11 所示。

本课题主要设计稳压电路部分。稳压电路有稳压二极管稳压电路、集成稳压电路、分立元件串联稳压电路等，它们各有优缺点，分别应用在不同场合。本课题主要设计分立元件串联稳压电路。这种电路可以根据要求得到输出在一定范围可调的直流电源电压，稳压效果好，输出功率高，有自动保护功能等。

2）设计任务和技术指标要求

设计一个分立元件串联稳压电路。其技术指标要求为：

（1）输出电压 U_O：7.5 V～15 V 之间连续可调。

（2）最大输出电流：$I_{OM} = 500$ mA。

（3）电压调整率：$\leqslant 0.1\%$（输入电压为 AC220 V，变化 $\pm 10\%$，满载）。

（4）负载调整率：$\leqslant 1\%$（输入电压为 AC220 V，空载到满载）。

（5）纹波抑制比：$\geqslant 35$ dB（输入电压为 AC220 V，满载）。

（6）有过流保护环节，在负载电流超过 500 mA 时，输出电压明显下降。

3）设计说明和提示

直流电源串联稳压电路的功能框图如图 6.4.1 所示，其中串联稳压电路部分的电路原理图如图 6.4.2 所示。

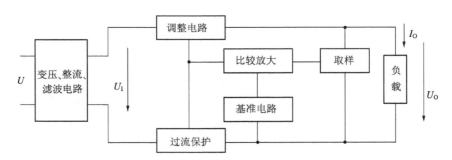

图 6.4.1　串联稳压电路功能框图

各主要环节的设计思路如下：

（1）调整管选择的一般原则：调整管 VT_1 的最大集电极电流 I_{CM}、集电极-发射极最大反向电压 BU_{CEO}、集电极最大功耗 P_{CM} 应满足以下要求：$I_{CM} \geqslant 1.5\,I_{OM}$（$I_{OM}$ 为最大负载电流）；$BU_{CEO} \geqslant U_{1max} - U_{Omin}$；$P_{CM} \geqslant 1.5I_{OM}(U_{1max} - U_{Omin})$。

(2) 基准电压 U_Z、采样电阻 R_4、R_P、R_5 以及输出电压 U_{Omax} 与 U_{Omin} 之间的关系如下：

$$U_{Omax} \approx \frac{R_4 + R_P + R_5}{R_5} U_Z$$

$$U_{Omin} \approx \frac{R_4 + R_P + R_5}{R_5 + R_P} U_Z$$

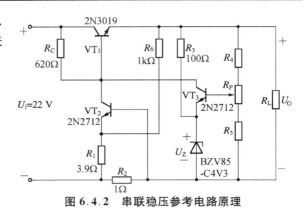

图 6.4.2 串联稳压参考电路原理

(3) 过流保护电路设计：

$$R_2 I_{OM} + \frac{R_1}{R_1 + R_6} U_O \geqslant U_{th}$$

式中：U_{th} 为 VT_2 的死区电压。

4) 选用元器件和测量仪器

(1) BJT 管，稳压二极管，电阻器、电容器等。

(2) 万用表、直流电压表、直流电流表、交流毫伏表。

5) 思考题

(1) 串联型稳压电路可以用分立元件设计，也可以用集成电路元件设计，而且可以有多种设计方案，请考虑设计一种集成元件串联稳压电路方案，并比较它们的优缺点。

(2) 所设计的电路还有可以改进之处吗？

6.4.2 课题2：2路固定输出稳压电源电路设计

1) 概述

本课题可以参考 6.3.2 设计，要求电源输出是固定电压。

2) 设计任务和技术指标要求

完成一个直流稳压电源的理论设计，并用 EDA 软件进行模拟仿真测试，符合技术指标要求后再进行安装和调试。其技术指标要求为：

(1) 直流输出电源：$+9$ V/200 mA、-9 V/200 mA（或 $+5$ V/100 mA、-5 V/100 mA），共 2 路。

(2) 电压调整率：$\leqslant 0.2\%$（输入电压为 AC220 V，变化 $\pm 10\%$，满载）。

(3) 负载调整率：$\leqslant 1\%$（输入电压为 AC220 V，空载到满载）。

(4) 纹波抑制比：$\geqslant 35$ dB（输入电压为 AC220 V，满载）。

3) 设计说明和提示

该课题的稳压单元电路的设计如果全部选用三端集成稳压器，参考电路如图 6.3.13 所示。$+5$ V/100 mA、-5 V/100 mA 稳压电源也可以选用稳压二极管，参考电路如图 6.3.16 所示。

根据课题任务和技术指标要求，可选择输出电压固定的三端集成稳压器 LM7805CT、LM7905CT、LM7809CT、LM7909CT，其主要性能指标如表 6.4.1 所示。

表 6.4.1　三端集成稳压器性能指标

器　件	输入电压 U_I (V)	输出电压 U_O (V)	功耗 (W)
LM7805CT	$+8.5\sim+18.5$	$+5$	2
LM7905CT	$-8.5\sim-18.5$	-5	2
LM7809CT	$+12\sim+22$	$+9$	2
LM7909CT	$-12\sim-22$	-9	2

4) 选用元器件和测量仪器

(1) 三端集成稳压器 LM7809CT、LM7909CT(或 LM7805CT、LM7905CT),变压器(在 Multisim 10 中选 TS-POWER-25-TO-1),整流二极管(或桥式整流块),稳压二极管(BZV85-C5V1),电阻器、电容器等。

(2) 直流电压表,直流电流表,万用表,交流毫伏表。

5) 思考题

(1) 若 2 路电源的最大输出电流改为 1 A,应如何设计电路?

(2) 所选择设计的方案有何优缺点?

6.4.3　课题 3:4 路固定输出稳压电源电路设计

1) 概述

本课题可以参考 6.3.2 节设计,要求电源输出是固定电压。

2) 设计任务和技术指标要求

完成一个直流稳压电源的理论设计,并用 EDA 软件进行模拟仿真测试,符合技术指标要求后再进行安装和调试。其技术指标要求为:

(1) 直流输出电源:$+12$ V/150 mA、-12 V/150 mA、$+9$ V/100 mA、-9 V/100 mA, 共 4 路。

(2) 电压调整率:$\leqslant0.2\%$(输入电压为 AC220 V,变化$\pm10\%$,满载)。

(3) 负载调整率:$\leqslant1\%$(输入电压为 AC220 V,空载到满载)。

(4) 纹波抑制比:$\geqslant35$ dB(输入电压为 AC220 V,满载)。

3) 设计说明和提示

该课题的稳压单元电路的设计可全部选用三端集成稳压器,参考电路如图 6.3.13 所示。根据课题任务和技术指标要求,可选择输出电压固定的三端集成稳压器 LM7812CT、 LM7912CT、LM7809CT、LM7909CT,其主要性能指标如表 6.4.1 所示。

表 6.4.2　三端集成稳压器性能指标

器　件	输入电压 U_I (V)	输出电压 U_O (V)	功耗 (W)
LM7812CT	$+15\sim+25$	$+12$	2
LM7912CT	$-15\sim-25$	-12	2
LM7809CT	$+12\sim+22$	$+9$	2
LM7909CT	$-12\sim-22$	-9	2

4) 选用元器件和测量仪器

(1) 三端集成稳压器 LM7812CT、LM7912CT、LM7809CT、LM7909CT,变压器(在 Multisim 10 中选 TS-POWER-10-TO-1),整流二极管(或桥式整流块)、电阻器、电容器等。

(2) 直流电压表,直流电流表,万用表,交流毫伏表。

5) 思考题

(1) 若+9 V、-9 V 2 路电源改为用稳压二极管,应如何设计电路?

(2) TAV7805F 的功耗为 10 W,其可以输出的最大负载电流为多少??

6.4.4　课题 4:2 路可调输出稳压电源电路设计

1) 概述

电子电路中经常用到 2 路稳压电源。设计一个 2 路可调稳压电源电路,既能检验自己的电子技术设计能力,又是一个有实用意义的工作过程。

2) 设计任务、技术指标要求

设计一个 2 路可调稳压电源电路,并用 EDA 软件模拟仿真测试。其技术指标要求如下:

(1) 输出电源电压:$+(1.25\sim18\ V)/200\ mA$ 和 $-(1.25\sim18\ V)/200\ mA$,共 2 路。

(2) 电压调整率:$\leqslant0.025$(输入电压为 AC220 V,变化±10%,满载)。

(3) 负载调整率:$\leqslant1\%$(输入电压为 AC220 V,空载到满载)。

(4) 纹波抑制比:$\geqslant35\ dB$(输入电压为 AC220 V,满载)。

3) 设计说明和提示

该设计课题的参考功能框图如图 6.3.11 所示。因为要求有 2 路输出,所以首先在变压、整流电路中就必须提供 2 路输出,例如可以选择如图 6.3.15 所示的 2 路输出变压、整流、滤波电路。稳压电路可采用三端可调集成稳压器件 LM317(输出正电压)和 LM337(输出负电压),或 LM117 和 LM137。LM317 参考电路原理图如图 6.4.3 所示,其输出电压表达式为:$U_O = 1.25(1+R_2/R_1)(V)$。

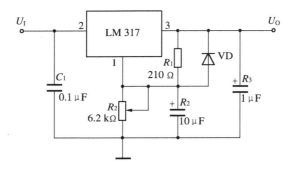

图 6.4.3　LM317 三端可调集成稳压器应用典型电路

4) 选用元器件和测量仪器

(1) 三端可调集成稳压器 LM117 和 LM137 或 LM317 和 LM337,变压器(在 Multisim 10 中选用 TS-POVER-10-TO-1),整流二极管(或桥式整流块),电阻器、电容器等。

(2) 直流电压表、直流电流表、万用表、交流毫伏表。

5) 思考题

(1) 若 2 路电源的最大输出电流改为 1 A,应如何设计电路?

(2) 所选择设计的方案有何优缺点?

6.4.5 课题 5:方波-三角波和矩形波-锯齿波发生电路设计

1)概述

方波、三角波、锯齿波是电子电路中经常用到的信号。设计一个方波-三角波、矩形波-锯齿波发生电路,既能检验自己的电子技术设计能力,又是一个有实用意义的工作过程。

2)设计任务和技术指标要求

设计一个方波-三角波、矩形波-锯齿波发生电路,并用 EDA 软件模拟仿真测试。其技术指标要求如下:

(1)通过一个开关键控制方波-三角波到矩形波-锯齿波发生电路的转换。

(2)输出频率:100 Hz～10 kHz 范围内连续可调。

(3)方波输出信号幅度:6 V。

(4)三角波和锯齿波输出信号幅度:0～2 V 之间连续可调。

(5)* 设计上述电路工作所需的直流稳压电源电路。

注:* 为选做部分。

3)设计说明和提示

方波-三角波、矩形波-锯齿波参考功能框图如图 6.4.4 所示。形成方波-三角波、矩形波-锯齿波的基本电路原理图如图 6.4.5 所示。开关 S 打开时,为方波-三角波产生电路,S 闭合时为矩形波-锯齿波产生电路。三角波输出电压 u_o 的峰值和周期分别为:$U_{OM} = (R_2/R_1)U_Z$;$T = 4R_1R_6C/R_2$。

设计者可自己推导锯齿波的输出电压峰值和周期的表达式,并设计方波-三角波、矩形波-锯齿波的频率和输出信号幅值的调节电路。

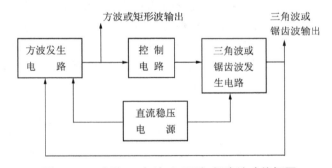

图 6.4.4 方波-三角波、矩形波-锯齿波功能框图

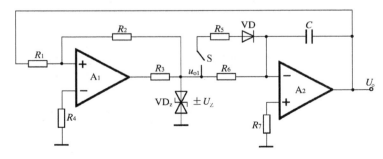

图 6.4.5 方波-三角波、矩形波-锯齿波发生基本电路原理

4）选用元器件和测量仪器

（1）集成运放 F007（μA741）或 LM324，稳压二极管，电阻器、电容器、电位器、开关键等。

（2）直流稳压电源，示波器，万用表，频率计，交流电压表。

5）思考题

（1）若课题增加外加电压控制频率变化的要求，应如何设计电路？

（2）所选择设计的方案有何优缺点？

6.4.6　课题 6：正弦波-方波-三角波发生电路设计

1）概述

正弦波、方波、三角波是电子电路中经常用到的信号。设计一个正弦波-方波-三角波发生电路，既能检验自己的电子技术设计能力，又是一个有实用意义的工作过程。

2）设计任务和技术指标要求

设计一个正弦波-方波-三角波发生电路，并用 EDA 软件模拟仿真测试。其技术指标要求为：

（1）输出频率：100 Hz～10 kHz 范围内连续可调。

（2）正弦波和方波输出信号幅度：6 V。

（3）三角波输出信号幅度：0～2 V 之间连续可调。

（4）正弦波失真度：$\gamma \leqslant 5\%$。

（5）* 设计上述电路工作所需的直流稳压电源电路。

注：* 为选做部分。

3）设计说明和提示

正弦波-方波-三角波发生器参考功能框图如图 6.4.6 所示。

由于课题要求正弦波-方波-三角波的频率在 100 Hz～10 kHz 范围，所以选择产生频率较低、频率稳定性较好的文氏电桥正弦波振荡器电路为佳。波形变换电路可选择电压比较器将正弦波变换为方波，如图 6.4.7 所示。三角波发生电路可选择积分电路，将方波转换为三角波。再加一些频率和幅度调节电路即可。

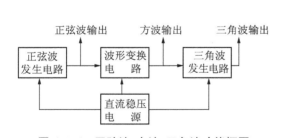

图 6.4.6　正弦波-方波-三角波功能框图

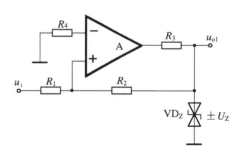

图 6.4.7　电压比较器—波形变换电路

4）选用元器件和测量仪器

（1）集成运放 F007（μA741）或 LM324，稳压及开关二极管，电阻器、电容器、电位器等。

（2）直流稳压电源，示波器，万用表，频率计，交流电压表。

5）思考题

（1）若频率变化的上限提高到 10 MHz，应如何选择器件及设计电路？

（2）所选择设计的方案有何优缺点？

6.4.7 课题7:电压控制振荡电路(锯齿波-脉冲波发生电路)设计

1) 概述

电压控制振荡电路简称压控振荡器，它可以将输入直流电压转换成频率与直流电压数值成正比的锯齿波-脉冲波输出，故也称为电压-频率转换电路。这种电路常用于数字式测量仪器中，其方框图如图6.4.8所示。图中待测量的物理量经传感器转换为电信号，再经预处理电路转换为合适的直流电压信号输入压控振荡器，压振荡器输出与直流电压信号成正比的脉冲信号去驱动计数显示电路中的计数器，从而达到对物理量的数字显示测量。

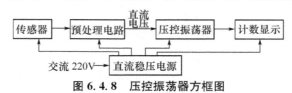

图 6.4.8　压控振荡器方框图

2) 设计任务和技术指标要求

完成一个压控振荡电路的理论设计，并用 EDA 软件进行模拟仿真测试，符合技术指标要求后再进行安装和调试。其技术指标要求为：

（1）输出信号:锯齿波-脉冲波。

（2）压控振荡电路的输入直流电压在 1 V～3 V 范围，测量输出锯齿波-脉冲波的频率与直流电压的变化是否成正比；要求测量 5 组以上数据，分析其规律。

（3）分析所测量锯齿波和脉冲波的频率、幅值与电路中元件取值的关系。

（4）压控振荡电路要求用 AC220 V 供电，所以要求设计用三端集成稳压器 CW78M05作为主要元件的提供直流电源电压的稳压电源电路。

3) 设计说明和提示

直流稳压电源部分的设计可参考第 6.3.2 节有关内容。

一种可供参考的压控振荡器在 Multisim 10 中设计的仿真电路如图 6.4.9 所示。

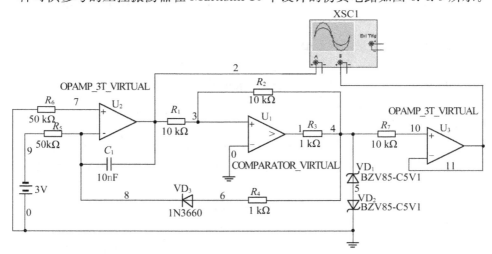

图 6.4.9　一种压控振荡器参考仿真电路

图中的集成器件 U_1、U_2、U_3 采用三端虚拟器件。U_2、C_1、R_5、R_6 等组成积分电路,U_1、R_1、R_2 组成滞回电压比较器,U_3 构成电压跟随器。

实际安装和调试的电路中,U_1、U_2、U_3 可以选用集成运放 LM324。

4)选用元器件和测量仪器

(1)集成运放(LM324),三端集成稳压器 CW78M05,变压器(在 Multisim 10 中选 TS-POWER-25-TO-1),整流二极管(或桥式整流块),二极管,稳压二极管(BZV85-C5V1),电阻器、电容器等。

(2)直流电压表,示波器。

5)思考题

(1)分析图 6.4.9 电路的工作原理。

(2)图 6.4.9 中 VD_1、VD_2 主要作用是什么。

6.4.8　课题 8:火灾报警电路设计

1)概述

火灾发生时,应及时发出报警信号。一般常利用温度传感器将火灾引起的温度变化量转换为电信号变化量,再通过电子电路的放大、处理,来驱动光、声等电器件进行报警。当变化量达到一定值时电路发出报警。电路框图如图 6.4.10 所示

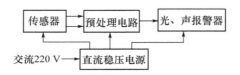

图 6.4.10　火灾报警电路方框图

2)设计任务和技术指标要求

设室内装有 2 个温度传感器,其中一个装在金属板上,产生电压信号 u_{i1},另一个装在塑料板上,产生电压 u_{i2}。无火情时,u_{i1} 和 u_{i2} 相等,电路不报警;有火情时,由于金属板导热快而塑料板导热慢,导致 u_{i1} 和 u_{i2} 不相等,要求当 $u_{i1}-u_{i2}\geq 0.05$ V 时,电路同时发出光、声报警。其技术指标要求为:

(1)光报警用红色发光二极管显示。要求发光二极管流过的电流约为 10 mA。

(2)声报警用蜂鸣器发声。要求蜂鸣器流过的电流约为 20 mA。

(3)火灾报警器要求用市电供电,所以要求设计用三端集成稳压器 CW78M05 作为主要元件的提供直流电源电压的稳压电源电路。

3)设计说明和提示

图 6.4.11 所示为一个在 $u_{i1}-u_{i2}\geq 0.09$ V 时,电路发出光、声报警的参考电路图。电路中,U_{2B}、R_1、R_2、R_3、R_4 构成差分放大电路;U_{2C}、R_5、R_6、R_3、R_4 构成单门限电压比较器电路。

(1)要求设计直流稳压电源电路,提供火灾报警电路中的集成元件要求的 +5 V 直流电压源和其他直流电压。

(2)根据设计任务和技术指标,参考图 6.4.11 设计火灾报警器电路,计算电路中有关元件的参数。在 EDA 软件中进行仿真调试,测试电路中差分放大电路的电压放大倍数、单

门限电压比较器的门限电压,以及发光二极管流过的电流和蜂鸣器流过的电流值。给出测试结果。

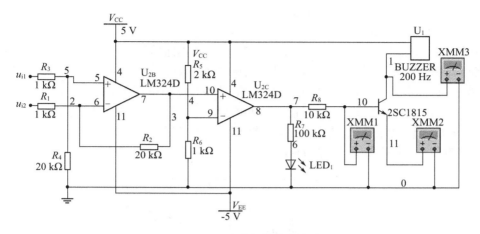

图 6.4.11 火灾报警参考电路

(3) 进行实际安装和调试。

4) 选用元器件和测量仪器

(1) 集成运放(LM324),三端集成稳压器 CW78M05,变压器(在 Multisim 10 中选 TS-POWER-25-TO-1),整流二极管(或桥式整流块),发光二极管,蜂鸣器,电阻器、电容器等。

(2) 交流市电电源,直流电压表。

5) 思考题

(1) 如果要求检测报警的 $u_{i1} - u_{i2}$ 值更小,应如何设计电路?

(2) 电路 6.4.11 中,若 $R_6 > R_5$,对电路的设计产生什么影响?

6.4.9 课题 9:简易温度报警电路设计

1) 概述

利用温度传感器将环境温度变化量转换为电信号变化量,再通过电子电路的放大、处理,来驱动显示电路,以提醒人们环境温度已经超过了规定值,需要采取一定的调节措施。

电路框图如图 6.4.12 所示。

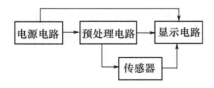

图 6.4.12 温度报警电路方框图

2) 设计任务和技术指标要求

设室内装有一个负温度系数的热敏电阻传感器,要求当温度升高到一定值时,电路发出光报警信号。其技术指标要求为:

（1）当温度升高所引起的电阻值低于 600 Ω 时，电路中的发光二极管亮，否则发光二极管不亮。

（2）报警电路的电源为交流市电。

3）设计说明和提示

图 6.4.13 所示为一个在温度升高而使热敏电阻的阻值低于 400 Ω 时，电路发出光报警的参考电路图。电路中，用可变电阻器 R_2 代替热敏电阻。T_1、VD_1、VD_2、C_1 组成变压、整流、滤波电路，提供给 U_1、U_{3A}、LED_1、VT_1 等元器件的电源电压 V_{CC}，约为 5.5 V。U_1、R_1、R_5 电路产生基准直流电压 V_R 送入电压跟随器 U_{3A}。VT_1、R_4、LED_1 构成光显示电路。

（1）要求根据设计任务、技术指标，参考图 6.4.13 设计温度报警器电路。计算电路中有关元件的参数，并用 EDA 软件仿真调试。

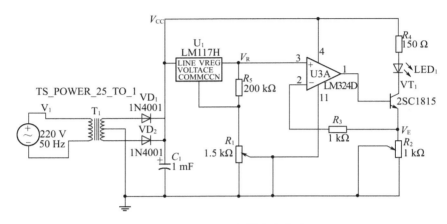

图 6.4.13　温度报警参考电路

（2）测试所设计电路中的 V_{CC}，以及报警和不报警情况时的 V_R、V_E 等电压和发光二极管流过的电流值。给出测试结果和分析结论。

（3）进行实际安装和调试。

4）选用元器件和测量仪器

（1）集成运放（LM324）、三端集成稳压器 LM117、变压器（在 Multisim 10 中选 TS-POWER-25-TO-1），整流二极管 IN4001，发光二极管，电阻器、电容器等。

（2）交流市电电源，直流电压表；

5）思考题

（1）如果要求检测报警的温度变化值值更小，应如何设计电路？

（2）电路 6.4.13 中，若 R_1 的滑动端位置，对电路的设计产生什么影响？

6.4.10　课题 10：电容测量电路设计

1）概述

同样的正弦波信号作用于不同容量 C_x 的电容器时，产生的容抗 X_C 不同，将 X_C 转换为交流电压（称为 C/ACV 转换电路），再通过带通滤波器滤除其他频率的干扰，即可输出幅值与 C_x 成正比的交流信号 u_o。这就是容抗法电容测量电路的设计思路，方框图如图 6.4.14 所示。

图 6.4.14　容抗法电容测量电路方框图

多功能数字表 DT890C 中的电容测量电路就是由 5 量程容抗法电容测量电路、AC/DC（交流/直流转换电路）、ADC（模拟/数字转换电路）、液晶数码显示电路组成，最终显示被测电容器的电容量。其电路方框图如图 6.4.15 所示。

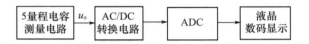

图 6.4.15　数字多用表 DT890C 中电容测量电路方框图

2）设计任务和技术指标要求

（1）设计一个 5 量程电容测量电路，5 个量程分别为：1 nF、10 nF、100 nF、1 μF、10 μF。

（2）电容测量电路的输出信号为 400 Hz 正弦信号。

3）设计说明和提示

图 6.4.16 所示为一个 5 量程电容测量电路在 Multisim 中的仿真电路图。图中，C_x 为被测电容，5 个量程分别为 2 nF、20 nF、200 nF、2 μF、20 μF。

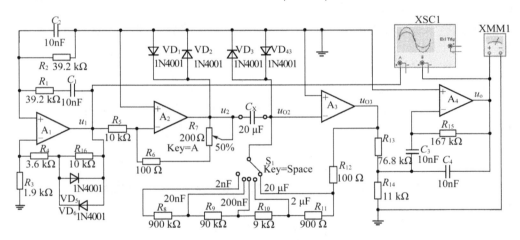

图 6.4.16　数字多用表 5 量程电容测量电路

A_1 及其周围元件构成文氏电桥正弦波振荡电路。其振荡频率为：

$$f = \frac{1}{2\pi\sqrt{R_1 R_2 C_1 C_2}}$$

A_2 及其周围元件构成反向比例运算电路，比例系数为：

$$A_u = \frac{R_6 + R_7}{R_5}$$

VD_1、VD_2 用于 A_2 输出电压的限幅，VD_3、VD_4 用于限制 A_3 净输入电压的幅值，以保护运放。

C_x、$VD_1 \sim VD_4$、A_3、$R_8 \sim R_{12}$ 构成 C/ACV 转换电路。被测电容的容抗为：

$$X_C = \frac{1}{j2\pi f C_x}$$

C/ACV 转换电路的转换系数为：

$$A_u = \frac{u_{o3}}{u_{o2}} = -\frac{R_f}{X_C} = -j2\pi f R_f C_x$$

则 $|A_u| = 2\pi f R_f C_x$。若 $f = 400\ \text{Hz}$，当 $C_x = 20\ \mu\text{F}$ 时，$R_f = 100\ \Omega$，求得 $|A_u| = 5.03$。

为了保证各电容挡输入到 A/D 转换电路的电压最大幅值相等，各电容挡电路转换系数的最大数值应相等，由此可以推导出电容 C_x 每减小至 1/10，R_f 的值应增大 10 倍，所以对应 $2\ \mu\text{F}$、$200\ \text{nF}$、$20\ \text{nF}$、$2\ \text{nF}$ 各电容挡，R_f 的值依次应为：

$$100\ \Omega + 900\ \Omega = 1\ \text{k}\Omega$$
$$100\ \Omega + 900\ \Omega + 9\ \text{k}\Omega = 10\ \text{k}\Omega$$
$$100\ \Omega + 900\ \Omega + 9\ \text{k}\Omega + 90\ \text{k}\Omega = 100\ \text{k}\Omega$$
$$100\ \Omega + 900\ \Omega + 9\ \text{k}\Omega + 90\ \text{k}\Omega + 900\ \text{k}\Omega = 1\ 000\ \text{k}\Omega$$

A_4、$R_{13} \sim R_{15}$、C_3、C_4 构成 400 Hz 带通滤波电路。其中心频率为：

$$f_0 = \frac{1}{2\pi C_4}\sqrt{\frac{1}{R_{15}}\left(\frac{1}{R_{13}} + \frac{1}{R_{14}}\right)}$$

将图 6.4.16 中有关元件的数值代入，可得 $f_0 = 400\ \text{Hz}$。

(1) 要求根据设计任务、技术指标，参考图 6.4.16 设计电容测量电路。计算电路中有关元件的参数，并用 EDA 软件仿真调试。

(2) 测试所设计电路中的 u_1、u_2、u_{o2}、u_{o3}、u_o 等电压的波形和值。给出测试结果分析结论。

(3) 进行实际安装和调试。

4) 选用元器件和测量仪器

(1) A_1、A_2 可选择集成运放 TL062，A_3、A_4 可选择 LM358，二极管，电阻器、电容器、可变电阻器等。

(2) 示波器，万用表。

5) 思考题

(1) 所设计电路的输出电压 u_o 为什么要经 AC/DC(交流/直流转换电路)后再送入 A/D(模拟/数字)转换电路？

(2) 电路 6.4.16 中，若 R_4 减小，会产生什么影响？

6.4.11　课题 11:"窗口"电压检测电路设计

1) 概述

在实际中常常需要对某些物理量(例如温度、压力等来自传感器的信号)的变化范围进行判断，以便确定其是否超限。一般是把这些物理量经过传感器变换为电压信号，再经相应电子电路进行检测作出判断。

2) 设计任务和技术指标要求

设计一个"窗口"电压检测电路，并用 EDA 软件模拟仿真测试，其技术指标要求为：

(1) "窗口"电压的上限电压 $U_1 = 2\ \text{V}$，下限电压 $U_2 = 1\ \text{V}$，中心电压 $(U_1 + U_2)/2 = 1.5\ \text{V}$。

(2) 当输入信号电压 $U_x > 2\ \text{V}$ 或 $U_x < 1\ \text{V}$ 时，红指示灯亮；当 $1\ \text{V} < U_x < 2\ \text{V}$ 时，绿指

示灯亮。

(3)"窗口"的上限电压和下限电压可分别调整±1 V。

(4)* 设计电路所需电源电路。

注:* 为选做部分。

3) 设计说明和提示

"窗口"电压检测电路参考功能框图如图 6.4.17 所示,电压检测电路部分的基本原理和电压传输特性如图 6.4.18 所示,其中的 U_1、U_2 为窗口电压设定的上限电压和下限电压。

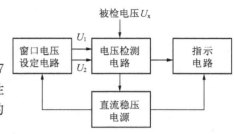

图 6.4.17 "窗口"电压检测电路功能框图 1

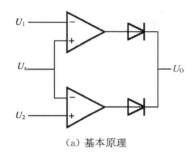

(a) 基本原理

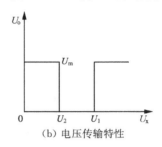

(b) 电压传输特性

图 6.4.18 "窗口"电压检测基本电路

可根据上述提示设计窗口电压设定电路、检测电路和指示电路。

4) 选用器材元器件和测量仪器

(1) 集成运放 F007(μA741)或 LM324,开关二极管、发光二极管、晶体管、电阻器等。

(2) 直流稳压电源、万用表。

5) 思考题

(1) 有无其他设计方案?

(2) 若采用图 6.4.19 所示功能框图,能否实现本课题技术要求? 参考电压 U_1 和 U_2 如何确定?

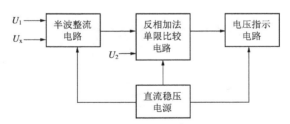

图 6.4.19 "窗口"电压检测电路功能框图 2

6.4.12 课题 12:多功能有源滤波器电路设计

1) 概述

滤波器在电子系统中得到广泛应用。本课题旨在了解高通、低通和带通滤波器的基本原理和一般设计电路,并进一步掌握电子电路的设计、安装、调试方法。

2）设计任务和技术指标要求

设计一个多功能有源滤波器电路，并用 EDA 软件模拟仿真调试。其技术指标要求为：

(1) 高通、低通滤波器的截止频率为 10 kHz，通带增益为 1，Q 为 2/3。

(2) 带通滤波器的中心频率为 10 kHz，通带增益为 1，Q 为 1.5。

(3)* 设计电路所需的电源电路。

注：* 为选做部分。

3）设计说明和提示

多功能有源滤波器参考功能框图如图 6.4.20 所示，参考原理电路如图 6.4.21 所示。

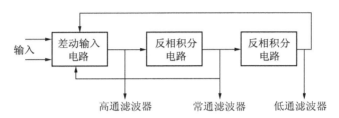

图 6.4.20　多功能有源滤波器参考功能框图

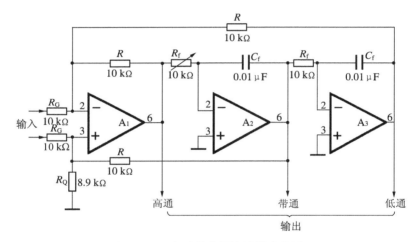

图 6.4.21　多功能有源滤波器参考原理

高通和低通滤波器的截止频率为：

$$f_{\circ} = \frac{1}{2\pi R_f C_f}$$

品质因数为：

$$Q = \left(1 + \frac{R}{R_Q}\right)\frac{1}{\frac{2R}{R_G}} \qquad （输入信号从反相输入端输入）$$

带通滤波器的中心频率为：

$$f_{\circ} = \frac{1}{2\pi R_f C_f}$$

品质因数为：

$$Q = 0.5\left(1 + \frac{R}{R_G} + \frac{R}{R_G}\right) \qquad (输入信号从同相输入端输入)$$

4）选用元器件和测量仪器

（1）集成运放 F007（μA741）或 LM324，电阻器、电容器等。

（2）示波器，万用表，频率计，函数信号发生器，直流稳压电源。

5）思考题

（1）有无其他设计方案？

（2）双二阶 RC 有源滤波器的功能框图如图 6.4.22 所示，试考虑设计其电路。

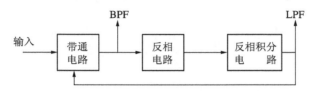

图 6.4.22　双二阶 RC 有源滤波器功能框图

6.4.13　课题 13：心电图信号放大器设计

1）概述

在医院经常用到心电图仪，该课题的设计具有一定的实用价值。人的心电信号幅度为 50 μV～5 mV，频率范围为 0.032 Hz～250 Hz，属于低频微弱信号。人体内阻、检测电极板与皮肤的接触电阻（即信号源内阻）为几十千欧，要求放大器的输出电压为 -5 V～+5 V。因此，心电图信号放大器必须是低频、高电压增益、高输入阻抗的多级放大器。此外，为了减小人体接收的空间电磁场的各种信号（共模信号），放大器还必须有较高的共模抑制比。

2）设计任务和技术指标要求

设计心电图信号放大器，并用 EDA 软件仿真测试。其技术指标要求为：

（1）通频带：0.032 Hz～250 Hz。

（2）差模电压增益：≥1 000（5 V/5 mV）。

（3）差模输入阻抗：≥10 MΩ。

（4）共模抑制比：≥80 dB。

3. 设计说明和提示

心电图信号放大器的参考电路原理图如图 6.4.23 所示。

图中，A_1、A_2、A_3、A_4 选用低失调、低漂移、JFET 输入型运放 LF411，其 $A_{Vo} = 4 \times 10^5$，$R_{id} = 4 \times 10^{11}\ \Omega$，$A_{VC} = 2$。

由于单级 LF411 构成的同相放大器共模抑制比无法达到设计要求，所以 A_1、A_2、A_3 构成仪用放大器，其差模增益可设计为 ≥40（可通过选择合适的 $R_1 \sim R_7$ 值来实现）；R_{11} 和 R_{12} 是为了避免输入端开路时放大器出现饱和状态而设计的，其值应取大，以满足输入阻抗的要求。

A_4 差模增益为 ≥25（R_{10}、R_9 取合适的值），C_1、R_8 构成高通滤波器，C_2、R_{10} 构成低通滤波器，根据公式 $f = 1/(2\pi RC)$，若 $R_8 = 1\ M\Omega$，则 C_1 取 4.7 μF；$R_{10} = 24\ k\Omega$，则 C_2 取 0.033 μF，可满足 $f_L = 0.032\ Hz$，$f_H = 250\ Hz$ 的通频带要求。

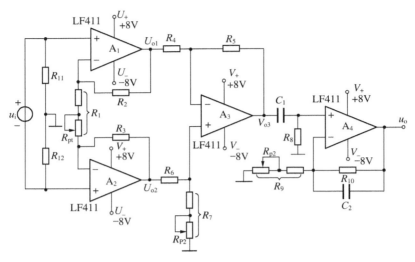

图 6.4.23   心电图信号放大器原理

4）选用元器件和测量仪器

（1）集成运放 LF411，电阻器、电容器、电位器等。

（2）直流稳压电源、示波器、万用表、交流电压表、函数发生器。

5）思考题

（1）在该课题设计中为什么要用仪用放大器（即仪用放大器满足课题要求的特点）？

（2）在参考原理图中的 A_4 部分设计有无更好的方案？

6.4.14   课题 14：万用电表电路设计

1）概述

在电子电路调试中经常用到万用电表，由于其可测直流电压、电流，交流（频率低于 400 Hz）电压、电流，以及电阻等参数，使用方便，所以该课题的设计也有一定的实用价值。

2）设计任务和技术指标要求

设计一个实用万用电表电路，并用 EDA 软件仿真调试。使用的表头灵敏度为 1 mA，内阻为 100 Ω。其技术指标要求为：

（1）直流电压挡 3 挡：500 mV、5 V、50 V。

（2）直流电流挡 3 挡：10 mA、100 mA、1 A。

（3）交流电压（有效值）挡 4 挡：1 V、10 V、100 V、250 V。

（4）交流电流挡（有效值）3 挡：10 mA、100 mA、1 A。

（5）电阻挡 3 挡：×10 Ω、×100 Ω、×1 kΩ。

3）设计说明和提示

万用电表测量中，电表的接入应不影响被测电路的工作状态，这就要求电压表应有近似无穷大的输入电阻，电流表的内阻应为 0。对于交流信号的测量，则要在直流电压、电流测量原理的基础上增加有整流电路。电阻的测量一般采用电桥平衡原理。在测量电路的正、负电源引入连接点应各并接大容量的滤波电容器和 0.01 μF～0.1 μF 的电容器。

4）选用元器件和测量仪器

（1）集成运放 F007(μA741)或 LM324，二极管 IN4007，金属膜电阻器、电容器、线绕电位器等。

（2）直流稳压电源,数字式万用电表。

5）思考题

（1）在电阻测量电路中,被测电阻所设置的电桥臂可以有不同的选择吗?

（2）有无其他设计方案?

6.4.15　课题 15:实用低频功率放大器电路设计

1）概述

功率放大器是很多电子系统的输出电路,它承担着对弱信号放大和对指定负载提供所要求的功率的任务。

2）设计任务和技术指标要求

设计一个低频功率放大器电路,并用 EDA 软件仿真调试。在正弦信号输入电压幅度为 5 mV～700 mV、等效负载 $R_L=8\ \Omega$ 条件下,其技术指标要求为:

（1）额定输出功率:$P_O \geqslant 10\ \text{W}$。

（2）带宽:$BW \geqslant 50\ \text{Hz}—10\ \text{kHz}$。

（3）在 P_O 和带宽内非线性失真系数:$\gamma \leqslant 3\%$。

（4）在 P_O 下的效率:$\eta \geqslant 55\%$。

（5）在前置放大级输入端交流短接时,R_L 上的交流声功率:$\leqslant 10\ \text{mW}$。

（6）设计低频功率放大器电路供电电源电路。

3）设计说明和指导

低频功率放大器参考功能框图如图 6.4.24 所示。

由于目前专用的低频前置集成放大器和低频集成功率放大器很多,而且性能优越,因此,应根据课题任务和指标要求在集成器件中进行选择。表 6.4.3 列出了 5 种集成低频前置放大器的主要参数;表 6.4.4列出了 3 种集成功率放大器的主要参数。可根据课题任务和指标要求选择合适器件,并设计合理的接口和外围电路。

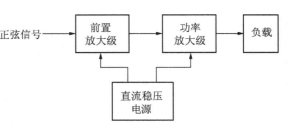

图 6.4.24　低频功率放大器功能框图

表 6.4.3　集成低频前置放大器主要参数

型　号	电源 V_{CC} (V)	闭环增益 G_V (dB)	带宽 (Hz)	失真系数 γ (%)	公　司
IR3R18	13.2	45	30～20 000	$\leqslant 1(U_{om}=1.5\ \text{V})$	夏普
I3R16	8	45	30～20 000	$\leqslant 1(U_{om}=1.5\ \text{V})$	夏普
μPC1228H	10	40	30～20 000	$\leqslant 2(U_{om}=2\ \text{V})$	NEC
MB3105	13.2	42	30～20 000	$\leqslant 1(U_{om}=2\ \text{V})$	富士
MB3106	6	42	30～20 000	$\leqslant 1(U_{om}=1.6\ \text{V})$	富士

表 6.4.4　集成功率放大器主要参数

型号	V_{CC} (V)	R_i (Ω)	R_L (Ω)	G_V (dB)	带宽 (Hz)	γ (%)	P_{OR} (W)	公　司
μPC1188H	$\pm$22	200	8	40	20～20 000	$\leqslant$1	18	NEC
HA1396	13.2	10 000	8	40	20～20 000	$\leqslant$0.03	15	日立
HA1397	$\pm$18	600	8	38	5～120 000	$\leqslant$0.7	15	日立

图 6.4.25 为 μPC1188H 和 HA1397 的应用电路。

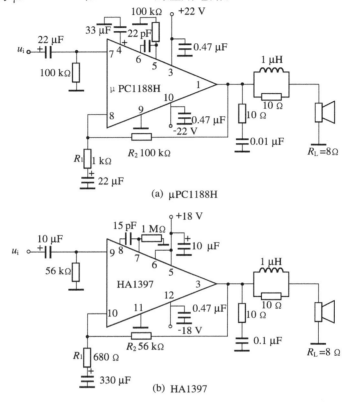

图 6.4.25　μPC1188H 和 HA1397 应用电路

也可以选用 BJT 功率管、MOSFET 功率管组成 OCL 或 OTL 功放,前面再加电压驱动电路构成低频功率放大器。MOSFET 功率管具有激励功率小、输出功率大、工作频率高、偏置简单、安全可靠无需加保护措施、漏极电流具有负温度系数等特点,因此用 MOSFET 管构成 OCL 功放电路,再用集成运放组成电压驱动电路,可以设计出性能优良的低频功率放大器。图 6.3.6 所示为用低噪声优质运放 NE5534 和 MOSFET 功率管 TN9NP10 为主要器件组成的低频功放电路,其最大输出功率可达 25 W,带宽范围为 20 Hz～200 kHz,失真度 $\gamma\leqslant$0.2%,效率可达 65%。

4) 选用元器件和测量仪器

(1) 集成低频前置放大器、集成功率放大器,或 BJT 功率管、MOSFET 功率管,宽带集成运放,扬声器,电阻器、电容器、电位器等。

(2) 示波器,万用表,频率计,交流电压表,函数发生器,失真度仪。

5) 思考题

如果要求测试低频功率放大器的时间响应,需设计一个方波发生电路。该电路由外接正弦信号经变换电路产生正、负极性对称的方波,频率为 1 000 Hz,上升和下降时间为 $\leqslant 1\ \mu s$、峰-峰值电压为 200 mV。在上述方波输入时,放大器负载 $R_L = 8\ \Omega$ 条件下,放大器应满足:

(1) 额定输出功率: $P_o \geqslant 10\ W$。

(2) 在 P_o 下输出波形的上升和下降时间为: $\leqslant 12\ \mu s$。

(3) 在 P_o 下输出波形顶部倾斜为 $\leqslant 2\%$。

(4) 在 P_o 下输出波形过冲量为 $\leqslant 5\%$。

6.4.16 课题 16:变调门铃电路设计

1) 概述

门铃是人们日常生活中常用的家用小电器,门铃电路多种多样。设计一个声音悦耳的门铃电路,既能检验自己的电子技术设计能力,又是一个有实用意义的有趣的工作过程。

2) 设计任务和技术指标要求

设计一个变调门铃电路,并用 EDA 软件仿真调试。要求在按下电源开关后,门铃先发出频率为 f_1 的音频声,经过时间 $T(s)$ 后,门铃声的频率自动变化为 f_2 的音频声。其技术指标要求为:

(1) 时间 T:约为 2 s。

(2) 门铃输出信号为正弦波,频率 f_1 约为 800 Hz, f_2 约为 1 000 Hz。

(3) 门铃输出信号功率: $P_o \geqslant 0.5\ W$(在 8 Ω 扬声器上)。

3) 设计说明和提示

变调门铃电路参考功能框图如图 6.4.26 所示。其中,延时和隔离及控制电路可选择 RC 延时、集成运放构成的电压跟随器隔离。正弦信号发生电路可选择文氏电桥 RC 振荡电路,根据其振荡频率表达式 $f = \dfrac{1}{2\pi\sqrt{R_1 R_2 C_1 C_2}}$($R_1$、$R_2$、$C_1$、$C_2$ 为 RC 选频网络元件),设计 RC 选频网路元件参数变化控制电路。

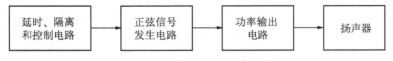

图 6.4.26 变调门铃电路功能框图

4) 选用元器件和测量仪器

(1) 集成运放 F007(μA741)或 LM324,集成功率放大器 LA4100 或 TDA2822,扬声器,电阻器、电容器等。

(2) 直流稳压电源、示波器、万用表、频率计、交流电压表。

5) 思考题

(1) 除了上述选用的元器件外,能否提供更合适的元器件?

(2) 所选择设计的方案有何优缺点?

6.4.17 课题 17:楼道灯延时开关电路设计

1）概述

延时电路广泛应用在各种自动控制设备和日常生活中。在城市的居民楼道中,存在不少长明灯,这既浪费能源又会缩短灯泡寿命,本课题是为了解决这一实际问题而设计。

2）设计任务和技术指标要求

要求设计一个延时节能开关电路,按一下开关,灯亮,等人们通过楼梯和楼道后,灯会自动熄灭。其技术指标要求如下:

(1) 延时时间:约 2 min。

(2) 灯泡未亮时,有发光二极管发亮指示,灯泡亮时发光二极管不亮。

(3) 电源电压:220 V,50 Hz。

(4) 灯泡功率:≤100 W。

3）设计说明和提示

(1) 楼道灯延时电路参考功能框图如图 6.4.27 所示。

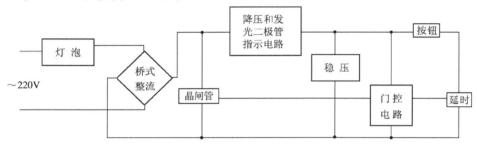

图 6.4.27 楼道灯延时电路功能框图

(2) 晶闸管又称为硅可控整流器(SCR),是目前工业中实现大容量功率变换和控制的常用电力半导体器件,其符号、结构和等效电路模型如图 6.4.28 所示。

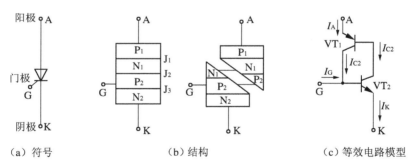

(a) 符号   (b) 结构   (c) 等效电路模型

图 6.4.28 晶闸管

晶闸管是一种开关器件,导通条件有 2 个,缺一不可,分别为:

① 阳极加一定的正向电压(阳极电位高于阴极电位)。

② 加适当的正向门极电压(门极电位高于阴极电位)。晶闸管导通后的管压降不到 1 V。晶闸管导通后,门极就失去了控制作用,所以门极控制信号常采用正向脉冲电压,被称为触发电压或触发脉冲。

要使导通的晶闸管关断,也有 2 个必要条件:

① 去除触发电压。

② 使阳极电流减小到晶闸管的维持电流以下(能保持晶闸管导通的最小电流称为晶闸管的维持电流)。

(3) 发光二极管的工作电压约为 2 V,工作电流约为 10 mA~20 mA。

(4) 稳压管可选择 7 V 稳压值。

(5) 延时电路可选择 RC 电路。

(6) 门控电路可利用 2 只 BJT 管构成开关电路,在延时电路的作用下产生晶闸管门极控制脉冲信号。

根据上述提示选择元器件并进行参数设计。

4) 选用元器件和测量仪器

(1) 晶体管 2N1304,整流二极管 IN4004,晶闸管 MCR100-6 或 CR02AM,灯泡,电阻器、电容器等。

(2) 万用表。

5) 思考题

(1) 可控硅的工作原理是什么?

(2) 若用声控节能开关或红外节能开关,该如何设计电路?

6.4.18　课题 18:市电用电过、欠电压保护电路设计

1) 概述

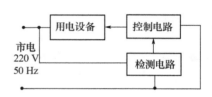

图 6.4.29　市电用电过、欠电压保护电路的方框图

日常用电中往往会因为某些突发原因而造成市电电压过高或过低,这对家用电器的危害是非常大的。需采取一定措施来防止危害发生。一般市电过、欠电压保护器电路由电压检测电路和控制电路组成,电路框图如图 6.4.29 所示

2) 设计任务和技术指标要求

(1) 要求设计一个电路能在市电电压高于或低于 10%时自动切断负载的供电线路,以防止用电设备损坏。

(2) 计算电路中有关元件的参数,并用 EDA 软件仿真调试,给出测试结果,分析结论。

(3) 进行实际安装和调试。

3) 设计说明和提示

图 6.4.30 所示为一个采用晶闸管的过、欠电压保护参考电路原理图。经调节,它能在市电电压高于或低于 10%时自动切断负载的供电线路,防止用电设备损坏。

(1) 电压检测电路由电源变压器、整流桥堆和 R_1、R_2、R_{P1}、R_{P2} 组成。

(2) 控制电路由晶闸管 VD_3、VD_4,二极管 VD_1、VD_2,继电器 J_1、J_2,电容 C 和复位控制按钮 S 组成。

(3) 电路设计完毕后,可借助调压器调整输入交流电压,然后需要调节 R_{P1} 和 R_{P2} 的阻值。首先调节 R_{P2} 的阻值,使 J_2 在输入交流电压高于 198 V 时吸合,低于 198 V 时释放;再调节 R_{P1} 的阻值,使 J_1 在输入交流电压低于 242 V 时释放,高于 242 V 时吸合。以上过程应

反复调节,确认该电路能在设定的动作值下正常动作,方可接入负载。

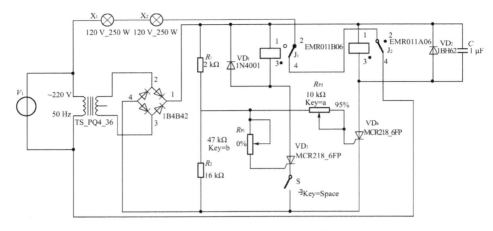

图 6.4.30　市电过、欠电压保护参考电路原理

(4) 仿真

① 正常情况的仿真:在市电电压高于 198 V、低于 242 V 时,VD$_3$ 截止,VD$_4$ 导通,J$_1$ 处于释放状态,J$_2$ 处于吸合状态,这时市电经 J$_1$ 的常闭触头和 J$_2$ 的常开触点加在电源输出插头上,供给负载(用电设备),灯泡亮。

② 欠压的仿真:当市电电压低于 198 V 时,VD$_4$ 截止,使 J$_2$ 释放,其常开触点断开,切断负载的供电电源。

③ 过压的仿真:当市电电压高于 242 V 时,VD$_3$ 受触发而导通,使 J$_1$ 吸合,其常闭触点断开,将负载的供电电路切断。

4) 选用元器件和测量仪器

(1) 元器件如图 6.4.30 所示。

(2) 万用表。

5) 思考题

(1) 根据晶闸管的工作原理,分析电路在市电正常、过压、欠压 3 种情况下电路的工作原理。

(2) 分析电路中 R_1、R_2、R_{P1}、R_{P2} 的阻值彼此有何影响?

6.4.19　课题 19:市电相、零线反接自动矫正电路设计

1) 概述

在一些有特殊要求的电子装置中,对市电的相线(火线)和零线的连接有严格的要求,不允许接反。因此需要设计相线、零线反接自动矫正电路。

2) 设计任务和技术指标要求

设计一款简单的相、零线接反自动矫正电路,要求电路简单、元器件少、效果好。利用灯泡、发光二极管的单向导电性模拟对相、零线要求高的电器,并用 EDA 软件仿真调试,给出测试结果,分析结论,进行实际安装和调试。

3) 设计说明和提示

利用二极管单向导电性设计的一款相、零线接反自动矫正参考电路如图 6.4.31 所示。

图中，V_1 为市电电源，灯泡 X_1、X_2 和发光二极管 LED_1 模拟用电设备，R、二极管 VD_1 和 VD_2、继电器 J_1 和 J_2、电容 C 构成相、零线接反自动矫正电路。

其工作原理如下：当电源 A 端接相线、B 端接零线时，二极管 VD_1 不导通，C 无电压，2 组继电器 J_1、J_2 都不动作，市电经继电器 J_1、J_2 的 2 组常闭触头加至负载，此时灯泡发光，发光二极管发亮。

当市电的相线、零线接反（即 B 端接相线、A 端接零线）时，二极管 VD_1 导通，交流电源经 R 降压、VD_1 半波整流、C 滤波，在继电器两端产生 12 V 左右的直流电压，使两组继电器 J_1、J_2 发生动作，继电器的触点由右端打向左端，此时负载 X_1、X_2、LED_1 的接相线、零线方向依旧，灯泡和发光二极管发亮代表成功。

4）选用元器件和测量仪器

（1）元器件如图 6.4.31 所示。

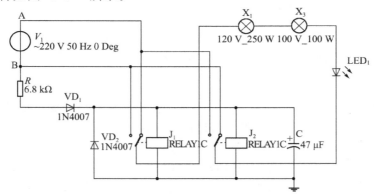

图 6.4.31　相、零线接反自动矫正参考电路

（2）万用表。

5）思考题

（1）根据半波整流电容滤波电路的工作原理，分析电路中电阻 R 的值是根据何参数确定的。

（2）分析电路中二极管 VD_2 的作用。

6.4.20　课题 20：声光报警电路设计

1）概述

在防盗报警装置中经常用到声光报警电路。因此，该课题的设计也有一定的实用价值。

2）设计任务和技术指标要求

设计一个能够在有情况时同时发出光和声音的报警电路，并用 EDA 软件仿真调试。其技术指标要求为：

（1）指示灯闪光频率：1 Hz～2 Hz。

（2）扬声器（8 Ω）发出与指示灯闪光频率同步的断续音响，音响频率为 1 Hz。

（3）扬声器（8 Ω）发出音响的功率：≥0.5 W。

3）设计说明和提示

声光报警电路参考功能框图如图 6.4.32 所示。因为要求扬声器需发出与指示灯闪光频率同步的断续音响，所以以 1 Hz 振荡电路的输出除了控制指示灯的闪光外，还需控制音频振荡电路的通断。

图 6.4.32   声光报警电路功能框图

4）选用元器件和测量仪器

（1）集成运放 F007（μA741），指示灯可用发光二极管,输出电路可选用集成功率放大器 LA4100、LM386 或 TDA2822 等,电阻器、电容器等。

（2）万用表。

5）思考题

（1）该课题还有哪些更好的设计方案?

（2）所设计的电路是否有可改进之处?

6.4.21   课题 21:简易温度调节器电路设计

1）概述

在工业生产、科学研究和日常生活中,温度是需要测量和控制的重要参数之一。设计一个温度调节装置是在实际生活中经常会遇到的课题。

2）设计任务和技术指标要求

（1）设计一个温度调节电路,并用 EDA 软件仿真调试。要求温度的控制设定在一个范围之内,例如 24 ℃±2 ℃。电路能自动调节加热器进行升温加热或不加热,使温度保持在设定的温度范围内。

（2）加热器的电流最大值为 1 A。

（3）* 根据电路设计恒温控制电路所需要的直流电源电路。

注：* 为选做部分。

3）设计说明和提示

简易温度调节装置的参考电路原理图如图 6.4.33 所示。

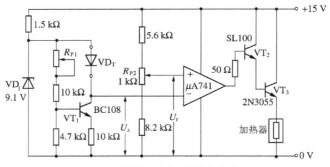

图 6.4.33   简易温度调节器参考电路原理

（1）热电（温度）传感器的种类很多,接触式热电传感器有热电耦、金属测温电阻器和半导体热敏电阻器、温敏二极管等。图 6.4.33 中的 VD_T 是一个温敏二极管。调节 R_{P1} 使流过 VD_T 的电流保持在 50 μA 左右。

（2）集成运放 μA741 组成的电压比较器作温度检测电路用，对参考电压 U_τ 和 R_{P1}、VD$_1$、VT$_1$ 等组成的温度传感分压网络输出的 U_x 进行比较，参考电压 U_τ 可根据所需要调节的温度用 R_{P2} 来调节。

（3）比较器的输出驱动 VT$_2$、VT$_3$ 构成的电流控制器对加热器进行加热控制。根据加热器的最大电流选择 VT$_2$、VT$_3$ 的型号。

4）选用元器件和测量仪器

（1）集成运放 F007（μA741）、晶体管、温敏二极管、稳压二极管（型号自定）等，电阻器、电位器等。

（2）万用表，直流稳压电源。

5）思考题

（1）除了上述选用的元器件外，能否提供更合适的元器件？

（2）电路中还有哪些地方需要改进？怎样改进？

6.4.22 课题 22：恒温控制装置电路设计

1）概述

电子科学技术发展迅猛，各种仪器及智能化设备得到广泛应用，对温度的要求也越来越高，特别是在生物、医疗、微电子及农村中的培育、饲养等领域尤其重要。设计一个恒温装置是在实际生活中经常会遇到的课题。

2）设计任务和技术指标要求

① 设计一个恒温控制电路，并用 EDA 软件仿真调试。要求温度的控制设定在一定范围内，例如 28 ℃±3 ℃。温度低于设定温度时，电路能自动接通电加热器进行升温；温度高于设定温度时，电路应发出超温报警信号，同时电路将断开电加热器，使温度保持在设定的温度范围内。

②* 设计恒温控制电路所需要的直流电源电路。

注：* 为选做部分。

3）设计说明和提示

恒温控制装置的电路参考功能框图如图 6.4.34 所示。

（1）可以用一个热敏电阻器作为温度传感器进行温度取样。热敏电阻器按温度特性可分为 2 类，电阻值随温度上升而增加的为正温度系数热敏电阻器，反之为负温度系数（NTC）热敏电阻器。热敏电阻器按外形结构分为盘形、薄片型、表面贴装式、玻璃珠型和玻璃封装等类型。

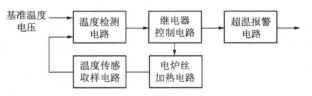

图 6.4.34 恒温控制装置电路功能框图

需要说明的是，热敏电阻器是温度传感器中最简单的传感器，一般采用 NTC 器件，它在常温下有不同的阻值，使用时应注意选择。

另外，还有集成温度传感器可供选择，如 TC620/TC621 就是温度控制系列的集成电路，不同的型号有不同的封装形式和温控范围，它有如下特点：

① 温控的上限温度和下限温度可由用户设定。

② 控制精度较高,为设定温度±3 ℃。

③ 在低于下限温度或高于上限温度时,其输出端有相应的逻辑电平。

(2) 温度检测电路可以用集成运放组成的电压比较器,对基准温度电压和电阻器、电位器及热敏电阻器组成的分压网络进行比较。

(3) 继电器可采用小型中功率电磁继电器(DC6 V),其触点容量为 1 A～3 A,同时要注意对电磁继电器线圈加电磁感应的保护装置。

(4) 超温报警可以用发光二极管。

4) 选用元器件和测量仪器

(1) 集成运放 F007(μA741),电磁继电器,晶体管、二极管、发光二极管等,电阻器、电容器、电位器、热敏电阻器、开关等。

(2) 万用表,直流稳压电源。

5) 思考题

(1) 在该课题中要求用继电器作为控制电炉加热的器件,它有何优点?

(2) 电路中还有哪些地方需要改进? 怎样改进?

6.4.23　课题 23:自动绕线设备电路设计

1) 概述

在变压器制作、电动机生产过程中,线圈的绕制往往采用自动绕线设备。这种设备需要提供实时的线圈匝数,具有自动停机等功能,以达到实时监控和及时调整等目的。

2) 设计任务和技术指标要求

① 可以预先设置绕线机应转动的圈数,要求最高转数为 10 000 圈,并进行数字显示,到时自动停机。

② 能实时地将绕线机(电机)所转过的圈数取样出来,同时进行显示。

3) 设计说明和提示

自动绕线设备控制电路参考功能框图如图 6.4.35 所示。

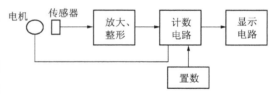

图 6.4.35　自动绕线设备控制电路功能框图

(1) 可以用一个数字式霍尔传感器对绕线机转过的圈数进行取样。霍尔传感器是在霍尔效应的基础上开发出的一种电磁转换的传感器。所谓霍尔效应,是将一块导电板放在垂直于它的磁场中,当有电流流过时,在导电板的 A、B 两侧会产生一个电位差 U_{AB},这种现象称为霍尔现象,如图 6.4.36 所示。实验表明,在磁场不太强时,电位差 U 与电流强度 I 和磁感应强度 B 成正比,即

$$U_{AB} = \frac{KIB}{d}$$

式中,K 为比例系数,称为霍尔系数。

霍尔传感器就是利用上述原理制成的。它是一种非接触型传感器,在垂直于磁场和电流的方向上产生一个电压,当工

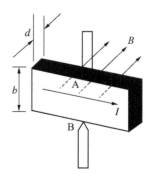

图 6.4.36　霍尔效应示意图

作在恒压状态时,磁通密度约为 1 000 高斯(1 高斯＝10^{-4} T),在传感器的有效距离之内,传感器输出一个约几十毫伏至几百毫伏的电压,由于该电压较低,波形也不是理想的矩形波,还需加以放大、整形,再驱动后面的计数电路。

（2）可以用 4 片集成十进制计数器(例如 74160)构成计数电路。

（3）可以用 8421 码拨盘开关对计数器进行预置。

（4）显示电路可以用译码器驱动数码管显示。

4）选用元器件和测量仪器

（1）集成运放、霍尔传感器、8421 码拨盘开关、数码管等,电阻器、电容器、电位器等。

（2）直流稳压电源、示波器、万用表、频率计、函数信号发生器。

5）思考题

（1）除了选用上述元器件外,能否提供更合适的元器件?

（4）有无更好的设计方案?

6.4.24　课题 24:基于 PAC 芯片的可编程温度监控系统电路设计

1）概述

工农业等生产实际中经常需要对某些现场的温度进行检测和控制。该课题就是一个实用的温度监控小系统的初步设计。

2）设计任务和技术指标要求

（1）用热敏电阻器作为温度传感器,使温度的变化能迅速敏感地转换成电阻的变化,再设计把电阻阻值变化转换成电压(或电流)的变化的电路。

（2）将 ispPAC20 配置成一个信号监测芯片,通过与外部的温度传感器电路进行连接来实现对温度的控制。PAC 芯片用来放大从温度传感器电路输出的信号并得出偏差,最后送到 ispPAC20 的一个比较器中,通过与芯片内的 D/A 转换所提供的可编程比较电压的各种组合提供可编程的监测选择。

（3）PAC 芯片的输出信号最终将根据设定的检测温度的高低用来控制一个发光二极管的熄灭和点亮。

3）设计说明和提示

整个电路的结构框图如图 6.4.37 所示。

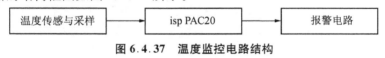

图 6.4.37　温度监控电路结构

（1）温度传感最好采用经济实用的负温度系数半导体热敏电阻作为传感器。采样电路可选择用热敏电阻器、2 个固定电阻器、1 个可变电阻器组成的电阻桥电路。加可调电阻器的目的有 2 个,一是调节桥电阻的平衡,二是在外加电压一定时,可以通过改变可调电阻值来改变比较电压,使得测控温度可编程。

（2）图 6.4.38 是 PAC20 芯片的内部编程连接参考电路。电阻桥电路中,当热敏电阻器的阻值随着温度的变化而变化到超过某一设定的门槛电压(这个门槛电压是可编程的)时,通过 ispPAC20 输出的电压就会驱动报警电路报警。

（3）报警电路可以由晶体管开关电路、继电器和显示器件（例如发光二极管）组成。ispPAC20输出的信号有两种可能，即高电平和低电平。高电平信号使晶体管导通，驱动继电器动作，发光二极管亮；输出低电平时晶体管截止，继电器不动作，发光二极管熄灭。

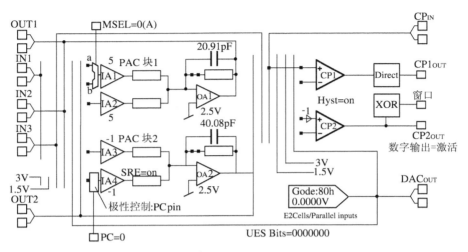

图 6.4.38　PAC20 的编程电路

4）选用元器件和测量仪器

（1）ispPAC20，晶体管 2N1893，二极管 1N4001，LED，负温度系数热敏电阻器（10 kΩ），继电器，电阻器、电位器等。

（2）直流稳压电源，万用表。

5）思考题

（1）设计中所选用的继电器型号和主要参数是什么？是否可不选用继电器来设计报警驱动电路？选用继电器有何优点？

（2）试用其他设计方案来完成该课题。

6.4.25　课题 25：基于 PAC 芯片的交流小信号电压测量系统电路设计

1）概述

该系统用于对模拟交流小信号的电压测量，要通过 PAC 芯片将交流小信号进行放大、调理等处理，然后将处理后的信号送至 ADC 进行 A/D 转换，然后将转换后的信号送至显示部分，经译码输出后得到十进制数值。该系统是一个模数混合型电路。

2）设计任务和技术指标要求

① 输入信号电压：1 mV～100 mV。

② 频率范围：400 Hz～20 kHz。

③ 输出电压最大值：5 V。

④ 精度：$4\frac{1}{2}$ 位。

3）设计说明和提示

信号电压测量系统电路整体上采用模块化设计方法，将电路具体分为 5 部分：PAC 芯片和模拟前端模块，整流、滤波模块，ADC 模块，显示模块，电源模块。

（1）PAC 芯片和模拟前端模块

PAC 芯片和模拟前端模块的任务是把含有噪声的微弱信号进行放大后送至 ADC，要求采用 PAC 芯片实现模拟前端的功能。ispPAC 可以完成多路信号的选择、放大、调理及缓冲。其中信号调理是指对信号滤波、积分、求和。为了衰减共模噪声，PAC 芯片输入信号常被设计成差分输入，可改善系统的精确度。在 PAC 芯片前要加一个衰减器，以适应测量不同输入信号电压的要求。

（2）整流、滤波模块

该模块对 PAC 芯片输出的交流信号进行整流、滤波，得到直流电压才能送到 ADC 进而转换成数字信号。

（3）ADC 模块

PAC 芯片的输入为差分方式，并且电路要达到的精度为 $4\frac{1}{2}$ 位，所以 ADC 电路最好采用 ICL7135 来实现 A/D 转换。

（4）显示模块

由于设计的精度要求，为了实现 $4\frac{1}{2}$ 位精度显示，要使用 5 个 LED。为了简化电路，又由于 ICL7135 可以直接输出 BCD 码，所以在设计中可将输出编码分为段码与位码，这样可以大幅简化电路并提高电路的稳定性。

（5）电源模块

按照电路设计的要求与所用芯片的要求，电源模块需要能够提供 +5 V、-5 V 电源和接地端。同时，考虑到电路是数模混合电路且有的芯片工作频率较高，为了提高电路的稳定性，减少混合电路带来的干扰，在每个芯片及电源插座旁都要加上一个约 0.1 μF 的滤波电容器。

交流小信号电压测量系统的硬件框图如图 6.4.39 所示。

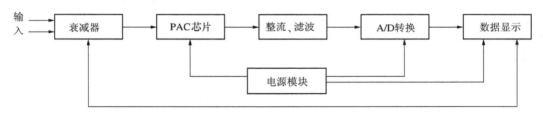

图 6.4.39 交流小信号电压测量系统硬件框图

4）选用元器件和测量仪器

（1）ispPAC20、ICL7135、7447、7805、7905 等芯片，晶体管 2N1304、二极管 1N4002、稳压二极管 TL431、LED 数码管等，电阻器、电容器、电位器等。

（2）直流稳压电源、示波器、万用表、交流电压表、函数信号发生器。

5）思考题

（1）除了上述选用的元器件外，能否提供更合适的元器件？

（2）有无更好的设计方案？

附录

附录 A　全国大学生电子设计竞赛试题选

全国大学生电子设计竞赛是全国性的大学生科技竞赛活动,是教育部倡导的大学生学科竞赛之一,目的在于按照紧密结合教学实际,着重基础、注重前沿的原则,促进电子信息类专业和课程的建设,引导高等学校在教学中注重培养大学生的创新能力、协作精神;加强学生动手能力的培养和工程实践的训练,提高学生针对实际问题进行电子设计、制作的综合能力;吸引、鼓励广大学生踊跃参加课外科技活动,为优秀人才脱颖而出服务社会发展创造条件。原则上每个参赛的省(自治区)、直辖市为一个赛区,各赛区竞赛组委会由省(自治区)教育厅、直辖市教委(局)、高校代表及电子信息类专家及相关人士组成,负责本赛区的组织领导、协调与宣传工作。

全国大学生电子设计竞赛每逢单数年举办,赛期四天竞赛采用全国统一命题、分赛区组织的方式,竞赛采用"半封闭、相对集中"的组织方式进行。竞赛期间学生可以查阅有关纸介或网络技术资料,队内学生可以集体商讨设计思想,确定设计方案,分工负责、团结协作,以队为基本单位独立完成竞赛任务;竞赛期间不允许任何教师或其他人员进行任何形式的指导或引导;竞赛期间参赛队员不得与队外任何人员讨论商量。参赛学校应将参赛学生相对集中在实验室内进行竞赛,便于组织人员巡查。为保证竞赛工作,竞赛所需设备、元器件等均由各参赛学校负责提供。

全国大学生电子设计竞赛题目包括"理论设计"和"实际制作"两部分,以电子电路(含模拟和数字电路)设计应用为基础,可以涉及模—数混合电路、单片机、嵌入式系统、DSP、可编程器件、EDA 软件、互联网+、大数据、人工智能、超高频及光学红外器件等的应用。除题目特殊要求以外,参赛队的个人计算机、移动式存储介质、开发装置或仿真器等不得带入测试现场(实际制作实物中凡需软件编程的芯片必须事先下载脱机工作)。竞赛题目着重考核参赛学生综合运用基础知识进行理论设计的能力、实践创新和独立工作的基本能力、实验综合技能(制作与调试),并鼓励参赛学生发扬团队协作的人文精神。

A1　开关电源模块并联供电系统(2011 年 A 题)【本科组】

1) 任务

设计并制作一个由两个额定输出功率均为 16W 的 8V DC/DC 模块构成的并联供电系统(见图 A1.1)。

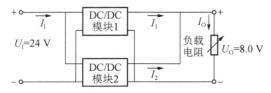

图 A1.1　两个 DC/DC 模块并联供电系统主电路示意图

2）要求

（1）基本要求

① 调整负载电阻至额定输出功率工作状态，供电系统的直流输出电压 $U_O = 8.0 \pm 0.4$ V。

② 额定输出功率工作状态下，供电系统的效率不低于 60%。

③ 调整负载电阻，保持输出电压 $U_O = 8.0 \pm 0.4$ V，使两个模块输出电流之和 $I_O = 1.0$ A，且按 $I_1 : I_2 = 1 : 1$ 模式自动分配电流，每个模块的输出电流的相对误差绝对值不大于 5%。

④ 调整负载电阻，保持输出电压 $U_O = 8.0 \pm 0.4$ V，使两个模块输出电流之和 $I_O = 1.5$ A，且按 $I_1 : I_2 = 1 : 2$ 模式自动分配电流，每个模块输出电流的相对误差绝对值不大于 5%。

（2）发挥部分

① 调整负载电阻，保持输出电压 $U_O = 8.0 \pm 0.4$ V，使负载电流 I_O 在 $1.5 \sim 3.5$ A 之间变化时，两个模块的输出电流可在（$0.5 \sim 2.0$）范围内按指定的比例自动分配，每个模块的输出电流相对误差的绝对值不大于 2%。

② 调整负载电阻，保持输出电压 $U_O = 8.0 \pm 0.4$ V，使两个模块输出电流之和 $I_O = 4.0$ A，且按 $I_1 : I_2 = 1 : 1$ 模式自动分配电流，每个模块的输出电流的相对误差的绝对值不大于 2%。

③ 额定输出功率工作状态下，进一步提高供电系统效率。

④ 具有负载短路保护及自动恢复功能，保护阈值电流为 4.5 A（调试时允许有 ± 0.2 A 的偏差）。

⑤ 其他。

3）评分标准

	项目		
	报告要点	主要内容	满分
设计报告	系统方案	比较与选择；方案描述	2
	理论分析与计算	DC/DC 变换器稳压方法；电流电压检测；均流方法；过流保护	8
	电路与程序设计	主电路；测控电路原理图及说明	6
	测试方案与测试结果	测试结果完整性；测试结果分析	2
	设计报告结构及规范性	摘要；设计报告正文的结构及图表规范性	2
	小计		20
基本要求	实际制作完成情况		50
发挥部分	完成第①项		20
	完成第②项		10
	完成第③项		10
	完成第④项		5
	完成第⑤项		5
	小计		50
	总分		120

4）说明

（1）不允许使用线性电源及成品的 DC/DC 模块。

（2）供电系统含测控电路并由 U_{IN} 供电，其能耗纳入系统效率计算。

（3）除负载电阻为手动调整以及发挥部分①由手动设定电流比例外，其他功能的测试过程均不允许手动干预。

（4）供电系统应留出 U_{IN}、U_O、I_1、I_O、I_1、I_2 参数的测试端子，供测试时使用。

（5）每项测量须在 5 s 内给出稳定读数。

（6）设计制作时，应充分考虑系统散热问题，保证测试过程中系统能连续安全工作。

A2 LC 谐振放大器（2011 年 D 题）【本科组】

1）任务

设计并制作一个 LC 谐振放大器。

2）要求

设计并制作一个低压、低功耗 LC 谐振放大器：为便于测试，在放大器的输入端插入一个 40 dB 固定衰减器。电路框图见图 A2.1。

图 A2.1 电路框图

（1）基本要求

① 衰减器指标：衰减量 40±2 dB，特性阻抗 50 Ω，频带与放大器相适应。

② 放大器指标：

a. 谐振频率：$f_0 = 15$ MHz；允许偏差 ±100 kHz；

b. 增益：不小于 60 dB；

c. −3 dB 带宽：$2\Delta f_{0.7} = 300$ kHz；带内波动不大于 2 dB；

d. 输入电阻：$R_i = 50$ Ω；

e. 失真：负载电阻为 200 Ω，输出电压 1 V 时，波形无明显失真。

③ 放大器使用 3.6 V 稳压电源供电（电源自备）。最大不允许超过 360 mW，尽可能减小功耗。

（2）发挥部分

① 在 −3 dB 带宽不变条件下，提高放大器增益到大于等于 80 dB。

② 在最大增益情况下，尽可能减小矩形系数 $K_{r0.1}$。

③ 设计一个自动增益控制（AGC）电路。AGC 控制范围大于 40 dB。

AGC 控制范围为：$20\log(U_{omin} - U_{imin}) - 20\log(U_{omax} - U_{imax})$（dB）。

④ 其他。

3）说明

（1）图 A2.2 是 LC 谐振放大器的典型特性曲线，矩形系数 $K_{r0.1} = \dfrac{2\Delta f_{0.1}}{2\Delta f_{0.7}}$

（2）放大器幅频特性应在衰减器输入端信号小于 5 mV 时测试（这时谐振放大器的输入 $U_i < 50\ \mu V$）。所有项目均在放大器输出接 200 Ω 负载电阻条件下测量。

（3）功耗的测试：应在输出电压为 1 V 时测量。

（4）文中所有电压值均为有效值。

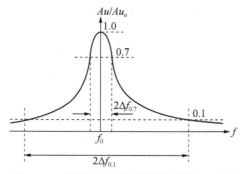

图 A2.2 谐振放大器典型幅频特性示意图

3) 评分标准

	项目	主要内容	满分
设计报告	方案论证	比较与选择;方案描述	3
	理论分析与计算	增益;AGC;带宽与矩形系数	6
	电路设计	完整电路图;输出最大不失真电压及功耗	6
	测试方案与测试结果	测试方法与仪器;测试结果及分析	3
	设计报告结构及规范性	摘要;设计报告正文的结构、图表规范性	2
	小计		20
基本要求	实际制作完成情况		50
发挥部分	完成第①项		15
	完成第②项		19
	完成第③项		10
	其他		6
	小计		50
总分			120

A3 简易数字信号传输性能分析仪(2011 年 E 题)【本科组】

1) 任务

设计一个简易数字信号传输性能分析仪,实现数字信号传输性能测试;同时,设计三个低通滤波器和一个伪随机信号发生器用来模拟传输信道。

简易数字信号传输性能分析仪的框图如图 A3.1 所示。图 A3.1 中,U_1 和 $U_{1\text{-clock}}$ 是数字信号发生器产生的数字信号和相应的时钟信号;U_2 是经过滤波器滤波后的输出信号;U_3 是伪随机信号发生器产生的伪随机信号;U_{2a} 是 U_2 信号与经过电容 C 的 U_3 信号之和,作为数字信号分析电路的输入信号;U_4 和 $U_{4\text{-syn}}$ 是数字信号分析电路输出的信号和提取的同步信号。

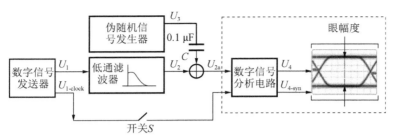

图 A3.1　简易数字信号传输性能分析仪框图

2) 要求

(1) 基本要求

① 设计并制作一个数字信号发生器：

a. 数字信号 U_1 为 $f_1(x)=1+x^2+x^3+x^4+x^8$ 的 m 序列，其时钟信号为 $U_{1\text{-clock}}$；

b. 数据率为 10～100 Kbps，按 10 Kbps 步进可调。数据率误差绝对值不大于 1%；

c. 输出信号为 TTL 电平。

② 设计三个低通滤波器，用来模拟传输信道的幅频特性：

a. 每个滤波器带外衰减不少于 40 dB/十倍频程；

b. 三个滤波器的截止频率分别为 100 kHz、200 kHz、500 kHz，截止频率误差绝对值不大于 10%；

c. 滤波器的通带增益 A_F 在 0.2～4.0 范围内可调。

③ 设计一个伪随机信号发生器用来模拟信道噪声：

a. 伪随机信号 U_3 为 $f_2(x)=1+x+x^4+x^5+x^{12}$ 的 m 序列；

b. 数据率为 10 Mbps，误差绝对值不大于 1%；

c. 输出信号峰峰值为 100 mV，误差绝对值不大于 10%。

④ 利用数字信号发生器产生的时钟信号 $U_{1\text{-clock}}$ 进行同步，显示数字信号 U_{2a} 的信号眼图，并测试眼幅度。

(2) 发挥部分

① 要求数字信号发生器输出的 U_1 采用曼彻斯特编码。

② 要求数字信号分析电路能从 U_{2a} 中提取同步信号 $U_{4\text{-svn}}$ 并输出；同时，利用所提取的同步信号 $U_{4\text{-syn}}$ 进行同步，正确显示数字信号 U_{2a} 的信号眼图。

③ 要求伪随机信号发生器输出信号 U_3 幅度可调，U_3 的峰峰值范围为 100 mV～TTL 电平。

④ 改进数字信号分析电路，在尽量低的信噪比下能从 U_{2a} 中提取同步信号 $U_{4\text{-syn}}$，并正确显示 U_{2a} 的信号眼图。

⑤ 其他。

3) 说明

(1) 在完成基本要求时，数字信号发生器的时钟信号 $U_{1\text{-clock}}$ 送给数字信号分析电路（图 A3.1 中开关 S 闭合）；而在完成发挥部分时，$U_{1\text{-clock}}$ 不允许送给数字信号分析电路（开关 S 断开）。

(2) 要求数字信号发生器和数字信号分析电路各自制作一块电路板。

(3) 要求 U_1、$U_{1\text{-clock}}$、U_2、U_{2a}、U_3 和 $U_{4\text{-syn}}$ 信号预留测试端口。

(4) 基本要求①和③中的两个 m 序列，根据所给定的特征多项式 $f_1(x)$ 和 $f_2(x)$，采用线性移位寄存器发生器来产生。

（5）基本要求②的低通滤波器要求使用模拟电路实现。

（6）图显示可以使用示波器，也可以使用自制的显示装置。

（7）发挥部分④要求的"尽量低的信噪比"，即在保证能正确提取同步信号 $U_{4\text{-syn}}$ 前提下，尽量提高伪随机信号 U_3 的峰峰值，使其达到最大，此时数字信号分析电路的输入信号 U_{2a} 信噪比为允许的最低信噪比。

4）评分标准

	项目	主要内容	满分
设计报告	方案论证	比较与选择；方案描述	2
	理论分析与计算	低通滤波器设计；m序列数字信号；同步信号提取；眼图显示方法	6
	电路与程序设计	系统组成；原理框图与各部分电路图；系统软件与流程图	6
	测试方案与测试结果	测试结果完整性；测试结果分析	4
	设计报告结构及规范性	摘要；正文结构规范；图表完整与准确性	2
	小计		20
基本要求	实际制作完成情况		50
发挥部分	完成第①项		8
	完成第②项		15
	完成第③项		6
	完成第④项		16
	其他		5
	小计		50
	总分		120

A4　单相 AC—DC 变换电路（2013 年 A 题）【本科组】

1）任务

设计并制作如图 A4.1 所示的单相 AC-DC 变换电路。输出直流电压稳定在 36 V，输出电流额定值为 2 A。

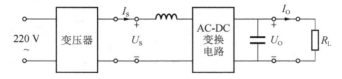

图 A4.1　单相 AC-DC 变换电路原理框图

2）要求

（1）基本要求

① 在输入交流电压 $U_s = 24$ V、输出直流电流 $I_O = 2$ A 条件下，使输出直流电压 $U_O = 36$ V± 0.1 V。

② 当 $U_s = 24$ V，I_O 在 0.2 A～2.0 A 范围内变化时，负载调整率 $S_I \leqslant 0.5\%$。

③ 当 $I_O = 2$ A，U_s 在 20 V～30 V 范围内变化时，电压调整率 $S_U \leqslant 0.5\%$。

④ 设计并制作功率因数测量电路,实现 AC-DC 变换电路输入侧功率因数的测量,测量误差绝对值不大于 0.03。

⑤ 具有输出过流保护功能,动作电流为 2.5 A±0.2 A。

(2) 发挥部分

① 实现功率因数校正,在 $U_s=24$ V,$I_O=2$ A,$U_O=36$ V 条件下,使 AC-DC 变换电路交流输入侧功率因数不低于 0.98。

② 在 $U_s=24$ V,$I_O=2$ A,$U_O=36$ V 条件下,使 AC-DC 变换电路效率不低于 95%。

③ 能够根据设定自动调整功率因数,功率因数调整范围不小于 0.80~1.00,稳态误差绝对值不大于 0.03。

④ 其他。

3) 说明

(1) 图 A4.1 中的变压器由自耦变压器和隔离变压器构成。

(2) 题中交流参数均为有效值,AC-DC 电路效率 $\eta=\dfrac{P_O}{P_s}$,其中,$P_O=U_O I_O$,$P_s=U_s I_s$。

(3) 本题定义:

① 负载调整率 $S_l=\left|\dfrac{U_{O2}-U_{O1}}{U_{O1}}\right|\times 100\%$,其中 U_{O1} 为 $I_O=0.2$ A 时的直流输出电压,U_{O2} 为 $I_O=2.0$ A 时的直流输出电压;

② 电压调整率 $S_U=\left|\dfrac{U_{O2}-U_{O1}}{36}\right|\times 100\%$,$U_{O1}$ 为 $U_s=20$ V 时的直流输出电压,U_{O2} 为 $U_s=30$ V 时的直流输出电压。

(4) 交流功率和功率因数测量可采用数字式电参数测量仪。

(5) 辅助电源由 220 V 工频供电,可购买电源模块(亦可自制),作为作品的组成部分。测试时,不再另行提供稳压电源。

(6) 制作时须考虑测试方便,合理设置测试点,参考图 A4.1。

4) 评分标准

	项目	主要内容	满分
设计报告	方案论证	比较与选择;方案描述	3
	理论分析与计算	提高效率的方法;功率因数调整方法;稳压控制方法	6
	电路与程序设计	主回路与器件选择;控制电路与控制程序;保护电路	6
	测试方案与测试结果	测试方案及测试条件;测试结果及其完整性;测试结果分析	3
	设计报告结构及规范性	摘要;设计报告正文结构、公式、图表的规范性	2
	小计		20
基本要求	完成第①项		8
	完成第②项		12
	完成第③项		12
	完成第④项		12
	完成第⑤项		6
	小计		50

续表

发挥部分	完成第①项	15
	完成第②项	15
	完成第③项	15
	其他	5
小计		50
总分		120

A5　射频宽带放大器（2013 年 D 题）【本科组】

1）任务

设计并制作一个射频宽带放大器。

2）要求

（1）基本要求

① 电压增益 $A_U \geqslant 20$ dB，输入电压有效值 $U_i \leqslant 20$ mV。A_U 在 $0 \sim 20$ dB 范围内可调。

② 最大输出正弦波电压有效值 $U_o \geqslant 200$ mV，输出信号波形无明显失真。

③ 放大器 $BW_{-3\,dB}$ 的下限频率 $f_L \leqslant 0.3$ MHz，上限频率 $f_H \geqslant 20$ MHz，并要求在 1 MHz～15 MHz 频带内增益起伏 $\leqslant 1$ dB。

④ 放大器的输入阻抗＝50 Ω，输出阻抗＝50 Ω。

（2）发挥部分

① 电压增益 $A_U \geqslant 60$ dB，输入电压有效值 $U_i \leqslant 1$ mV。A_U 在 $0 \sim 60$ dB 范围内可调。

② 在 $A_U \geqslant 60$ dB 时，输出端噪声电压的峰峰值 $U_{oNpp} \leqslant 100$ mV。

③ 放大器 $BW_{-3\,dB}$ 的下限频率 $f_L \leqslant 0.3$ MHz，上限频率 $f_H \geqslant 100$ MHz，并要求在 1 MHz～80 MHz 频带内增益起伏 $\leqslant 1$ dB。该项目要求在 $A_U \geqslant 60$ dB（或可达到的最高电压增益点），最大输出正弦波电压有效值 $U_o \geqslant 1$ V，输出信号波形无明显失真条件下测试。

④ 最大输出正弦波电压有效值 $U_o \geqslant 1$ V，输出信号波形无明显失真。

⑤ 其他（例如进一步提高放大器的增益、带宽等）。

3）说明

（1）要求负载电阻两端预留测试端子。最大输出正弦波电压有效值应在 $R_L = 50$ Ω 条件下测试（要求 R_L 阻值误差 $\leqslant 5\%$），如负载电阻不符合要求，该项目不得分。

（2）评测时参赛队自备一台 220 V 交流输入的直流稳压电源。

（3）建议的测试框图如图 A5.1 所示，可采用点频测试法。射频宽带放大器幅频特性示意图如图 A5.2 所示。

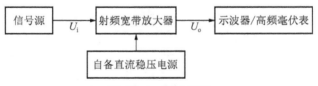

图 A5.1　测试框图

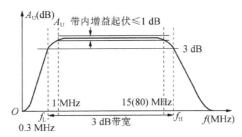

图 A5.2　幅频特性示意图

4）评分标准

	项目	主要内容	满分
设计报告	系统方案	比较与选择；方案描述	2
	理论分析与计算	宽带放大器设计；频带内增益起伏控制；射频放大器稳定性；增益调整	8
	电路与程序设计	电路设计；程序设计	4
	测试方案与测试结果	测试方案及测试条件；测试结果完整性；测试结果分析	4
	设计报告结构及规范性	摘要、设计报告结构、图表的规范性	2
	小计		20
基本要求	完成第①项		19
	完成第②项		10
	完成第③项		21
	小计		50
发挥部分	完成第①项		18
	完成第②项		2
	完成第③项		16
	完成第④项		6
	其他		8
	小计		50
总分			120

A6　简易频率特性测试仪（2013 年 E 题）【本科组】

1）任务

根据零中频正交解调原理，设计并制作一个双端口网络频率特性测试仪，包括幅频特性和相频特性，其示意图如图 A6.1 所示。

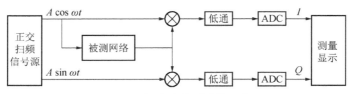

图 A6.1　频率特性测试仪示意图

2) 要求

（1）基本要求

制作一个正交扫频信号源。

① 频率范围为 1 MHz～40 MHz，频率稳定度≤10^{-4}；频率可设置，最小设置单位 100 kHz。

② 正交信号相位差误差的绝对值≤5°，幅度平衡误差的绝对值≤5%。

③ 信号电压的峰峰值≥1 V，幅度平坦度≤5%。

④ 可扫频输出，扫频范围及频率步进值可设置，最小步进 100 kHz；要求连续扫频输出，一次扫频时间≤2 s。

（2）发挥部分

① 使用基本要求中完成的正交扫频信号源，制作频率特性测试仪。

a. 输入阻抗为 50 Ω，输出阻抗为 50 Ω；

b. 可进行点频测量；幅频测量误差的绝对值≤0.5 dB，相频测量误差的绝对值≤5°；数据显示的分辨率：电压增益 0.1 dB，相移 0.1°。

② 制作一个 RLC 串联谐振电路作为被测网络，如图 A6.2 所示，其中 R_i 和 R_o 分别为频率特性测试仪的输入阻抗和输出阻抗；制作的频率特性测试仪可对其进行线性扫频测量。

a. 要求被测网络通带中心频率为 20 MHz，误差的绝对值≤5%；有载品质因数为 4，误差的绝对值≤5%；有载最大电压增益≥-1 dB；

b. 扫频测量制作的被测网络，显示其中心频率和 -3 dB 带宽，频率数据显示的分辨率为 100 kHz；

c. 扫频测量并显示幅频特性曲线和相频特性曲线，要求具有电压增益、相移和频率坐标刻度。

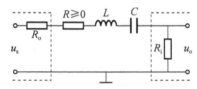

图 A6.2　RLC 串联谐振电路

③ 其他。

3) 说明

（1）正交扫频信号源必须自制，不能使用商业化 DDS 开发板或模块等成品，自制电路板上需有明显的覆铜"2013"字样。

（2）要求制作的仪器留有正交信号输出测试端口，以及被测网络的输入、输出接入端口。

（3）本题中，幅度平衡误差指正交两路信号幅度在同频点上的相对误差，定义为：$\dfrac{U_2-U_1}{U_1}\times100\%$，其中 $U_2 \geqslant U_1$。

（4）本题中，幅度平坦度指信号幅度在工作频段内的相对变化量，定义为：$\dfrac{U_{max}-U_{min}}{U_{min}}$

$\times 100\%$。

（5）参考图 A6.2，本题被测网络电压增益取：$A_U = 20\lg\left|\dfrac{u_o}{\frac{1}{2}u_s}\right|$。

（6）幅频特性曲线的纵坐标为电压增益（dB）；相频特性曲线的纵坐标为相移（°）；特性曲线的横坐标均为线性频率（Hz）。

（7）发挥部分中，一次线性扫频测量完成时间≤30 s。

4）评分标准

	项目	主要内容	满分
设计报告	方案论证	比较与选择；方案描述	2
	理论分析与计算	系统原理；滤波器设计；ADC 设计；被测网络设计；特性曲线显示	7
	电路与程序设计	电路设计；程序设计	6
	测试方案与测试结果	测试方案及测试条件；测试结果完整性；测试结果分析	3
	设计报告结构及规范性	摘要；设计报告正文的结构、图表的规范性	2
	小计		20
基本要求	实际制作完成情况		50
发挥部分	完成第①项		16
	完成第②项		30
	其他		4
	小计		50
总分			120

A7　双向 DC-DC 变换器（2015 年 A 题）【本科组】

1）任务

设计并制作用于电池储能装置的双向 DC-DC 变换器，实现电池的充放电功能，功能可由按键设定，亦可自动转换。系统结构如图 A7.1 所示，图中除直流稳压电源外，其他器件均需自备。电池组由 5 节 18650 型、容量 2 000～3 000 mA·h 的锂离子电池串联组成。所用电阻阻值误差的绝对值不大于 5%。

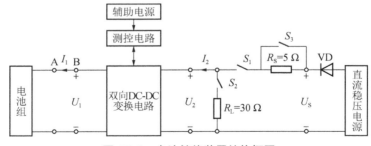

图 A7.1　电池储能装置结构框图

2）要求

（1）基本要求

接通 S_1、S_3，断开 S_2，将装置设定为充电模式。

① $U_2 = 30$ V 条件下，实现对电池恒流充电。充电电流 I_1 在 1～2 A 范围内步进可调，步进值不大于 0.1 A，电流控制精度不低于 5%。

② 设定 $I_1 = 2$ A，调整直流稳压电源输出电压，使 U_2 在 24～36 V 范围内变化时，要求充电电流 I_1 的变化率不大于 1%。

③ 设定 $I_1 = 2$ A，在 $U_2 = 30$ V 条件下，变换器的效率 $\eta_1 \geqslant 90\%$。

④ 测量并显示充电电流 I_1，在 $I_1 = 1 \sim 2$ A 范围内测量精度不低于 2%。

⑤ 具有过充保护功能：设定 $I_1 = 2$ A，当 U_1 超过阈值 $U_{1th} = 24 \pm 0.5$ V 时，停止充电。

（2）发挥部分

① 断开 S_1、接通 S_2，将装置设定为放电模式，保持 $U_2 = 30 \pm 0.5$ V，此时变换器效率 $\eta_2 \geqslant 95\%$。

② 接通 S_1、S_2，断开 S_3，调整直流稳压电源输出电压，使 U_S 在 32～38 V 范围内变化时，双向 DC-DC 电路能够自动转换工作模式并保持 $U_2 = 30 \pm 0.5$ V。

③ 在满足要求的前提下简化结构、减轻重量，使双向 DC-DC 变换器、测控电路与辅助电源三部分的总重量不大于 500 g。

④ 其他。

3）说明

（1）要求采用带保护板的电池，使用前认真阅读所用电池的技术资料，学会估算电池的荷电状态，保证电池全过程的使用安全。

（2）电池组不需封装在作品内，测试时自行携带至测试场地；测试前电池初始状态由参赛队员自定，测试过程中不允许更换电池。

（3）基本要求①中的电流控制精度定义为 $e_{ic} = \left| \dfrac{I_1 - I_{10}}{I_{10}} \right| \times 100\%$，其中 I_1 为实际电流、I_{10} 为设定值。

（4）基本要求②电流变化率的计算方法：设 $U_2 = 36$ V 时，充电电流值为 I_{11}；$U_2 = 30$ V 时，充电电流值为 I_1；$U_2 = 24$ V 时，充电电流值为 I_{12}，则 $S_{I1} = \left| \dfrac{I_{11} - I_{12}}{I_1} \right| \times 100\%$。

（5）DC-DC 变换器效率 $\eta_1 = \left| \dfrac{P_1}{P_2} \right| \times 100\%$、$\eta_2 = \left| \dfrac{P_2}{P_1} \right| \times 100\%$，其中 $P_1 = U_1 \cdot I_1$、$P_2 = U_2 \cdot I_2$。

（6）基本要求⑤的测试方法：在图 A7.1 的 A、B 点之间串入滑线变阻器，使 U_1 增加。

（7）辅助电源需自制或自备，可由直流稳压电源（U_S 处）或工频电源（220 V）为其供电。

（8）作品应能连续安全工作足够长时间，测试期间不能出现过热等故障。

（9）制作时应合理设置测试点（参考图 A7.1），以方便测试；为方便测重，应能较方便的将双向 DC-DC 变换器、测控电路与辅助电源三部分与其他部分分开。

（10）设计报告正文中应包括系统总体框图、核心电路原理图、主要流程图、主要的测试结果。完整的电路原理图、重要的源程序和完整的测试结果可用附件给出，在附件中提供作品较清晰的照片。

4）评分标准

	项目	主要内容	满分
设计报告	方案论证	比较与选择；方案描述	2
	理论分析与计算	双向 DC-DC 主回路与器件选择；测量控制电路；控制程序	5
	电路与程序设计	主回路主要器件参数选择及计算；控制方法与参数计算；提高效率的方法	5
	测试方案与测试结果	测试方案及测试条件；测试结果及其完整性；测试结果分析	5
	设计报告结构及规范性	摘要的规范性；设计报告正文的结构、图表的规范性	3
	小计		20
基本要求	完成第①项		16
	完成第②项		10
	完成第③项		10
	完成第④项		8
	完成第⑤项		6
	小计		50
发挥部分	完成第①项		20
	完成第②项		20
	完成第③项		5
	其他		5
	小计		50
	总分		120

A8　增益可控射频放大器（2015 年 D 题）【本科组】

1）任务

设计并制作一个增益可控射频放大器。

2）要求

（1）基本要求

① 放大器的电压增益 $A_U \geqslant 40$ dB，输入电压有效值 $U_i \leqslant 20$ mV，其输入阻抗、输出阻抗均为 50 Ω，负载电阻 50 Ω，且输出电压有效值 $U_o \geqslant 2$ V，波形无明显失真；

② 在 75 MHz～108 MHz 频率范围内增益波动不大于 2 dB；

③ −3 dB 的通频带不窄于 60 MHz～130 MHz，即 $f_L \leqslant 60$ MHz、$f_H \geqslant 130$ MHz；

④ 实现 A_U 增益步进控制，增益控制范围为 12 dB～40 dB，增益控制步长为 4 dB，增益绝对误差不大于 2 dB，并能显示设定的增益值。

（2）发挥部分

① 放大器的电压增益 $A_U \geqslant 52$ dB，增益控制扩展至 52 dB，增益控制步长不变，输入电压有效值 $U_i \leqslant 5$ mV，其输入阻抗、输出阻抗均为 50 Ω，负载电阻 50 Ω，且输出电压有效值 $U_o \geqslant 2$ V，波形无明显失真；

② 在 50 MHz～160 MHz 频率范围内增益波动不大于 2 dB；

③ −3 dB 的通频带不窄于 40 MHz～200 MHz，即 $f_L \leqslant 40$ MHz 和 $f_H \geqslant 200$ 兆赫兹；

④ 电压增益 $A_U \geqslant 52$ dB,当输入信号频率 $f \leqslant 20$ MHz 或输入信号频率 $f \geqslant 270$ MHz 时,实测电压增益 A_U 均不大于 20 dB;

⑤ 其他。

3）说明

（1）基本要求②和发挥部分②用点频法测量电压增益,计算增益波动,测量频率点测评时公布。

（2）基本要求③和发挥部分③用点频法测量电压增益,分析是否满足通频带要求,测量频率点测评时公布。

（3）放大器采用＋12 V 单电源供电,所需其它电源电压自行转换。

4）评分标准

	项目	主要内容	满分
设计报告	系统方案	比较与选择;方案描述	2
	理论分析与计算	射频放大器设计;频带内增益起伏控制;射频放大器稳定性;增益调整	8
	电路与程序设计	电路与程序设计	4
	测试方案与测试结果	测试方案及测试条件;测试结果及其完整性;测试结果分析	4
	设计报告结构及规范性	摘要;设计报告正文结构、图表的规范性 2	
	小计		20
基本要求	完成第①项		18
	完成第②项		6
	完成第③项		16
	完成第④项		10
	小计		50
发挥部分	完成第①项		14
	完成第②项		3
	完成第③项		16
	完成第④项		12
	其他		5
	总计		120

A9　80 MHz～100 MHz 频谱分析仪（2015 年 E 题）【本科组】

1）任务

设计制作一个简易频谱仪。频谱仪的本振源用锁相环制作。频谱仪的基本结构图如图 A9.1 所示。

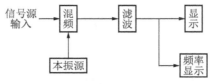

图 A9.1　频谱仪的基本结构图

2）要求

（1）基本要求

制作一个基于锁相环的本振源：

① 频率范围　　90 MHz～110 MHz；

② 频率步进　　100 千赫；

③ 输出电压幅度　　10～100 mV,可调：

④ 在整个频率范围内可自动扫描；扫描时间在 1～5 s 之间可调；可手动扫描；还可预置在某一特定频率；

⑤ 显示频率；

⑥ 制作一个附加电路,用于观测整个锁定过程；

⑦ 锁定时间小于 1 ms。

（2）发挥部分

制作一个 80 MHz～100 MHz 频谱分析仪：

① 频率范围　　80 MHz～100 MHz；

② 分辨率　　100 kHz；

③ 可在频段内扫描并能显示信号频谱和对应幅度最大的信号频率；

④ 测试在全频段内的杂散频率（大于主频分量幅度的 2% 为杂散频率）个数；

⑤ 其他。

3）说明

在频谱仪滤波器的输出端应有一个测试端子,便于测量。

4）评分标准

	项目	主要内容	满分
设计报告	系统方案	方案选择、论证	4
	理论分析与计算	进行必要的分析、计算	4
	电路与程序设计	电路设计；程序设计	4
	测试方案与测试结果	表明测试方案和测试结果	4
	设计报告结构及规范性	图表的规范性	4
	小计		20
基本要求	完成第①项		10
	完成第②项		10
	完成第③项		5
	完成第④项		10
	完成第⑤项		5
	完成第⑥项		5
	完成第⑦项		5
	小计		50

续表

发挥部分	完成第①项	15
	完成第②项	5
	完成第③项	15
	完成第④项	10
	其他	5
小计		50
总计		120

A10　数字频率计(2015 年 F 题)【本科组】

1) 任务

设计并制作一台闸门时间为 1 s 的数字频率计。

2) 要求

(2) 基本要求

① 频率和周期测量功能

a. 被测信号为正弦波,频率范围为 1 Hz~10 MHz;

b. 被测信号有效值电压范围为 50 mV~1 V;

c. 测量相对误差的绝对值不大于 10^{-4}。

② 时间间隔测量功能

a. 被测信号为方波,频率范围为 100 Hz~1 MHz;

b. 被测信号峰峰值电压范围为 50 mV~1 V;

c. 被测时间间隔的范围为 0.1 μs~100 ms;

d. 测量相对误差的绝对值不大于 10^{-2}。

③ 测量数据刷新时间不大于 2 s,测量结果稳定,并能自动显示单位。

(2) 发挥部分

① 频率和周期测量的正弦信号频率范围为 1 Hz~100 MHz,其他要求同基本要求①和③。

② 频率和周期测量时被测正弦信号的最小有效值电压为 10 mV,其他要求同基本要求①和③。

③ 增加脉冲信号占空比的测量功能,要求:

a. 被测信号为矩形波,频率范围为 1 Hz~5 MHz;

b. 被测信号峰峰值电压范围为 50 mV~1 V;

c. 被测脉冲信号占空比的范围为 10%~90%;

d. 显示的分辨率为 0.1%,测量相对误差的绝对值不大于 10^{-2}。

④ 其他(例如,进一步降低被测信号电压的幅度等)。

3) 说明

本题时间间隔测量是指 A、B 两路同频周期信号之间的时间间隔 T_{A-B}。测试时可以使用双通道 DDS 函数信号发生器,提供 A、B 两路信号。

4）评分标准

	项目	主要内容	满分
设计报告	系统方案	比较与选择；方案描述	3
	理论分析与计算	宽带通道放大器分析；各项被测参数测量方法的分析；提高仪器灵敏度的措施	8
	电路与程序设计	电路设计；程序设计	4
	测试方案与测试结果	测试方案及测试条件；测试结果完整性；测试结果分析	3
	设计报告结构及规范性	摘要；设计报告结构、图表的规范性	2
	小计		20
基本要求	完成第①项		32
	完成第②项		14
	完成第③项		4
	小计		50
发挥部分	完成第①项		21
	完成第②项		8
	完成第③项		16
	其他		5
50			小计
总计			120

A11　调幅信号处理实验电路（2017 年 F 题）【本科组】

1）任务

设计并制作一个调幅信号处理实验电路。其结构框图如图 A11.1 所示。输入信号为调幅度 50% 的 AM 信号。其载波频率为 250 MHz～300 MHz，幅度有效值 U_{irms} 为 10 μV～1 mV，调制频率为 300 Hz～5 kHz。

低噪声放大器的输入阻抗为 50 Ω，中频放大器输出阻抗为 50 Ω，中频滤波器中心频率为 10.7 MHz，基带放大器输出阻抗为 600 Ω、负载电阻为 600 Ω，本振信号自制。

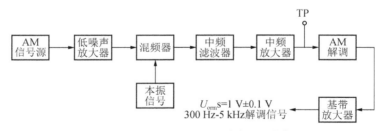

图 A11.1　调幅信号处理实验电路结构框图

2）要求

（1）基本要求

① 中频滤波器可以采用晶体滤波器或陶瓷滤波器，其中频频率为 10.7 MHz；

② 当输入 AM 信号的载波频率为 275 MHz，调制频率在 300 Hz～5 kHz 范围内任意

设定一个频率,$U_{\text{irms}}=1$ mV 时,要求解调输出信号为 $U_{\text{orms}}=1$ V$\pm$0.1 V 的调制频率的信号,解调输出信号无明显失真;

③ 改变输入信号载波频率 250 MHz～300 MHz,步进 1 MHz,并在调整本振频率后,可实现 AM 信号的解调功能。

（2）发挥部分

① 当输入 AM 信号的载波频率为 275 MHz,U_{irms} 在 10 μV～1 mV 之间变动时,通过自动增益控制（AGC）电路（下同）,要求输出信号 U_{orms} 稳定在 1 V$\pm$0.1 V;

② 当输入 AM 信号的载波频率为 250 MHz～300 MHz（本振信号频率可变）,U_{irms} 在 10 μV～1 mV 之间变动,调幅度为 50% 时,要求输出信号 U_{orms} 稳定在 1 V$\pm$0.1 V;

③ 在输出信号 U_{orms} 稳定在 1 V$\pm$0.1 V 的前提下,尽可能降低输入 AM 信号的载波信号电平;

④ 在输出信号 U_{orms} 稳定在 1 V$\pm$0.1 V 的前提下,尽可能扩大输入 AM 信号的载波信号频率范围;

⑤ 其他。

3）说明

（1）采用＋12 V 单电源供电,所需其它电源电压自行转换;

（2）中频放大器输出要预留测试端口 TP。

4）评分标准

	项目	主要内容	满分
设计报告	系统方案	比较与选择;方案描述	2
	理论分析与计算	低噪声放大器设计;中频滤波器设计;中频放大器设计;混频器的设计;基带放大器设计;程控增益的设计	8
	电路与程序设计	电路设计;程序设计	4
	测试方案与测试结果	测试方案及测试条件;测试结果完整性;测试结果分析	4
	设计报告结构及规范性	摘要;设计报告结构、图表的规范性	2
	小计		20
基本要求	完成第①项		6
	完成第②项		20
	完成第③项		24
	小计		50
发挥部分	完成第①项		10
	完成第②项		20
	完成第③项		10
	完成第④项		5
	其他		5
	合计		50
总计			120

A12 简易电路特性测试仪(2019 年 D 题)【本科组】

1) 任务

设计并制作一个简易电路特性测试仪。用来测量特定放大器电路的特性,进而判断该放大器由于元器件变化而引起故障或变化的原因。

该测试仪仅有一个输入端口和一个输出端口,与特定放大器电路连接如图 A12.1 所示。

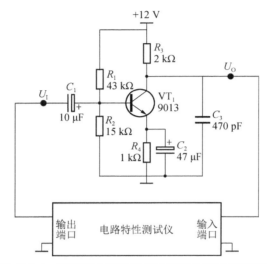

图 A12.1 特定放大器电路与电路特性测试仪连接图

制作图 A12.1 中被测放大器电路,该电路板上的元件按图 A12.1 电路图布局,保留元件引脚,尽量采用可靠的插接方式接入电路,确保每个元件可以容易替换。

电路中采用的电阻相对误差的绝对值不超过 5%,电容相对误差的绝对值不超过 20%。晶体管型号为 9013,其 β 在 60~300 之间皆可。

电路特性测试仪的输出端口接放大器的输入端 U_i,电路特性测试仪的输入端口接放大器的输出端 U_o。

2) 要求

(1) 基本要求

① 电路特性测试仪输出 1 kHz 正弦波信号,自动测量并显示该放大器的输入电阻。输入电阻测量范围 1 kΩ~50 kΩ,相对误差的绝对值不超过 10%。

② 电路特性测试仪输出 1 kHz 正弦波信号,自动测量并显示该放大器的输出电阻。输出电阻测量范围 500 Ω~5 kΩ,相对误差的绝对值不超 10%。

③ 自动测量并显示该放大器在输入 1 kHz 频率时的增益。相对误差的绝对值不超过 10%。

④ 自动测量并显示该放大器的频幅特性曲线。显示上限频率值,相对误差的绝对值不超过 25%。

(2) 发挥部分

① 该电路特性测试仪能判断放大器电路元器件变化而引起故障或变化的原因。任意

开路或短路 $R_1 \sim R_4$ 中的一个电阻,电路特性测试仪能够判断并显示故障原因。

② 任意开路 $C_1 \sim C_3$ 中的一个电容,电路特性测试仪能够判断并显示故障原因。

③ 任意增大 $C_1 \sim C_3$ 中的一个电容的容量,使其达到原来值的两倍。电路特性测试仪能够判断并显示该变化的原因。

④ 在判断准确的前提下,提高判断速度,每项判断时间不超过 2 s。

⑤ 其他。

3) 说明

(1) 不得采用成品仪器搭建电路特性测试仪。电路特性测试仪输入、输出端口必须有明确标识,不得增加除此之外的输入、输出端口。

(2) 测试发挥部分①~④的过程中,电路特性测试仪能全程自动完成,中途不得人工介入设置测试仪。

4) 评分标准

	项目	主要内容	满分
设计报告	系统方案	电路特性测试仪;总体方案设计	4
	理论分析与计算	测量理论及故障判断分析计算	6
	电路与程序设计	总体电路图;程序设计框图	4
	测试方案与测试结果	测试数据完整性;测试结果分析	4
	设计报告结构及规范性	摘要;设计报告正文的结构、图表规范性	2
	小计		20
基本要求	完成第①项		10
	完成第②项		10
	完成第③项		10
	完成第④项		20
	小计		50
发挥部分	完成第①项		10
	完成第②项		10
	完成第③项		15
	完成第④项		10
	其他		5
	小计		50
总计			120

附录 B　全国大学生电子设计竞赛模拟电子系统设计专题邀请赛试题选

全国大学生电子设计竞赛模拟电子系统专题邀请赛(TI 杯),是全国大学生电子设计竞赛在非全国竞赛年举办的一项专题邀请赛(以下简称邀请赛),希望通过竞赛促进电子信息类学科专业基础课教学内容的更新、整合与改革,培育大学生创新意识、综合设计和工程实践能力。

江苏省 TI 杯大学生电子设计竞赛由全国大学生电子设计竞赛江苏赛区组委会主办。竞赛自 2010 年起每逢双年举办,并设 TI 杯。邀请赛全国大学生电子设计竞赛模拟电子系统专题邀请赛(竞赛作品)参加评奖。邀请赛采用全封闭式竞赛模式,参赛队在分组委会指定地点统一进行,在规定时间内使用指定竞赛平台,以及竞赛现场统一提供的相关模块及器件完成参赛作品。竞赛所指定使用的主要应用平台将提前 15 天左右发放给参赛队熟悉。竞赛倡导自主创新,参赛队基于竞赛指定的平台,在完成命题要求的基础上进行自我发挥设计。

B1　宽带放大器(2010 年 A 题)【本科组】

1) 任务

设计制作一个 5 V 单电源供电的宽带低噪声放大器,输出为 50 Ω 阻性负载。

2) 要求

(1) 基本要求

① 限定采用高速运算放大器 OPA820ID 作为第一级放大电路,THS3091D 作为末级放大电路,利用 DC-DC 变换器 TPS61087DRC 为末级放大电路供电;

② 放大器电压增益 40 dB(100 倍),并尽量减小带内波动;

③ 在最大增益下,放大器下限截止频率不高于 20 Hz,上限截止频率不低于 5 MHz;

④ 在输出负载上,放大器最大不失真输出电压峰峰值≥10 V。

(2) 发挥部分

① 在达到 40 dB 电压增益的基础上,提高放大器上限截止频率,使之不低于 10 MHz;

② 尽可能降低放大器的输出噪声;

③ 放大器输入为正弦波时,可测量并数字显示放大器输出电压的峰峰值和有效值,输出电压(峰峰值)测量范围为 0.5~10 V,测量相对误差小于 5%;

④ 其他。

3) 评分标准

要求	项目	分数
设计报告	系统方案	2
	理论分析与计算	9
	电路与程序设计	8
	测试方案与测试结果	8
	设计报告结构及规范性	3
	小计	30

续表

要求	项目	分数
基本要求	完成第①项	12
	完成第②项	10
	完成第③项	18
	完成第④项	10
	小计	50
发挥部分	完成第①项	10
	完成第②项	20
	完成第③项	10
	完成第④项	10
	小计	50
总分		130

B2　点光源跟踪系统(2010 年 B 题)【本科组】

1) 任务

设计并制作一个能够检测并指示点光源位置的光源跟踪系统,系统示意图如图 B2.1 所示。

光源 B 使用单只 1 W 白光 LED,固定在一支架上。LED 的电流能够在 $150\sim350$ mA 的范围内调节。初始状态下光源中心线与支架间的夹角 θ 约为 $60°$,光源距地面高约 100 cm,支架可以用手动方式沿着以 A 为圆心、半径 r 约 173 cm 的圆周在不大于 $\pm45°$ 的范围内移动,也可以沿直线 LM 移动。在光源后 3 cm 距离内、光源中心线垂直平面上设置一直径不小于 60 cm 暗色纸板。

光源跟踪系统 A 放置在地面,通过使用光敏器件检测光照强度判断光源的位置,并以激光笔指示光源的位置。

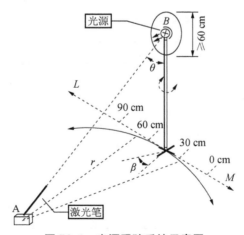

图 B2.1　光源跟踪系统示意图

2）要求

（1）基本要求

① 光源跟踪系统中的指向激光笔可以通过现场设置参数的方法尽快指向点光源；

② 将激光笔光点调偏离点光源中心 30 cm 时，激光笔能够尽快指向点光源；

③ 在激光笔基本对准光源时，以 A 为圆心，将光源支架沿着圆周缓慢（10～15 s 内）平稳移动 20°（约 60 cm），激光笔能够连续跟踪指向 LED 点光源。

（2）发挥部分

① 在激光笔基本对准光源时，将光源支架沿着直线 LM 平稳缓慢（15 s 内）移动 60 cm，激光笔能够连续跟踪指向光源；

② 将光源支架旋转一个角度 $\beta(\leqslant20°)$，激光笔能够迅速指向光源；

③ 光源跟踪系统检测光源具有自适应性，改变点光源的亮度时（LED 驱动电流变化 ±50 mA），能够实现发挥部分①的内容；

④ 其他。

3）说明

（1）作为光源的 LED 的电流应该能够调整并可测量；

（2）测试现场为正常室内光照，跟踪系统 A 不正对直射阳光和强光源；

（3）系统测光部件应该包含在光源跟踪系统 A 中；

（4）光源跟踪系统在寻找跟踪点光源的过程中，不得人为干预光源跟踪系统的工作；

（5）除发挥部分③项外，点光源的电流应为 300 mA±15 mA；

（6）在进行发挥部分第③项测试时，不得改变光源跟踪系统的电路参数或工作模式。

4）评分标准

要求	项目	分数
设计报告	系统方案	2
	理论分析与计算	8
	电路与程序设计	9
	测试方案与测试结果	8
	设计报告结构及规范性	3
	小计	30
基本要求	完成第①项	10
	完成第②项	20
	完成第③项	20
	小计	50
发挥部分	完成第①项	15
	完成第②项	15
	完成第③项	15
	其他	5
	小计	50
	总分	130

B3　信号波形合成实验电路(2010 年 C 题)【本科组】

1) 任务

设计制作一个电路,能够产生多个不同频率的正弦信号,并将这些信号再合成为近似方波和其他信号。电路示意图如图 B3.1 所示:

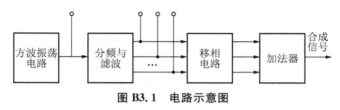

图 B3.1　电路示意图

2) 要求

(1) 基本要求

① 方波振荡器的信号经分频与滤波处理,同时产生频率为 10 kHz 和 30 kHz 的正弦波信号,这两种信号应具有确定的相位关系;

② 产生的信号波形无明显失真,幅度峰峰值分别为 6 V 和 2 V;

③ 制作一个由移相器和加法器构成的信号合成电路,将产生的 10 kHz 和 30 kHz 正弦波信号,作为基波和 3 次谐波,合成一个近似方波,波形幅度为 5 V,合成波形的形状如图 B3.2 所示。

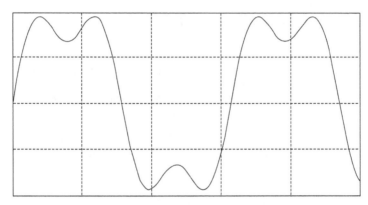

图 B3.2　利用基波和 3 次谐波合成的近似方波

(2) 发挥部分

① 再产生 50 kHz 的正弦信号作为 5 次谐波,参与信号合成,使合成的波形更接近于方波;

② 根据三角波谐波的组成关系,设计一个新的信号合成电路,将产生的 10 kHz、30 kHz 等各个正弦信号,合成一个近似的三角波形;

③ 设计制作一个能对各个正弦信号的幅度进行测量和数字显示的电路,测量误差不大于±5%;

④其他。

3) 评分标准

要求	项目	分数
设计报告	系统方案	2
	理论分析与计算	9
	电路与程序设计	8
	测试方案与测试结果	8
	设计报告结构及规范性	3
	小计	30
基本要求	完成第①项	12
	完成第②项	12
	完成第③项	26
	小计	50
发挥部分	完成第①项	10
	完成第②项	20
	完成第③项	15
	完成第④项	5
	小计	50
	总分	130

B4　微弱信号检测装置(2012 年 A 题)【本科组】

1) 任务

设计并制作一套微弱信号检测装置,用以检测在强噪声背景下已知频率的微弱正弦波信号的幅度值,并数字显示出该幅度值。为便于测评比较,统一规定显示峰值。整个系统的示意图如图 B4.1 所示。正弦波信号源可以由函数信号发生器来代替。噪声源采用给定的标准噪声(wav 文件)来产生,通过 PC 机的音频播放器或 MP3 播放噪声文件,从音频输出端口获得噪声源,噪声幅度通过调节播放器的音量来进行控制。图 B4.1 中 A、B、C、D 和 E 分别为五个测试端点。

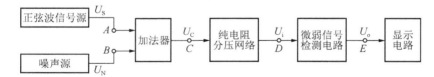

图 B4.1　微弱信号检测装置示意图

2) 要求

(1) 基本要求

① 噪声源输出 U_N 的均方根电压值固定为 1 V±0.1 V;加法器的输出 $U_C = U_S + U_N$,带宽大于 1 MHz;纯电阻分压网络的衰减系数不低于 100。

② 微弱信号检测电路的输入阻抗 $R_i \geqslant 1$ MΩ。

③ 当输入正弦波信号 U_S 的频率为 1 kHz、幅度峰峰值在 200 mV～2 V 范围内时,检测并显示正弦波信号的幅度值,要求误差不超过 5%。

(2) 发挥部分

① 提高正弦波信号的识别能力,当输入正弦波信号 V_S 的频率在 100 Hz～10 kHz 范围内、幅度峰峰值在 20 mV～200 mV 范围内时,检测并显示正弦波信号的幅度值,误差不超过 5%;

② 在发挥部分①的条件下,要求检测误差不超过 2%;

③ 当输入正弦波信号 U_S 的频率在 100 Hz～10 kHz 范围内时,进一步降低 U_S 的幅度,检测并显示正弦波信号的幅度值,误差不超过 2%;

④ 其它。

3) 说明

(1) 本题只能采用 MSP430 处理器,并不得使用 FPGA。

(2) 微弱信号检测电路要求采用模拟方法来实现。常用的微弱信号检测方法有:滤波、锁相放大、取样积分等(仅供参考)。

(3) 为便于各个模块的测试,所有测试端点(A～E)应做成跳线连接方式。

(4) 赛区测评时,应固定使用某一装置(PC 机或 MP3)来产生噪声源,所有作品均应采用该噪声源进行测试。

4) 评分标准

要求	项目	分数
设计报告	方案论证	5
	理论分析与计算	4
	电路设计	6
	测试方案与测试结果	3
	设计报告结构及规范性	2
	小计	20
基本要求	实际制作完成情况	50
发挥部分	完成第①项	12
	完成第②项	16
	完成第③项	12
	完成第④项	10
	小计	50

B5　频率补偿电路(2012 年 B 题)【本科组】

1) 任务

设计并制作一个频率补偿电路,补偿"模拟某传感器特性的电路模块"(以下简称"模拟模块")的高频特性。电路结构如图 B5.1 所示。

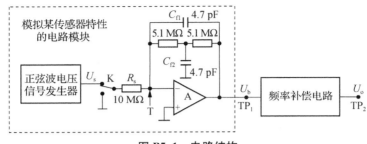

图 B5.1 电路结构

2）要求

（1）基本要求

① 按图 B5.1 虚线框中所示组装"模拟模块"电路，其中正弦波电压信号发生器可使用普通函数信号发生器。在开关 K 接 U_s 的条件下达到如下要求：

a. U_s 为 200 Hz、峰峰值为 10 V 时，"模拟模块"输出 U_b 没有明显失真。

b. 以 200 Hz 为基准，U_b 的 -3 dB 高频截止频率为 4.5 kHz$\pm$0.5 kHz。

② 设计并制作频率补偿电路，使之达到如下要求：

a. 频率为 200 Hz 时的电压增益 $A(200 \text{ Hz}) = |U_o/U_s| = 1 \pm 0.05$。

b. 以电压增益 $A(200 \text{ Hz})$ 为基准，将 $A(f) = |U_o/U_s|$ 的 -3 dB 高频截止频率扩展到大于 50 kHz。

c. 以电压增益 $A(200 \text{ Hz})$ 为基准，频率 0～35 kHz 范围内的电压增益 $A(f)$ 的波动在 $\pm 20\%$ 以内。

③ 在达到基本要求②的第 a.、b. 项指标后，将开关 K 切换到接地端，U_o 输出噪声的均方根电压 $U_n \leqslant 30$ mV。

（2）发挥部分

① 在达到基本要求②的第 a. 项指标后，以电压增益 $A(200 \text{ Hz})$ 为基准，将 $A(f)$ 的 -3 dB高频截止频率扩展到 100 kHz$\pm$5 kHz。

② 以电压增益 $A(200 \text{ Hz})$ 为基准，0～70 kHz 范围内的电压增益 $A(f)$ 波动在 10% 以内。

③ 在达到基本要求②的第 a. 项和发挥部分①的指标后，将开关 K 切换到接地端，输出 U_o 的噪声均方根电压 $U_n \leqslant 10$ mV。

④ 其他。

3）说明

（1）"模拟模块"中的运算放大器 A 要求使用 TI 公司产品 OPA2134。

（2）频率补偿必须采用模拟方案实现，不得用 DAC 或 DDS 方式输出信号。

（3）图 B5.1 虚线内模块的性能必须满足基本要求①中 b. 的要求，否则不予评测。

（4）根据对高频响应特性的要求，频率补偿电路中插入适当的低通滤波电路可以有效降低输出 U_o 的高频噪声。此外，还应注意输入电路的屏蔽。

（5）在图 B5.1 所示开关 K 切换到接地端的条件下，在 T 端接入图 B5.2(a)所示的电路可简化系统频率特性的测试、调整过程。设定函数信号发生器输出 U_t 为频率 500 Hz、峰峰值 5 V 的三角波电压，则输出 U_b 的波形应近似为方波脉冲。如果频率补偿电路的参数已调整适当,则输出 U_o 的方波脉冲会接近理想形状。若高频截止频率为 $f_H=50\ kHz$,则输出的方波脉冲上升时间应为 $t_r \approx 7\ \mu s$;若 $f_H=100\ kHz$,则 $t_r \approx 3.5\ \mu s$;t_r 的定义如图 B5.2 (b)所示。应用 $f_H \cdot t_r \approx 0.35$ 的原理,可将系统的频率响应特性调整到所要求的指标。注意:C_i 到运放 A 反相输入端的引线应尽量短,以避免引入额外干扰。

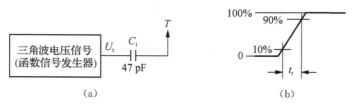

(a) (b)

图 B5.2 辅助调试电路及波形定义

(6) 要求在 U_b 端和 U_o 端预设测试点(TP1、TP2),以便于测试时连接示波器探头。

4) 评分标准

	项目	主要内容	满分
设计报告	方案论证	比较与选择;方案描述	3
	理论分析与计算	系统传递函数及零极点分析;频率补偿;各部分电路的分析	6
	电路设计	频率补偿各部分电路的设计	6
	测试方案与测试结果	测试方法与仪器;测试结果及分析	3
	设计报告结构及规范性	摘要;设计报告正文的结构、图表的规范性	2
	小计		20
基本要求	实际制作完成情况		50
发挥部分	完成第①项		15
	完成第②项		15
	完成第③项		15
	其他		5
	总分		50

B6 简易直流电子负载(2012 年 C 题)【本科组】

1) 任务

设计和制作一台恒流(CC)工作模式的简易直流电子负载。其原理示意图如图 B6.1 所示。

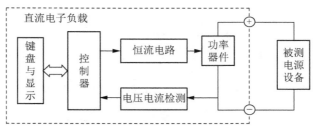

图 B6.1 直流电子负载原理示意图

2）要求

（1）基本要求

① 恒流（CC）工作模式的电流设置范围为 100 mA～1 000 mA，设置分辨力为 10 mA，设置精度为±1%。还要求 CC 工作模式具有开路设置，相当于设置的电流值为零。

② 在恒流（CC）工作模式下，当电子负载两端电压变化 10 V 时，要求输出电流变化的绝对值小于变化前电流值的 1%。

③ 具有过压保护功能（如将电子负载置于开路状态），过压阈值电压为 18 V±0.2 V。

（2）发挥部分

① 能实时测量并数字显示电子负载两端的电压，电压测量精度为±0.02%，分辨力为 1 mV；

② 能实时测量并数字显示流过电子负载的电流，电流测量精度为±0.2%，分辨力为 1 mA；

③ 具有直流稳压电源负载调整率自动测量功能，测量范围为 0.1%～19.9%，测量精度为±1%；

④ 其他。

3）说明

（1）图 B6.1 中被测电压设备即直流稳压电源。

（2）在恒流（CC）模式下，不管电子负载两端电压是否变化，流过电子负载的电流为一个设定的恒定值，该模式适合用于测试直流稳压电源的调整率，电池放电特性等场合。

（3）直流稳压电源负载调整率是指电源输出电流从零至额定值变化时引起的输出电压变化率。为方便测量，本题要求被测直流稳压电源的电压小于 10 V，额定输出电流值设定为 1 A。

（4）负载调整率的测量过程要求自动完成，即在输入有关参数后，能直接给出电源的负载调整率。

（5）为了方便负载调整率的测量，可以在被测直流稳压电源的输出端串接一个电阻 R_w，更换不同阻值的 R_w，可以改变被测电源的负载调整率。测试示意图如图 B6.2 所示。

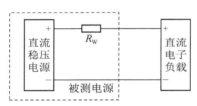

图 B6.2　负载调整率测试示意图

4）评分标准

	项目	主要内容	满分
设计报告	系统方案	比较与选择；方案描述	3
	理论分析与计算	电子负载及恒流电路的分析；电压、电流的测量及精度分析；电源负载调整率的测试原理	6
	电路与程序设计	电路设计；程序设计	6
	测试方案与测试结果	测试方案及测试条件；测试结果完整性；测试结果分析	3
	设计报告结构及规范性	摘要；设计报告正文的结构；图表的规范性	2
	总分		20

续表

基本要求	实际制作完成情况	50
发挥 部分	完成第①项	10
	完成第②项	10
	完成第③项	20
	其他	10
	总分	50

B7　网络阻抗测试仪(2012 年 D 题)【本科组】

1)任务

设计并制作一个网络阻抗测试仪,用于测量一端口无源网络的阻抗特性。

2)要求

(1)基本要求

① 设计并制作一正弦波信号源,要求:

a. 信号频率范围 1 kHz～200 kHz,能够显示频率,频率相对误差<0.1%;

b. 信号频率可设置、可步进;

c. 输出信号幅度 2 V±0.1 V(V_{pp})。

② 设计一端口网络阻抗特性测试仪,能够测量一端口网络阻抗的模$|Z|$,测量误差的绝对值小于理论计算值的 5%;

③ 测量一端口网络阻抗的阻抗角 φ,测量误差的绝对值小于理论计算值的 5%;

④ 实现阻抗模和阻抗角的自动测量;

(2)提高要求

① 提高测量精度到 2%;

② 能够判断被测网络结构(串联、并联);

③ 明确指示模块中元件的类型与参数;

④ 能测量并显示被测网络的谐振频率点;

⑤ 其它创新性设计。

3)说明

(1)被测无源网络由电阻、电容、电感构成;每个网络中有两个元件,两者串联或并联。

(2)当输入激励频率在 1 kHz～100 kHz 范围内时,网络的阻抗模在 100 Ω～10 kΩ 范围内,阻抗角 φ 在 ±90°范围内。

(3)所设计制作的网络阻抗测试仪需要留出连接被测网络模块的接口,且必须方便更换模块。

4)评分标准

	项目	主要内容	满分
设计报告	系统构架与设计思想	系统总体结构与方案设计	4
	理论分析与计算	测量方法；数据处理原理分析与计算	3
	电路与程序设计	测量电路设计；测量电路精度要求分析；测量数据处理；程序设计及其流程图	7
	测试方法、测试结果及分析	测试方法与仪器；测试数据完整性；测试结果分析	4
	设计报告结构及规范性	摘要；设计报告正文的结构；图表的规范性	2
	总分		20
基本要求	实际制作完成情况		50
发挥部分	完成第①项		6
	完成第②项		9
	完成第③项		15
	完成第④项		10
	其它		10
	总分		50

B8　锁定放大器的设计(2014 年 C 题)【本科组】

1) 任务

设计制作一个用来检测微弱信号的锁定放大器(LIA)。锁定放大器基本组成框图见图 B8.1。

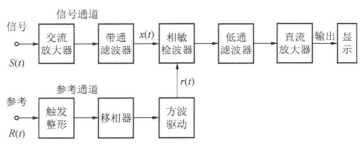

图 B8.1　锁定放大器基本组成结构框图

2) 要求

(1) 外接信号源提供频率为 1 kHz 的正弦波信号,幅度自定,输入至参考信号 $R(t)$ 端。$R(t)$ 通过自制电阻分压网络降压接至被测信号 $S(t)$ 端,$S(t)$ 幅度有效值为 10 μV～1 mV。(5 分)

(2) 参考通道的输出 $r(t)$ 为方波信号,$r(t)$ 的相位相对参考信号 $R(t)$ 可连续或步进移相 180°,步进间距小于 10°。(20 分)

(3) 信号通道的 3 dB 频带范围为 900 Hz～1 100 Hz。误差小于 20%。(10 分)

(4) 在锁定放大器输出端,设计一个能测量显示被测信号 $S(t)$ 幅度有效值的电路。测量显示值与 $S(t)$ 有效值的误差小于 10%。(15 分)

(5) 在锁定放大器信号 $S(t)$ 输入端增加一个运放构成的加法器电路,实现 $S(t)$ 与干扰

信号 $n(t)$ 的 1∶1 叠加,如图 B8.2 所示。（5 分）

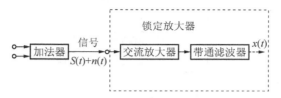

图 B8.2　锁定放大器叠加噪声电路图

（6）用另一信号源产生一个频率为 1 050～2 100 Hz 的正弦波信号,作为 $n(t)$ 叠加在锁定放大器的输入端,信号幅度等于 $S(t)$。$n(t)$ 亦可由与获得 $S(t)$ 同样结构的电阻分压网络得到。锁定放大器应尽量降低 $n(t)$ 对信 $S(t)$ 号有效值测量的影响,测量误差小于 10%。（20 分）

（7）增加 $n(t)$ 幅度,使之等于 $10S(t)$,锁定放大器对 $S(t)$ 信号有效值的测量误差小于 10%。（20 分）

（8）其他自主发挥。（5 分）

（9）设计报告。（20 分）

项目	主要内容	满分
系统方案	总体方案设计	4
理论分析与计算	锁定放大器各部分指标分析与计算	6
电路与程序设计	总体电路图;程序设计	4
测试方案与测试结果	测试数据完整性;测试结果分析	4
设计报告结构及规范性	摘要;设计报告正文的结构;图表的规范性	2
小计		20

3）说明

（1）各信号输入、输出端子必须预留测量端子,以便于测量。

（2）要求（1）和（6）中的电阻分压网络的分压比例自定。由于 μV 级信号常规仪器难以测量,可通过适合加大输入信号幅度的方法,测量并标定其分压比。

（3）关于锁定放大器的原理可参考《微弱信号检测》。高晋占编著,清华大学出版社 2004 年。

B9　带啸叫检测与抑制的音频功率放大器（2014 年 D 题）【本科组】

1）任务

基于 TI 的功率放大器芯片 TPA3112D1,设计并制作一个带啸叫检测与抑制功能的音频放大器,完成对台式麦克风音频信号进行放大,通过功率放大电路送喇叭输出。电路示意图如图 B9.1 所示。

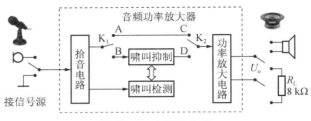

图 B9.1 电路示意图

2）要求

（1）设计并制作图 B9.1 中所示的"拾音电路"和"功率放大电路"，构成一个基本的音频功率放大器。（25 分）

要求：

① 在输入音频信号有效值为 20 mV 时，功率放大器的最大不失真功率（仅考虑限幅失真）为 5 W，误差小于 10%；

② 在输入音频信号有效值为 20 mV 时，可以程控设置功率放大器的输出功率，功率范围为 50 mW～5 W；

③ 功率放大器的频率响应范围为 200 Hz～10 kHz。

（2）系统采用 12 V 直流单电源供电，所需其他电源应自行制作。（10 分）

（3）在功率放大器输出功率为 5 W 时，电路整体效率≥80%。（10 分）

（4）将台式麦克风与喇叭相隔 1 m 背靠背放置，见图 B9.2(a)，使用电脑播放音乐作为音频信号源。音频功率放大器能通过麦克风采集信号，经功率放大电路送喇叭输出，输出的音频信号清晰。（5 分）

（5）设计并制作图 B9.1 所示的啸叫检测电路和啸叫抑制电路，完善音频功率放大器。（15 分）

要求：

① 在不进行啸叫抑制时（图 B9.1 的选择开关 K_1 连接 A 端，K_2 连接 C 端），将麦克风与喇叭相隔 1 m 面对面放置，见图 B9.2(b)，从小到大调整功率放大器的输出功率，直到产生啸叫时停止；

② 啸叫检测电路能实时监测所产生啸叫，并计算啸叫的频率。实时显示啸叫频率和相应的功率放大器输出功率；

③ 启动啸叫抑制电路（图 B9.1 的选择开关 K_1 连接 B 端，K_2 连接 D 端），音频功率放大器应能有效抑制啸叫，并正常播放音频信号。

（6）进一步改进啸叫抑制电路。在保障无啸叫的前提下，尽量提高音频功率放大器的输出功率；如果输出功率达到 5 W 功率，啸叫抑制电路仍能正常工作，可以进一步缩短面对面放置的麦克风与喇叭之间的距离。（30 分）

（7）其他。（5 分）

（8）设计报告。（20 分）

项目	主要内容	满分
方案论证	比较与选择,方案描述	3
理论分析与计算	系统相关参数设计	5
电路与程序设计	系统组成;原理框图与各部分电路图;系统软件与流程图	5
测试方案与测试结果	测试结果完整性;测试结果分析	5
设计报告结构及规范性	摘要;正文的结构规范;图表的完整与准确性	2
小计		20

3）说明

（1）作品使用的麦克风应为台式全向麦克风,其灵敏度要大于－45 dBV/P,插头直径为 3.5 mm,输出阻抗为 1 kΩ～2.2 kΩ。关于麦克风灵敏度的定义是馈给 1 Pa(94 dB)的声压时,麦克风输出端的电压(dB • V)。有些麦克风给出的灵敏度单位为 dB/Bar,注意之间的转换。

（2）作品使用的喇叭应为组合纸盆方式的电动式喇叭,额定功率为 5 W,额定阻抗为8 Ω。

（3）麦克风和喇叭可以直接购买,在设计报告中必须附有所购买的麦克风和喇叭的产品说明书或性能参数。

（4）作品要求拾音电路的输入接口,以及功率放大电路连接到喇叭的接口必须外露,可方便进行连接,以便测试时使用。

（5）作品评测由赛区统一准备测试平台,并统一使用由测试专家准备的台式麦克风和喇叭进行测试。

（6）作品要求(1)、(2)和(3)的指标测试,使用音频信号源外加正弦信号和外加 8 Ω 纯电阻负载的方式进行测试。要求 TPA3112D1 的功率放大电路带有 LC 滤波,输出的正弦信号无明显失真。

（7）作品要求(4)、(5)和(6)的指标测试,使用电脑 USB 喇叭(功率不超过 1 W)播放音乐作为信号源,放置在距麦克风 20 cm 的位置。具体测试的框图如图 B9.2 所示。

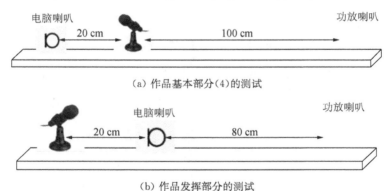

(a) 作品基本部分(4)的测试

(b) 作品发挥部分的测试

图 B9.2　啸叫抑制性能测试框图

B10　无线电能传输装置(2014 年 F 题)【本科组】

1）任务

设计并制作一个磁耦合谐振式无线电能传输装置,其结构框图如图 B10.1 所示。

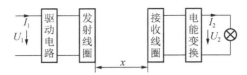

图 B10.1　电能无线传输装置结构框图

2）要求

（1）保持发射线圈与接收线圈间距离 $x=10$ cm、输入直流电压 $U_1=15$ V 时，接收端输出直流电流 $I_2=0.5$ A，输出直流电压 $U_2 \geqslant 8$ V，尽可能提高该无线电能传输装置的效率 η。（45 分）

（2）输入直流电压 $U_1=15$ V，输入直流电流不大于 1 A，接收端负载为 2 只串联 LED 灯（白色、1 W）。在保持 LED 灯不灭的条件下，尽可能延长发射线圈与接收线圈间距离 x。（45 分）

（3）其他自主发挥。（10 分）

（4）设计报告。（20 分）

项目	主要内容	满分
系统方案	系统结构；方案比较与选择	4
理论分析与计算	无线传输系统工作原理分析及计算	6
电路设计	相关电路设计	5
测试	测试结果及分析	3
设计报告结构及规范性	摘要；正文结构、公式与图表的规范性	2
小计		20

3）说明

（1）发射与接收线圈为空心线圈，线圈外径均 20 ± 2 cm；发射与接收线圈间介质为空气。

（2）I_2 为连续电流。

（3）测试时，除 15 V 直流电源外，不得使用其他电源。

（4）在要求（1）效率测试时，负载采用可变电阻器；效率 $\eta = \dfrac{U_2 I_2}{U_1 I_1} \times 100\%$。

（5）制作时须考虑测试需要，合理设置测试点，以方便测量相关电压、电流。

B11　降压型直流开关稳压电源（2016 年 A 题）【本科组】

1）任务

以 TI 公司的降压控制器 LM5117 芯片和 CSD18532KCS MOS 场效应管为核心器件，设计并制作一个降压型直流开关稳压电源。额定输入直流电压为 $U_1=16$ V 时，额定输出直流电压为 $U_O=5$ V，输出电流最大值为 $I_{Omax}=3$ A。测试电路可参考图 B11.1。

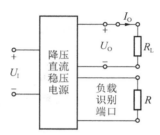

图 B11.1　电源测试连接图

2）要求

（1）额定输入电压下，输出电压偏差：$|\Delta U_O| = |5\ V - U_O| \leqslant 100\ mV$（10 分）

（2）额定输入电压下，最大输出电流：$I_O > 3\ A$；（10 分）

（3）输出噪声纹波电压峰峰值：$U_{OPP} \leqslant 50\ mV$（$U_I = 16\ V, I_O = I_{Omax}$）；（10 分）

（4）I_O 从满载 I_{Omax} 变到轻载 $0.2I_{Omax}$ 时，负载调整率：

$$S_i = \left| \frac{U_{O轻载}}{U_{O满载}} - 1 \right| \times 100\% \leqslant 5\%\ (U_I = 16\ V)；（10\ 分）$$

（5）U_I 变化到 17.6 V 和 13.6 V，电压调整率：

$$S_U = \frac{\max(|U_{O17.6V} - U_{O16V}|, |U_{O16V} - U_{O13.6V}|)}{U_{O16V}} \times 100\% \leqslant 0.5\%\ \left(R_L = \frac{U_{O16V}}{I_{Omax}}\right)（10\ 分）$$

（6）效率 85%（$U_I = 16\ V, I_O = I_{Omax}$）；（15 分）

（7）具有过流保护功能，动作电流 $I_{Oth} = 3.2 \pm 0.1\ A$；（10 分）

（8）电源具有负载识别功能。增加 1 个 2 端子端口，端口可外接电阻 R（1 kΩ～10 kΩ）作为负载识别端口，参考图 B11.1。电源根据通过测量端口识别电阻 R 的阻值，确定输出电压，$U_O = \dfrac{R}{1\ k\Omega}$（V）；（10 分）

（9）尽量减轻电源重量，使电源不含负载 R_L 的重量≤0.2 kg。（15 分）

（10）设计报告（20 分）

项目	主要内容	满分
方案论证	比较与选择；方案描述	3
理论分析与计算	降低纹波的方法；DC-DC 变换方法；稳压控制方法	6
电路与程序设计	主回路与器件选择；其它控制电路与控制程序（若有）	6
测试方案与测试结果	测试方案及测试条件；测试结果及其完整性；测试结果分析	3
设计报告结构及规范性	摘要；报告正文的结构、公式、图表的完整性与规范性	2
小计		20

3）说明

（1）该开关稳压电源不得采用成品模块制作。

（2）稳压电源若含其它控制、测量电路都只能由 U_I 端口供电，不得增加其他辅助电源。

（3）要求电源输出电压精确稳定，$|\Delta U_O| > 240\ mV$ 或 $U_{OPP} > 240\ mV$，作品不参与测试。

B12　单相正弦波变频电源(2016 年 D 题)【本科组】

1) 任务

设计并制作一个单相正弦波变频电源,其原理框图如图 B12.1 所示。变压器输入电压 $U_1=220$ V,变频电源输出交流电压 U_O 为 36 V,额定负载电流 I_O 为 2 A,负载为电阻性负载。

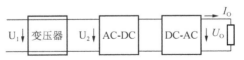

图 B12.1　单相正弦波变频电源原理框图

2) 要求

(1) 输出频率范围为 20 Hz~100 Hz,$U_O=36\pm0.1$ V 的单相正弦波交流电。(15 分)

(2) 输出频率 $f_O=50\pm0.5$ Hz,电流 $I_O=2\pm0.1$ A 时,使输出电压 $U_O=36\pm0.1$ V。(10 分)

(3) 负载电流 I_O 在 0.2~2 A 范围变化时,负载调整率 $S_1\leqslant0.5\%$。(15 分)

(4) 负载电流 $I_O=2$ A,U_1 在 198 V~242 V 范围变化时,电压调整率 $S_U\leqslant0.5\%$。(15 分)

(5) 具有过流保护,动作电流 $I_O(\text{th})=2.5$ A±0.1 A,保护时自动切断输入交流电源。(10 分)

(6) $I_O=2$ A,$U_O=36$ V 时,输出正弦波电压的 THD<2%。(15 分)

(7) $I_O=2$ A,$U_O=36$ V 时,变频电源的效率达到 90%。(15 分)

(8) 其他。(5 分)

(9) 设计报告(20 分)

项目	主要内容	满分
方案论证	设计与论证;方案描述	3
理论分析与计算	电路结构设计;器件选择;仿真分析	6
电路与程序设计	电路图及有关设计文件	6
测试方案与测试结果	测试方法与仪器;测试数据及测试结果分析	3
设计报告结构及规范性	摘要;正文结构规范;图表的完整与规范性	2
总分		20

3) 说明

(1) 变频电源系统(包括辅助电源)供电仅由变压器输出 U_2 提供。

(2) 题中交流参数均为有效值。

(3) 本题定义:负载调整率 $S_1=\dfrac{U_{OI1}-U_{OI2}}{U_{OI1}}\times100\%$,其中 U_{OI1} 为 $I_O=0.2$ A 时的输出电压;U_{OI2} 为 $I_O=2.0$ A 时的输出电压。

(4) 本题定义:电压调整率 $S_U=\dfrac{U_{OU1}-U_{OU2}}{U_{OU1}}\times100\%$,$U_{OU1}$ 为 $U_1=198$ V 时的输出电压;U_{OU2} 为 $U_1=242$ V 时的输出电压。

(5)辅助电源可购买电源模块(亦可自制),作为作品的组成部分,测试时,不再另行提供稳压电源。

(6)效率测量时,可采用功率分析仪或电参数测量仪测量,损耗应包括辅助电源损耗,效率 $\delta = \dfrac{P_O}{P_2}$,$P_O$ 为变频电源输出功率,P_2 为变压器输出功率。

(7)制作时需考虑测试方便,合理设置测试点。

B13　脉冲信号参数测量仪(2016 年 E 题)【本科组】

1)任务

设计并制作一个数字显示的周期性矩形脉冲信号参数测量仪,其输入阻抗为 50 Ω。同时设计并制作一个标准矩形脉冲信号发生器,作为测试仪的附加功能。

2)要求

(1)测量脉冲信号频率 f_0,频率范围为 10 Hz～2 MHz,测量误差的绝对值不大于 0.1%。(15 分)

(2)测量脉冲信号占空比 D,测量范围为 10%～90%,测量误差的绝对值不大于 2%。(15 分)

(3)测量脉冲信号幅度 U_m,幅度范围为 0.1～10 V,测量误差的绝对值不大于 2%。(15 分)

(4)测量脉冲信号上升时间 t_r,测量范围为 50.0～999 ns,测量误差的绝对值不大于 5%。(15 分)

(5)提供一个标准矩形脉冲信号发生器。(30 分)

要求:

① 频率 f_0 为 1 MHz,误差的绝对值不大于 0.1%;

② 脉宽 t_w 为 100 ns,误差的绝对值不大于 1%;

③ 幅度 U_m 为 5±0.1 V(负载电阻为 50 Ω);

④ t_r 上升时间不大于 30 ns,过冲 σ 不大于 5%。

(6)其他。(10 分)

(7)设计报告。(20 分)

项目	主要内容	满分
方案论证	设计与论证;方案描述	3
理论分析与计算	系统相关参数设计	5
电路与程序设计	系统组成;原理框图与各部分电路图;系统软件与流程图	5
测试方案与测试结果	测试结果完整性;测试结果分析	5
设计报告结构及规范性	摘要;正文结构规范;图表的完整与规范性	2
总分		20

3)说明

(1)脉冲信号参数的定义如图 B13.1 所示。其中,上升时间 t_r 是指输出电压从 $0.1U_m$ 上升到 $0.9U_m$ 所需要的时间;过冲 σ 是指脉冲峰值电压超过脉冲电压幅度 U_m 的程度,其定

义为 $\sigma = \dfrac{\Delta U_m}{U_m} \times 100\%$。

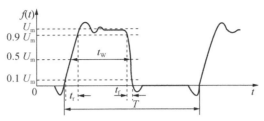

图 B13.1　脉冲信号参数的定义

（2）被测脉冲信号可采用基于 DDS 的任意波形信号发生器产生的信号。

B14　电流信号检测装置(2018 年 A 题)【本科组】

1）任务

如图 B14.1 所示,由任意波信号发生器产生的信号经功率放大电路驱动后,通过导线连接 10 Ω 电阻负载,形成一电流环路;设计一采用非接触式传感的电流信号检测装置,检测环路电流信号的幅度及频率,并将信号的参数显示出来。

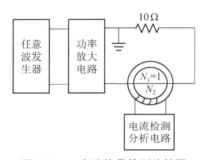

图 B14.1　电流信号检测连接图

2）要求

（1）设计一功率放大电路,当输入正弦信号频率范围为 50 Hz～1 kHz 时,要求流过 10 Ω 负载电阻的电流峰峰值不小于 1 A,要求电流信号无失真。（25 分）

（2）用漆包线绕制线圈制作电流传感器以获取电流信号;设计电流信号检测分析电路,测量并显示电流信号的峰峰值及频率。（15 分）

（3）被测正弦电流峰峰值范围为 10 mA～1 A,电流测量精度优于 5%,频率测量精度优于 1%。（25 分）

（4）任意波信号发生器输出非正弦信号时,基波频率范围为 50 Hz～200 Hz,测量电流信号基波频率,频率测量精度优于 1%;测量基波及各次谐波分量的幅度(振幅值),电流谐波测量频率不超过 1 kHz,测量精度优于 5%。（25 分）

（5）其他。（10 分）

3）设计报告（20 分）

项目	主要内容	满分
系统方案	方案描述;比较与选择	4
理论分析与计算	电流测量方法;谐波分量测量方法	5
电路设计	电路设计	5
测试方案与测试结果	测试方案;测试结果完整性;测试结果分析	4
设计报告结构及规范性	摘要;报告正文结构、公式、图表的完整性和规范性	2
总分		20

3)说明

(1)为提高电流传感器的灵敏度,可用用漆包线在锰芯磁环上绕制线圈,制作电流传感器。

(2)在锰芯磁环上绕 N_2 匝导线,将流过被测电流的导线从磁环中穿过($N_1=1$),构成电流传感器。

B15　无线话筒扩音系统(2018 年 F 题)【本科组】

1)任务

设计制作一个短距无线话筒扩音系统,用于会场扩音。

2)要求

(1)无线话筒采用模拟调频方式,载波频率范围为 88 MHz～108 MHz,最大频偏 75 kHz,音频信号带宽为 40 Hz～15 kHz,天线长度小于 0.5 m。可以用普通调频广播收音机收听话筒信号,音频信号应无明显失真。无线话筒采用 2 节 1.5 V 电池独立供电。(15 分)

(2)无线话筒载波频率可以在 88 MHz～108 MHz 间任意设定,频道频率间隔 200 kHz。(15 分)

(3)制作与无线话筒相应的接收机,通信距离大于 10 m。8 Ω 负载下,最大音频输出功率为 0.5 W。接收机可以用成品收音机改制。(15 分)

(4)再制作一只满足上述要求的无线话筒。通过手动分别设置两只话筒的载波频率,使两只话筒可以同时使用,并改进接收机,手动控制实现分别对两只话筒扩音或混声扩音。(25 分)

(5)两只无线话筒在开机时可以自动检测信道占用情况,如果发现相互存在干扰或存在其他电台干扰,可以通过自动选择载波频率规避干扰信号。响应时间小于 1 秒。(30 分)

(6)设计报告:(20 分)

项目	主要内容	满分
方案论证	比较与选择;方案描述	3
理论分析与计算	系统相关参数设计	5
电路与程序设计	系统组成;原理框图与各部分的电路图;系统软件与流程图	5
测试方案与测试结果	测试结果完整性;测试结果分析	5
设计报告结构及规范性	摘要;正文结构规范;图表的完整与准确性	2
总分		20

3) 说明

(1) 无线话筒未采用 2 节 1.5 V 电池独立供电,则(4)、(5)不测。

(2) 在(4)、(5)中所设计的话筒均可由普通调频广播收音机收听。

B16　单相在线式不间断电源(2020 年 B 题)【本科组】

1) 任务

设计并制作交流正弦波在线式不间断电源(UPS),结构框图如图 B16.1 所示。

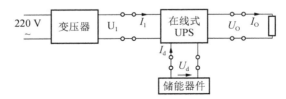

图 B16.1　在线式不间断电源原理框图

2) 要求

(1) 交流供电,$U_1=36$ V,输出交流电流 $I_O=1$ A 时,输出交流电压 $U_O=30$ V±0.2 V,频率 $f=50\pm0.2$ Hz。(10 分)

(2) 交流供电,$U_1=36$ V,I_O 在 0.1 A~1.0 A 范围变化,负载调整率 $S_I\leqslant0.5\%$。(20 分)

(3) 交流供电,$I_O=1$ A,U_1 在 29 V~43 V 范围内变化,电压调整率 $S_U\leqslant0.5\%$。(20 分)

(4) 在要求(1)条件下,不间断电源输出电压为正弦波,失真度 THD$\leqslant2\%$。(15 分)

(5) 断开交流电源,即时($\leqslant100$ ms)切换至直流(储能器件侧)供电,($U_d=24$ V,输出交流电流 $I_O=1$ A 时,输出交流电压 $U_O=30$ V±0.2 V,频率 $f=50\pm0.2$ Hz。(10 分)

(6) 直流供电,$U_d=24$ V,在 $U_O=30$ V,$I_O=1$ A 的条件下,使在线式不间断电源效率尽可能高。(20 分)

(7) 其他(5 分)

(8) 设计报告(20 分)

项目	主要内容	满分
方案论证	比较与选择;方案描述	3
理论分析与计算	提高效率的方法;稳压控制方法等	6
电路与程序设计	主回路与器件的选择;控制电路与控制程序;保护电路	6
测试方案与测试结果	测试方案及测试条件;测试结果及其完整性;测试结果分析	3
设计报告结构及规范性	摘要;设计报告正文结构、公式、图表的规范性	2
总分		20

3) 说明

(1) 作品不得使用相关产品改制。

(2) 图 B16.1 中的变压器由自耦变压器和隔离变压器构成。

(3) 题中所有交流参数均为有效值。

（4）本题定义：负载调整率 $S_{\mathrm{I}} = |U_{O(0.1\,A)} - U_{O(1\,A)}|/30$、电压调整率 $S_{\mathrm{U}} = |U_{O(43\,V)} - U_{O(29\,V)}|/30$、效率 $\eta = (U_O I_O)/(U_d I_d)$；其中 $U_{O(0.1\,A)}$、$U_{O(1\,A)}$ 分别为负载调整率测试时，输出电流 I_O 为 0.1 A、1 A 时所对应的输出电压 U_O；其中 $U_{O(43\,V)}$、$U_{O(29\,V)}$ 分别为电压调整率测试时，输入电压 U_1 为 43 V、29 V 时所对应的输出电压 U_O。

（5）图 B16.1 中的储能器件（蓄电池等）用直流稳压电源代替。

（6）制作时须考虑测试方便，合理设置测试点，如图 B16.1 所示。

（7）为保证运行、测试安全，作品应具备必要的过压、过流保护功能。

测试补充说明：

＊题中储能器件用现场提供的直流稳压电源的一路电源替代，控制电路也用此路电源；

＊直流稳压电源可自带，无需密封；题中变压器可以用隔离变压器＋自耦变压器实现，需自带，无需密装；

＊功率电阻自带。

B17　放大器非线性失真研究装置（2020 年 E 题）【本科组】

1）任务

设计并制作一个放大器非线性失真研究装置，其组成如图 B17.1 所示，图中的 K1 和 K2 为 1×2 切换开关，晶体管放大器只允许有一个输入端口和一个输出端口。失真信号可以采用多个晶体管电路产生。

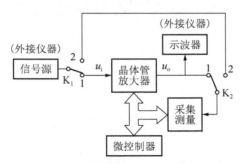

图 B17.1　放大器非线性失真研究装置组成框图

2）要求

K_1 和 K_2 均投到各自的"1"端子，外接信号源输出频率 1 kHz、峰峰值 20 mV 的正弦波作为晶体管放大器输入电压 u_i，要求输出无明显失真及四种失真波形 u_o，且 u_o 的峰峰值不低于 2 V。外接示波器测量晶体管放大器输出电压 u_o 波形。

（1）放大器能够输出无明显失真的正弦电压 u_o。（10 分）

（2）放大器能够输出有"顶部失真"的电压 u_o。（15 分）

（3）放大器能够输出有"底部失真"的电压 u_o。（15 分）

（4）放大器能够输出有"双向失真"的电压 u_o。（15 分）

（5）放大器能够输出有"交越失真"的电压 u_o。（15 分）

（6）分别测量并显示上述五种输出电压 u_o 的"总谐波失真"，也可测量显示信号源产生的指定信号的"总谐波失真"。（20 分）

（7）其他（10 分）

（8）设计报告（20 分）

项目	主要内容	满分
方案论证	比较与选择；方案描述	3
理论分析与计算	系统相关参数计算	5
电路与程序设计	系统组成；原理框图与各部分电路图；系统软件与流程图	5
测试方案与测试结果	测试结果完整性；测试结果分析	5
设计报告结构及规范性	摘要；正文结构规范；图表的完整与准确性	2
总分		20

3）说明

（1）限用晶体管、阻容元件、模拟开关等元器件设计并实现图 B17.1 中的受控晶体管放大器，其输出的各种失真或无明显失真的信号必须出自该晶体管放大电路，禁用预存失真波形数据进行 D/A 转换等方式输出各种失真信号。

（2）在设计报告中，应结合电路设计方案阐述出现各种失真的原因。

（3）无明显失真及四种具有非线性失真电压 u_o 的示意波形如图 B17.2 所示：

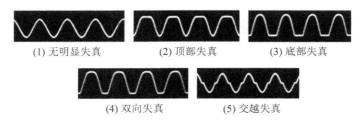

（1）无明显失真　　　　（2）顶部失真　　　　（3）底部失真

（4）双向失真　　　　（5）交越失真

图 B17.2　无明显失真及四种具有非线性失真的 u_o 示意波形

（4）总谐波失真定义：

线性放大器输入为正弦信号时，其非线性失真表现为输出信号中出现谐波分量，常用总谐波失真（THD：total harmonic distortion）衡量线性放大器的非线性失真程度。

THD 定义：

若线性放大器输入电压：$u_i = U_i \cos\omega t$，其含有非线性失真的输出交流电压为：

$u_o = U_{o1}\cos(\omega t + \varphi_1) + U_{o2}\cos(2\omega t + \varphi_2) + U_{o3}\cos(3\omega t + \varphi_3) + \cdots + U_{on}\cos(n\omega t + \varphi_n)$，

则有：

$$\text{THD} = \frac{\sqrt{U_{o2}^2 + U_{o3}^2 + U_{o4}^2 + \cdots + U_{on}^2}}{U_{o1}} \times 100\%$$

在完成设计要求的第（6）项时，谐波取到五次即可，即：

$$\text{THD} \approx \frac{\sqrt{U_{o2}^2 + U_{o3}^2 + U_{o4}^2 + U_{o5}^2}}{U_{o1}} \times 100\%$$

（5）对 THD 自动测量期间，不得有任何人工干预。

（6）K_1 和 K_2 的"2"端子用于作品测试

参 考 文 献

1　赵会军,王和平.电工与电子技术实验.北京：机械工业出版社,2002
2　王俊峰,安家文,吕宽州.电工与电子技术实验教程.郑州：黄河水利出版社,2001
3　王定章.电子电路实验.南京：南京大学出版社,1992
4　路而红.虚拟电子实验室—Electronics Workbench.北京：人民邮电出版社,2001
5　周常森.电子电路计算机仿真技术.济南：山东科学技术出版社,2001
6　周政新.电子设计自动化实践与训练.北京：中国民航出版社,1998
7　康华光.电子技术基础.第4版.北京：高等教育出版社,2000
8　钱恭斌,张基宏.Electronics Workbench 实用通信与电子线路的计算机仿真.北京：电子工业出版社,2001
9　路勇.电子电路实验及仿真.北京：清华大学出版社,2004
10　李万臣.模拟电子技术基础实验与课程设计.哈尔滨：哈尔滨工程大学出版社,2001
11　邓重一.可编程模拟器件 ispPAC20 的应用.现代电子技术,2003,26(6):32－34,38
12　Lattice Semiconductor Corporation. http：//www. latticesem. com
13　彭介华.电子技术课程设计指导.北京：高等教育出版社,1997
14　余孟尝.模拟、数字及电力电子技术.北京：机械工业出版社,1999
15　黄正瑾.电子设计竞赛赛题解析.南京：东南大学出版社,2003
16　田良,等.综合电子设计与实践.南京：东南大学出版社,2002
17　王远.模拟电子技术.北京：机械工业出版社,2000
18　江冰.电子技术基础及应用.北京：机械工业出版社,2001
19　王新贤.通用集成电路速查手册.济南：山东科学技术出版社,2006
20　林吉申.国内外最新三极管参数与互换速查手册.北京：国防工业出版社,2003
21　何小艇.电子系统设计.杭州：浙江大学出版社,2001
22　姜立华,等.实用电工电子电路450例.北京：电子工业出版社,2008
23　朱清慧,等.Proteus 教程：电子线路设计、制版与仿真.北京.清华大学出版社.2008
24　郭永贞等.模拟电子技术实验与课程设计指导.南京：东南大学出版社,2007
25　郭永贞等.数字电路实验与 EDA 技术.南京：东南大学出版社,2010